流域水体污染监测与模拟

王 康 著

科学出版社

北 京

内 容 简 介

本书系统地总结了流域水体污染监测和模拟在基础理论和技术方法方面的最新研究进展和成果。全书共 7 章:第 1 章对农业面源污染监测与模拟理论方面所开展的工作进行综述,第 2 章介绍流域面源污染源强的估算方法,第 3 章论述流域尺度的污染监测方法,第 4 章对分布式水文及面源污染模型理论进行系统的论述,第 5 章和第 6 章分别结合釜溪河流域和黄柏河流域的特点以及面源污染问题,针对流域面源污染监测以及模拟进行实例分析,第 7 章重点论述农业灌区和自然流域在水文过程以及面源污染迁移转化规律等方面的异同点,并以前郭灌区和黑顶子河灌区为例,分析农业灌区的面源污染迁移转化模型的构建方法。

本书可供环境工程和水利工程专业本科生、研究生,以及从事流域面源污染相关工作的科研和技术人员使用。

图书在版编目(CIP)数据

流域水体污染监测与模拟/王康著. —北京:科学出版社,2019.11

ISBN 978-7-03-060385-2

Ⅰ.①流… Ⅱ.①王… Ⅲ.①流域污染-水质监测-研究 Ⅳ.①X52

中国版本图书馆 CIP 数据核字(2019)第 006794 号

责任编辑:周 炜 罗 娟 / 责任校对:郭瑞芝
责任印制:赵 博 / 封面设计:陈 敬

科 学 出 版 社 出版
北京东黄城根北街 16 号
邮政编码:100717
http://www.sciencep.com

北京凌奇印刷有限责任公司印刷
科学出版社发行 各地新华书店经销

*

2019 年 11 月第 一 版 开本:720×1000 1/16
2025 年 1 月第三次印刷 印张:15
字数:302 000

定价:138.00元
(如有印装质量问题,我社负责调换)

前　言

　　流域面源污染来源广泛,包括农村生活、畜禽养殖、水土流失、大气沉降和农田灌溉等,同时河道中底泥和淤泥二次释放污染液也在很大程度上加重了流域水体污染。这使得流域面源污染具有明显的多源复合污染特性,流域产汇流条件复杂,面源污染汇集路径多元化,径流过程复杂;此外,农业灌区水文过程及面源污染物迁移转化特性在很大程度上受到灌溉排水过程和灌区管理的影响,面源污染迁移转化机制与自然流域有显著的差异。

　　水文过程是污染物的直接驱动力和载体,了解面源污染特性,模拟面源污染物、迁移转化以及流失过程,首先需要了解水文过程。流域中面源污染在陆面水文过程和河道水文过程中发生迁移转化,但现有的监测体系主要针对河道水文过程的污染物通量进行监测。而实现陆面水文过程的监测,对于了解全局性的面源污染过程更有意义。同样,对于面源污染过程进行模拟,也需要更清晰地了解污染物在陆面水文过程中的迁移转化以及通量过程,特别是在农业灌区,区域水文过程的可控性使得能够通过节水和水文通量过程调节改变农业面源污染物的产生量、入河量以及在地表水体中的削减量,实现污染物的源强削减以及全径流过程调控,然而实现陆面水文过程,特别是污染物在土壤以及地下水中的运移和转化过程的全局性监测是非常困难的。因此通常需要基于河道水文过程中的流量以及污染物浓度的监测,对污染物在陆面水文过程中的运动进行分析。尽管遥感、地理信息系统技术的发展为详细的下垫面信息获取提供了支撑手段,然而即使下垫面相同,其水文过程和污染物通量过程仍然表现出明显的时间和空间变异特性,不同的流域尺度污染物通量所表现出的差异性如何,以及如何在模型中描述这种差异性,都需要深入研究。此外,针对不同的下垫面,实现全局性的面源污染迁移转化和通量过程监测,以及在理论上解决面源污染的尺度问题,发展现有的分布式水文及面源污染模型理论体系,实现面源污染迁移转化过程的有效模拟,对于深入研究面源污染有重要意义。

　　针对上述问题,作者在国家重点研发计划课题"未来 30～50 年黄河流域径流变化趋势预测"(2016YFC0402405),国家自然科学基金项目"东北地区土壤冻融过程中农田面源污染物中的氮素迁移转化机理研究"(51679257)、"非饱和土壤胶体非均匀输移显色示踪技术与数值模拟研究"(51879195),国家"十二五"重大科技专项课题"面向水环境风险防控的松花江水文过程调控技术与示范"(2012ZX07201-006),湖北省自然科学基金杰出青年基金项目"磷矿开采对黄柏河流域水文及水环境的影响"(2014CFA028)等的支持下,开展了现场监测、理论研究和模拟研究,本书为以上研究成果的系统总结和提升。

　　武汉大学水资源与水电工程科学国家重点实验室王康教授主要负责第 1 章、第 5 章、第 6 章和第 7 章的撰写工作,长江水利委员会总工程师办公室杨波高级工程师负责第 2 章和第 3 章的撰写工作。武汉大学水利水电学院林忠兵讲师,博士研究生吴谋松、赵强,硕士研究生冉宁、谭霞、李颖等参与了本书的校核工作,中国水利水电科学研究院周祖昊教授级高级工程师、武汉大学沈荣开教授、中山大学张仁铎教授参与了本书内容的审查,在此表示衷心的感谢。

　　由于作者水平有限,书中难免存在疏漏和不足,敬请读者批评和指正。

目 录

第 1 章　绪　　论

面源污染正成为人类所面临的严峻的环境和生态问题,并遏制社会和经济的可持续发展,而农业面源污染物(如化肥、农药、重金属、土壤温室气体)是土壤、水体和大气面源污染的主要来源。为了更好地认识和解决面源污染问题,国家自然科学基金委员会在 2008 年 12 月举办的"双清论坛"上,就"变化环境下水循环与面源污染"的基础研究前沿进行了研讨,论述了亟待解决的重要科学问题,其中包括变化环境下农业面源污染问题。

农业面源污染主要是指农业生产活动中,农田中的土粒、氮素、磷、农药及其他有机或无机污染物质,在降水或灌溉过程中,通过农田地表径流、农田排水和地下渗漏大量进入地表及地下水体造成的污染:一方面,农田灌溉和施用化肥及农药是支持现代农业的两大支柱,对提高农业产量起到至关重要的作用;另一方面,化肥及农药的大量使用和不适当的灌溉(如过量灌溉和污水灌溉等)给土壤、农业生态及环境带来了严重不良的影响。我国现有 1/5 的耕地已受到不同程度的污染,以氮肥为例,我国近几年的年施用量已达 2000 多万 t,占世界化肥氮年施用量的 1/4 以上,农田施用化肥转化成污染物质进入环境的氮素达 1000 万 t 左右。研究表明,氮素淋溶和地表径流损失已成为农业面源污染的重要途径,对地表与地下水体产生严重的污染,同时水体硝酸盐含量过高对人体健康也造成严重影响。尽管我国饮用水卫生标准规定的指标低于世界卫生组织、欧盟和美国的标准,但我国很多地方的饮用水水质指标仍然达不到要求。鉴于氮素流失引起的土壤和水体面源污染问题,研究农田氮素的迁移转化规律,制定合理的灌溉施肥模式,对控制水体污染具有重要意义,同样对改善水体及大气生态系统的氮循环也具有重要影响。为了维持粮食产量,我国化肥和农药的施用量大,但利用率低。美国化学氮肥的当季利用率为 50%~70%,而我国氮肥的平均利用率不足 40%。未被作物利用的化肥和农药除少部分残留于土地外,绝大部分进入水圈和大气圈,不仅造成极大的浪费,而且对环境也造成很大的影响,农业面源污染已经成为迫切需要解决的问题。在美国农业面源污染源占其所有河流和湖泊营养物质负荷总量的 64% 和 57%(Miller,1992)。在波兰流向波罗的海的全氮 60% 来自农业面源污染物(Maciej,2000)。我国对太湖污染源的调查发现,农业面源的总氮排放量占该地区总氮排放量的 36%,其中化肥流失占农村污染源的 58.5%。滇池中农业地面径流的氮、磷排放量分别占总量的 53% 和 42%(陈文英等,2005)。农业化肥流失已经成为河流、湖泊富营养化污染物的主要来源。

　　过量使用化肥(尤其是氮肥)加之不合理的灌溉制度和自然因素(如降水、土壤),是引起面源污染的主要原因(刘宏斌,2002;Archer et al.,1997)。土壤养分通过淋洗、径流以及挥发等方式损失,作物吸收部分占施肥用量的 30%～40%,土壤吸附约占 10%,损失部分约占 50%。由于氮肥施用量大、利用率低,每年有超过1500 万 t 的废氮流失到农田之外,引发湖泊、池塘、河流和浅海水域生态系统富营养化。例如,松花江流域的化肥使用量从 20 世纪 80 年代中期的 400kg/hm² 增加到 90 年代末的 800kg/hm²,几乎翻了一番(高超等,2002),而氮肥的利用率只有25%～35%(李世鹃和李建民,2001)。此外,长期大量施用磷肥,导致耕层土壤处于富磷状态,在降雨冲刷和农田排水的情况下将加速磷向水体的迁移。据联合国粮食及农业组织统计,1999 年我国农田磷素进入水体的通量为 19.5kg/hm²,比美国高 8 倍(甄兰等,2002)。而据有关资料,我国农药的过量施用在水稻生产中也超过 40%。对我国七大水系、三大淡水湖 1989～2005 年水质状况及主要污染指标进行的统计资料调查结果表明,长江、黄河、珠江、淮河、松花江、海河、辽河七大水系水质总体属于中度污染。其中,珠江、长江水质较好,辽河、淮河、黄河、松花江水质较差,主要污染指标为氨氮、石油类、高锰酸盐指数。我国三大淡水湖(太湖、滇池、巢湖)水质均为劣 V 类,主要污染指标为总氮、总磷。营养状态指数表明,太湖和巢湖为中度富营养,滇池为重度富营养。统计资料分析表明,在所有受污染的河流中,氨氮污染指标出现的频率是最高的;尽管氨氮除来源于农田化肥以外,还有多种途径,如人蓄排泄物,化工、冶金、石油化工、油漆颜料、煤气、炼焦、鞣革等工业废水,但在点源污染治理强度不断加大的今天,农业面源污染中氮的排入是氨氮超标的主要原因。这一点从对太湖、滇池、巢湖的调查数据中表现得更为清楚。1989～2005 年,太湖、滇池、巢湖的主要污染指标均是总氮、总磷,其营养指标也显示太湖、滇池、巢湖均处于富营养状态。因此,这也从另一个角度证实了我国当前江河湖水体的主要污染物氨氮来源于农业的面源污染。

　　重金属污染是土壤-作物系统的另一种主要污染方式,我国土壤-作物系统的重金属污染主要来源于污水灌溉。自 20 世纪 80 年代以来,我国污水灌溉面积逐年上升,目前已达 133.33 万 hm²,其中被镉污染的耕地约 1.3 万 hm²,涉及 11 个省市的 25 个地区。2002～2005 年,由国家环境保护总局牵头的《典型区域土壤环境质量状况探查研究》结果显示,由于污水灌溉等原因,珠江三角洲部分城市周边40%的农田菜地土壤重金属超标,其中以镉污染最为严重。由此可见,农田镉污染已严重影响到农业生产系统的可持续发展。农田土壤-作物系统中镉的形态分布是动态变化的,同时灌溉方法的变化引起的土壤水分及土壤理化性质等环境条件的变化,最终造成镉在农田土壤-作物系统中迁移能力的变化。农田土壤-作物系统中镉的转化和迁移直接关系着农田土壤环境、地下水环境以及作物品质,因此,系统研究农田土壤中重金属镉的转化迁移及环境效应具有重要的理论和现实意义。

全球气候变暖及其导致的生物多样性减少、气候变化和灾害天气频繁是目前人类所面临的最为严重的环境问题之一。大量证据表明,温室气体浓度升高是气候变暖最直接的原因,而农田土壤温室气体(CO_2、N_2O 和 CH_4 等)的净排放占气候变化温室效应年增长量的 20%,长期的农业耕作和森林砍伐等人类活动使大气层中 CO_2 增加,对过去 50 年所观察到的全球变暖产生了重要影响。农田土壤温室气体已成为新的面源污染物。2005 年,农业活动对温室气体释放的贡献达到 5.1~6.1Gt 的等同 CO_2 量,占全球因人为因素释放的温室气体总量的 12%;农业活动产生的 CH_4 释放量为 3.3Gt 的等同 CO_2 量,占其总释放量的 60%;农业活动产生的 N_2O 释放量为 2.8Gt 的等同 CO_2 量,农业土壤释放的 N_2O 的量占大气中 N_2O 的比例达 70%~90%。同时,化学氮肥用量的增加是全球大气 N_2O 浓度增加的一个重要因素。特别是通过《京都议定书》后,人们对研究土壤温室气体和土壤碳汇产生了极大的兴趣。在陆地生态系统中,土壤对温室气体具有源(释放)或汇(汇聚)的功能,并可受人为利用和管理措施的较快影响,其碳库可以在较短时间尺度(5~10 年)中快速调节,在未来的 50~100 年中农田土壤固碳速率可达 $4 \times 10^{-11} \sim 8 \times 10^{-11}$ gC/s。农业土壤和农作物的碳汇能力对于全球因人类活动产生的碳排放具有巨大的补偿潜力,因此,研究农田土壤中的温室气体的综合环境效应以及农田氮碳循环,将有助于了解农田生态系统缓解全球温室气体浓度上升的潜在可能性及其对全球气候变化的贡献,从而为制定有关缓解全球变暖的政策措施提供科学依据。

为了能深刻认识农田土壤面源污染物运移转化及其环境效应,必须同时从微观世界和宏观世界的角度研究。基于微观角度,土壤微生物从成土作用开始,到土壤中的物质和能量循环,再到土壤生态系统的演替,都发挥着巨大作用。在土壤中,微生物不仅种类繁多,而且生物化学过程十分复杂,对土壤演化过程和性质变化具有深刻影响。土壤中的一系列过程,如以碳、氮循环为中心的腐殖质的形成,有机质的分解,有机氮的矿化,硝化和反硝化作用,生物固氮作用,有机磷、硫的转化等大部分反应是在微生物及酶的作用下完成的。随着人类社会的发展,越来越多的异源有机化学物质(包括化肥和农药等)进入土壤。土壤可通过吸附和固定作用对这些化学物质进行一定的解毒,然而彻底解除毒害还需依赖于微生物的降解与解毒作用。土壤温室气体效应、水体富营养化、土地退化等环境和生态问题都直接或间接与土壤微生物有关。因此,研究土壤微生物群落结构与功能对于治理环境面源污染、推动农业可持续发展、促进生态系统的良性循环有着重要作用。

就宏观角度而言,必须从生态学的角度来认识农田土壤面源污染物运移转化规律及其环境效应,进而制定调控措施。现代农业不仅使土地景观发生改变,而且使其系统的组成结构、物质循环和能量流动特征发生变化。农业生态系统的健康与食物安全、人类的健康息息相关。1999 年在美国召开的国际生态系统健康大会将"生态系统健康评估的科学与技术"列为主题之一,认为生态系统健康评价方法及指标体系的研究将成为 21 世纪生态系统健康研究的核心内容。而农田生态系统作为人们的衣食之本,其健康尤为重要。因此,研究农田土壤面源污染物运移转化及其对农田生态系统演化的影响,并建立一套防止面源污染的农田生态系统健康指标体系,制定调控措施,对于指导现代农业向结构合理、环境有利、具有高生产力和强持续力的方向发展具有重要意义。

　　研究气候变化和人类活动下农业面源污染物(氮素、农药、重金属)在土壤及地下水中的运移与转化规律、农业土壤温室气体的综合环境效应、农田生态系统的演化及生态系统健康评价对于实现我国农业和环境可持续发展的战略目标,具有特别重要的科学意义和应用价值。同时,开展这些科学研究对促进农业科学、农田水利学、土壤科学、环境科学、生态学等交叉学科的发展具有重要的推动作用。

1.1　营养元素形成的水体污染

1.1.1　农田氮素在土壤中的运移和转化规律及其环境效应

　　相对于点源污染,由氮素所引起的面源污染的监测、预测和治理要困难得多,原因如下:①土壤这一多孔介质空间结构的复杂性增加了监测土壤水分运动和氮素运移的难度;②土壤特性的空间变异特征导致土壤水分运动和氮素运移的复杂性;③氮素在土壤的迁移过程中还发生物理、化学和生物作用,并且这些过程随时间和空间尺度发生变化。在土壤空间变异性的影响下,土壤水的运动和氮素的运移也具有相应的不确定性和空间分布的不规则性。氮素在土壤非饱和带中的运移过程不仅极其复杂,而且由于自然条件的时空变异性,农田土壤水分和氮素的动态分布呈现出强烈的时空变异特征。如何处理这种具有高度时空变异特征的土壤水流运动和氮素运移是极富挑战性的科学问题。

　　一般认为铵态氮的硝化由土壤中铵态氮的含量和环境因素(土壤含水量、pH、温度等)决定,硝化作用的反应动力学常用 Michaelis-Menten 方程、零级和一级速率过程来描述(张瑜芳等,1997),对于化肥在土壤中的硝化作用,一级硝化速率系数常在 $0.08 \sim 0.2 \mathrm{d}^{-1}$。反硝化速率与土壤中的硝态氮含量和有机碳含量有关,受土壤含氧量等因素的影响,在 ANIMO 模型中反硝化过程与有机质的总量有关,在 SOILN 模型中与硝态氮的总量有关,在 DAISY 模型中与 CO_2 的产生速率有关。由于反硝化过程的复杂性,反硝化速率可利用零级、一级和 Michaelis-Menten 方程表示,其中的模型参数通过试验数据拟合确定。根据目前有关氮素转化的研究成果,大部分氮素的动态转化过程都可采用一级动力反应方程的形式来描述,部分动态过程采用零级和 Michaelis-Menten 反应动力方程。各类模型考虑环境对氮素转化过程的影响因素也基本一致,包括土壤温度和含水量这两个主要因素,除此之外,个别模型还考虑了土壤黏粒含量、土壤溶液中的 pH、氧气含量、CO_2 总量等因素对转化过程的影响。

影响土壤中氮磷淋失的主要因素有化肥施用量、降雨和灌溉量、土壤性质、有机氮的矿化率、根系吸收量、水土管理措施等。施入农田的氮磷首先蓄存在表层土壤中,在降雨和灌溉期,一部分随水流入渗到非饱和带和地下水,当田间土壤饱和或来水量大于土壤表层的入渗能力时,地表将会形成多余的水量,或积于地表,或形成径流,水流携带泥沙,导致农田的水土流失。农田氮磷地表径流损失分为以下三个主要过程:降雨径流过程、土壤流失过程、地表溶质溶出过程。对于灌溉农田,降雨径流过程是地表氮磷流失的基础,溶质的溶出是研究的难点。农田化学物质地表径流基本特征为污染发生的随机性、机理过程的复杂性、排放途径及排放污染的不确定性、污染负荷的时空差异性。

地表径流作用是农业面源污染的主要途径,与地下径流氮磷损失不同,地表径流中损失的氮包括结合于土壤颗粒中的颗粒态氮。对于旱作农田,在未施用肥料的情况下,地表径流造成的氮损失主要是颗粒态氮,占径流中氮的 96% 以上;施用碳铵后,径流中溶解态氮浓度占总氮浓度的 35% 以上(黄满湘等,2001);太湖流域径流迁移的磷主要以颗粒态磷为主,占总磷淋失量的 70%～80%,可溶磷占 20%～30%,携出的可溶磷中,无机磷占 30%～40%,可溶有机磷占 60%～70%(曹志洪等,2005)。徐祖信等(2003)通过对上海市面源污染负荷的计算分析,认为农田排水在面源负荷中占很大的比例,其中氨态氮占 38%,化学需氧量(chemical oxygen demand, COD)占 26%,生化需氧量(biochemical oxygen demand, BOD)占 15%;地下渗漏的污染物排放负荷占农业排水污染物负荷的比例为:氨态氮 50%,总氮 28%,总磷 20%,这说明在类似的气候和径流条件下,地面排水是农业污染负荷的主体。对印度海岸带的水田研究发现,农田排水可以造成 3%～20% 所施氮肥的流失(Singh et al., 2002)。张瑜芳等(1999)在上海市青浦区野外试验的结果表明,稻田地下排水中氮素的淋滤占化肥施入量的 1%～2%,而施肥后田面水层的浓度迅速增加,地面排水是氮素流失的重要方面。在某一特定年份中,农田氮流失量与土壤矿物氮浓度之间存在明显的正相关关系(Withers et al., 2002)。研究人员基于径流释放和水土流失建立了大量土壤养分流失和面源污染控制模型,具有代表性的包括 ACTMO 模型、AGNPS 模型、CREAMS 模型、USLE 和 RUSLE 模型、WEPP 模型、EUROSEM 模型、LISEM 模型、GUEST 模型等,这些模型的基本结构比较相似,大体都包括降雨、截留、击溅、入渗、产流、泥沙输移、泥沙沉积等子过程。

1.1.2　土壤氮素的空间变异性与尺度提升

大量的田间试验研究表明,自然条件的时空变异性使得农田土壤水分和氮素的动态呈现出强烈的时空变异特征。土壤性质在田间的空间变异,严重阻碍了土壤学定量和动态研究的深入以及许多新技术的实际应用。点尺度条件下土壤氮素运移的模拟(张思聪等,1999;张瑜芳等,1997;de Willigen,1991)研究成果表明,在小尺度范围内控制土壤水流和溶质运移的确定性偏微分方程及参数不能有效地描述土壤水分和溶质在大区域范围的运动特征与规律,这主要是由于大尺度范围土壤水力性质和溶质弥散特性的空间变异性,而这些特性在实验室尺度和田间定位剖面条件下难以得到反映。探讨较大尺度内非均匀介质中土壤水流运动和氮素的运移,随机理论、有效水力学参数方法、相似介质理论(标定理论)是目前主要采用的数学工具,这些方法在很大程度上都是建立在介质空间变异特性的基础上的。

尽管地质统计学方法可以对土壤特性参数的空间结构关系进行定量化描述,然而,这种方法只能对状态变量进行描述,必须结合过程模型才能表征具有空间变异的土壤水流运动和氮素运移的动态过程。20 世纪 80 年代中期,国际上开始应用随机理论研究土壤水流运动和氮素运移问题。随机模型所使用的参数是随机变化的,常用其统计矩或在空间上的分布(概率密度函数)来表示,得到水分运动和氮素运移的平均方程及宏观参数(Miralles Wilhelm et al.,1996;Toride et al.,1996;Mantoglou,1992)。由于土壤水流及氮素在非均质多孔介质中的运动是极为复杂的,应用随机理论对大尺度条件下土壤水流运动和溶质运移的研究目前多侧重于理论探讨,应用该理论研究具有复杂的物理、化学和生物作用的农田土壤氮素的淋失则仍然是远未解决的科学问题。

相似介质的标定理论是用于简化宏观黏滞流方程的一种几何相似概念,将空间变异的土壤水基质势与土壤含水量的关系和土壤导水率与土壤含水量的关系,通过空间上的每一点选取适当的标定系数(标定因子),将其标定为对各点土壤均适用的统一的土壤水基质势与土壤含水量的关系和土壤导水率与土壤含水量的关系。通过标定理论可以简化模型、降低计算的工作量,应用有效参数方法和标定理论对农田尺度下土壤水分和硝态氮运移的模拟及预报是迄今可操作性较强且行之有效的方法。当研究区域进一步扩大到区域尺度时,必须借助于地理信息系统(geographic information system,GIS)技术(黄元仿等,2001;Refsgaard et al.,1999;Görres et al.,1996)。然而,采取 GIS 结合土壤氮素运移模型模拟区域中硝态氮的淋失时仍存在一些局限性,这些局限性表现在以下几个方面:①若数据资料不完整或条件大为简化,则存在模型的可靠性问题,即在模拟过程中会引入较多不确定性因素而造成模拟误差。②由于过程模型考虑了影响地下水脆弱性的诸多化学、生物和物理过程，要求充分地输入参数，所以可以得到较为准确的模拟结果，但其在农田或区域尺度上的应用常受到限制；而一些学者在研究过程中所采用的平衡模型（如 NLEAP 模型、GLEAMS 模型）虽然应用简单，但对刻画小尺度农田的水氮运移特征是非常不利的。③有些研究采用 Monte Carlo 模拟生成所需参数的随机场，用于农田或区域尺度下氮素运移动态的仿真，然而，由于 Monte Carlo 模拟常通过产生随机数的方法生成参数的随机场，有时并不能真正代表土壤的实际状况。④多数学者集中于模拟结果可靠性的评价或得到当地生产实际或气象条件下土壤氮素淋失的空间分布，而应用较为全面的土壤特性的空间分布数据，针对不同水文年型进行优化的土壤水氮资源管理的研究鲜有报道。

一些尺度提升的方法分析了小尺度下的测定水动力参数和大尺度模型输入水动力参数之间的关系。需要指出的是，作为参数输入和计算输出的网格尺度是一致的，模型输出的水和化学物质的运移及传输计算结果是相应尺度上流动的某种意义上的平均，这与计算输入参数的平均（某种意义上的平均）尺度是相同的，但是现有的研究还没有检验输入参数和输出结果尺度的一致性，需要了解流动的变异性是否具有与水动力参数变异性相同的尺度特性。此外，在均匀介质条件下，水流出现的指状流运动特性主要是由流动非线性所造成的。在实验室尺度和田间尺度下，均匀介质条件下都观测到指状流现象。然而流动非均匀性所产生的尺度特性，不同尺度条件下，流动非线性与土壤介质信息空间变异性共同作用对土壤化学物质迁移转化的影响机理，都是现有研究所很少涉及的内容。

点尺度（实验室土柱或定位剖面）对土壤水流和氮素运移规律的定量化研究，通过应用点尺度上污染物运移的机理模型，虽然可以较好地模拟和预报小尺度上土壤水分的运动和污染物运移的动态，但是农业生产是在农田尺度上进行的，农业管理者需要的是针对该尺度适宜的生产措施；而政府管理和决策部门则更关心区域尺度下的污染物质的面源污染风险，以便制定相应的管理政策和法规，这些都要求必须从点尺度的研究扩展到农田尺度直至区域尺度，这就是所谓的尺度提升（Looney et al. , 2000）。尺度提升带来了新颖的研究课题和艰巨的科学挑战。首先，需要对更大区域内的土壤特性进行充分的研究；然后，在获得详细土壤物理、化学和生物信息的基础上，运用和发展合适的参数尺度提升方法，并运用地统计学和遥感（remote sensing, RS）与 GIS，将点尺度上对机理过程的数值模拟结果推广到大尺度的土壤水分变化和污染物运移动态的预报中。

对研究区域内土壤特性的空间变异特征进行分析，是应用多尺度数学模型研究土壤水流运动和污染物运移动态的基础，地统计学为此提供了便利的数学方法（Zhang, 2005）。通过应用地统计学方法对土壤特性空间变异特征进行研究，对于确定有代表意义的采样位置及合理的取样数目提供了理论依据（de Rooij et al. ,

2000)。尽管地统计学方法可对土壤特性参数的空间结构关系进行定量化描述，然而，其只能对参数和状态变量进行描述，而不能对动态过程进行刻画，因此，在对参数的空间变异性研究的基础上必须结合过程模型才能表征具有空间变异性的土壤水流运动和氮素运移的动态过程。

一些模拟技术将农田的管理数据及模型的运算与 GIS 相结合，对流域尺度下氮素的运移动态进行了模拟。Görres 等(1996)在含水层尺度上，将 LEACHMN 模型与 Monte Carlo 模拟和 GIS 相结合，对硝态氮淋失进行了评估，模拟过程中考虑土壤的特性和管理措施的空间变异性对硝态氮污染地下水的影响。Refsgaard 等(1999)在欧盟已有数据库的基础上，通过与 GIS 相连，对如何将用于农田尺度的物理机制的模型只经过较少次数的校正就可用于大尺度地下水的硝态氮淋失进行了探讨。Thorsen 等(2001)将确定性 DAISY 模型与流域模型 MIKE SHE 相结合，对含水层中硝态氮淋失的不确定性进行了分析，研究表明，虽然输入的数据是容易获得的集总数据源，从这个方面来说将具有分布式物理基础的模型用于流域尺度的模拟是切实可行的。但是，土壤性质在田间的空间变异性，严重限制了土壤学定量和动态研究的深入以及许多新技术的实际应用。因此，发展改进的确定淋失风险的空间模式是十分必要的(Mallawatantri et al.，1996)。

1.1.3　地下水中氮素运移与转化及其环境效应

农业地区灌溉施肥过程中氮素的渗漏损失是造成浅层地下水中硝态氮(NO_3-N)污染积累的一个重要来源。刘宏斌等(2006)对北京地区农田土壤 NO_3-N 的累积和平原农区地下水的 NO_3-N 污染状况进行了分析。研究表明，$3\sim6m$ 的浅层地下水 NO_3-N 含量平均值为 47.53mg/L，超标率达到了 81%；$6\sim20m$ 的浅层地下水 NO_3-N 超标率达到了 46%，$120\sim200m$ 的地下水中 NO_3-N 含量平均值为 5.16mg/L，超标率为 14%。对北京大兴、丰台两区 7 眼观测井地下水中近 20 年的 NO_3-N 浓度的研究表明，其值一直呈显著的上升趋势，且与该地区的施肥呈明显的相关关系。

Singh 等(1995)研究了发展中国家肥料利用效率和地下水中 NO_3-N 的污染关系。结果表明，NO_3-N 淋洗不但与土壤有关，而且与降雨和灌水密切相关。Verhagen 等(1998)研究了地下水中的 NO_3-N 问题，指出地下水中的 NO_3-N 主要来源于农作物收获后土壤中的矿化氮。Causapé 等(2004)对西班牙埃布罗河盆地的地表排水中 NO_3-N 浓度进行了观测，研究结果表明，水分利用效率低和不合理的施肥是地表排水中 NO_3-N 浓度高的主要原因，随排水损失的氮肥占施肥量的 56%；反之，高水分利用效率及合理的施肥制度下随排水损失的氮肥只占施肥量的 16%。Flipo 等(2007)研究了塞纳河流域含水层中 NO_3-N 浓度的变化，结果发现，含水层中 NO_3-N 以每年 0.09mg/L 的速度增加。

NO$_3$-N 进入地下水之前,需经过非饱和土壤,并在其中发生迁移和转化。因此,在模拟地下水 NO$_3$-N 的行为之前,需了解土壤中氮素迁移转化及其对地下水的淋洗量。土壤中氮素迁移转化的模拟模型归纳起来可以分为以下两种:①考虑氮素迁移转化动力过程的机理模型,如 GLEAMS 模型(Leonard et al.,1987)、LEACHMN 模型(Wagenet et al.,1989)、ANIMO 模型(Rijtema et al.,1991)、DAISY 模型(Hansen et al.,1991)等。基于动力学特征的机理模型尽管可以较完整地描述农田土壤中氮素的硝化、反硝化、有机质矿化、根系对氮素吸收等氮素转化机制以及氮素在土壤和农作物系统中的运移规律,但由于模型中参数较多,其应用受到一定的限制。②基于氮素平衡的集总式模型,如土壤根区氮素淋洗的集中参数模型(lumped parameter model,LPM)等。集总式模型的优点是参数少、应用方便,但是难于确定氮素在土壤与地下水中的时空动态分布特征。

无论机理模型还是集总式模型,对于描述点尺度的问题都是合适的,但农业生态与环境中的地下水硝酸盐污染问题所涉及的尺度往往较大,其与区域上作物种植结构、农田灌排与施肥、土壤空间变异性、含水层水文地质特性空间分布等密切相关。如何将点尺度模型拓展到空间区域上研究较大尺度的问题,是国际上目前研究的热点和难点问题。有关研究利用现有点尺度模型结合 GIS 技术来模拟较大区域上不同土地利用方式、不同作物种植结构、不同土壤类型条件下氮素在土壤中的迁移转化及其淋溶特征,然而其中大部分研究仅考虑了土壤水力特性参数的空间分布特性,而没有考虑氮素迁移转化参数的空间分布特性。因此,建立考虑土壤水力特性参数与氮素迁移转化参数空间变化特征的区域分布式土壤水氮模拟模型,由此估算地下水硝酸盐污染负荷,并结合地下水污染迁移过程模拟模型研究氮素从土壤进入地下水后的迁移转化及污染动态过程(Almasri et al.,2007),是该领域值得深入研究的问题。

此外,NO$_3$-N 在地下水中的迁移转化可以利用基于二维或三维溶质运移方程的模型进行描述(Almasri et al.,2007)。其中,NO$_3$-N 通过土壤进入地下水的淋溶通量可作为 NO$_3$-N 在地下水中迁移转化模型的源(汇)项处理。然而,必须注意到 NO$_3$-N 通过土壤进入地下水具有一定的滞后性,尤其是在地下水埋深较大的地方,这种现象更加明显;同时,区域土壤水氮迁移转化模型与地下水 NO$_3$-N 迁移模型之间在时间尺度上的不一致性和两者之间的耦合及其求解尚待深入研究。

1.2 重金属在土壤-作物系统中的环境效应

土壤镉污染是当前主要的土壤环境问题(Li et al.,2014)。调查发现,全国有 7%的土壤采样点镉含量超标(环境保护部和国土资源部,2014)。土壤中的镉产生了更加严重的污染以及二次污染问题,环境中暴露的镉通过食物链富集影响人体健康(Zhao et al.,2015;Williams et al.,2009;Zhai et al.,2008)。在酸沉降地区或者酸性土壤区,土壤中的镉可能会被自然淋溶到地表和地下水体中(Liao et al.,2016;Beyer et al.,2009;Wang et al.,2009;Deurer et al.,2007);人工化学淋溶修复镉污染土壤也可能导致含镉废水下渗,污染地下水(Ash et al.,2015)。农业活动(施肥和污水灌溉)和大气沉降输入镉到土壤系统的状况仍然将持续很长时间(Farahat et al.,2015;Roberts,2014;Alloway,2013;Francois et al.,2009;Horn et al.,2006);此外,受制于土壤修复技术与资源条件,当前已受镉污染的土壤难以在短时期内得到很好的修复;因此,相当比例的未修复或者处于修复过程中的受镉污染土壤可能会给当地地下水环境带来极大的污染风险。

1.2.1 土壤中镉的动态过程

由于重金属在土壤-作物系统中的环境效应涉及土壤化学、作物生理、土壤水运动及土壤理化性质等,导致重金属的吸附和解吸的土壤物理、化学过程及植物吸收重金属的机理较为复杂,很难依赖单纯的理论推导获得其土壤物理、化学过程的数学表达。因此,试验成为研究重金属在土壤中物理、化学过程及作物吸收重金属过程的主要手段。依据试验结果对土壤物理、化学过程的描述,借助土壤水动力学和污染物运移理论进一步对重金属在土壤-作物系统中的环境效应进行模拟和预测,已经成为土壤镉污染定量评价的重要手段之一。由于镉在农业重金属污染中的普遍性和代表性,对重金属镉的研究在理论及应用价值上都具有重要意义。

镉在土壤中的归趋和运移主要受吸附-解吸过程的影响(Elbana et al.,2010;Goldberg et al.,2007)。尽管热动力学表面形态模型在机理上能更全面地描述镉吸附过程,但在实际应用时由于所需参数过多,其应用不如经验性等温吸附模型那样普及,特别是吸附关系需要和溶质运移模型进行耦合时更需要对模型进行简化。描述吸附过程的经验性等温吸附关系包括分配系数 K_d 关系及 Freundlich 和 Langmuir 等温吸附方程(Degryse et al.,2009;Goldberg et al.,2007)。土壤镉等温吸附关系按镉在溶液和土壤表面两者间能量状态是否保持均衡分为均衡吸附和非均衡吸附(Böttcher,1997)。均衡吸附只需要 1 个或 2 个参数表征其吸附能力;而非均衡吸附除了分配系数,还需要速率常数来定义其反应速率,并且反应速率常数与分配系数间存在关联(Lin et al.,2016;Chen et al.,2006)。由于不同试验方法的条件不同,即使使用相同的吸附等温线模型,各种试验所得的吸附系数也可能不同(Hutchison et al.,2003;Gamerdinger et al.,2001)。采用不同的试验方法对镉在土壤中的吸附行为进行研究后发现,土壤对镉的吸附性越强,不同试验方法所得到的吸附系数的差别就越大,且饱和批量平衡法的系数最大,饱和土柱法次之,非饱和土柱法最小(Elbana and Selim,2010)。

等温吸附方程参数往往拟合于特定土壤环境;将一种土壤环境拟合得到的吸附关系应用到另一种土壤环境时需要谨慎;甚至同一土壤,在不同含水率情况下,其 pH 都可能发生变化,例如,长期淹水农田排水后其土壤 pH 可能有较大的升高(de Livera et al.,2011;Cornu et al.,2007),进而影响分配系数 K_d。土壤 pH 和土壤有机碳(soil organic carbon,SOC)含量越高,分配系数 K_d 往往越大,土壤镉吸附能力越强(Degryse et al.,2009;Krishnamurti et al.,2003;Sauvé et al.,2000)。黏粒和粉粒含量越高,土壤镉吸附能力也会越强(李朝丽等,2007)。而土壤中有机酸含量越高,则镉相对更容易溶解,导致 K_d 降低(Collins et al.,2003)。均衡吸附分配系数 K_d 或 Freundlich 分配系数 K_F 往往用一些土壤因子[如土壤 pH、SOC 含量、阳离子交换量(cation exchange capacity,CEC)、铁锰氧化物含量、$CaCO_3$ 含量、黏土含量、溶解有机酸浓度等]组合成的经验性的土壤转换函数(pedotransfer functions)来计算(王金贵,2012;Degryse et al.,2009;Horn et al.,2006;Cieśliński et al.,1998)。均衡吸附关系还存在一定的滞后效应,即吸附和解吸两个过程的固液均衡浓度曲线不一致:解吸过程的分配系数比吸附过程的分配系数要大(Elbana et al.,2010;Shirvani et al.,2006)。

在田间,土壤水渗流不仅影响镉的通量,也会影响镉反应过程。相同体积浸取溶液,渗流速度越慢,其与土壤反应时间越长,因此镉解吸过程越接近均衡状态(Kim et al.,2015)。正常田间状况下,当反应响应时间(达到 63% 的均衡值所需时间)超过 9h,土壤镉的解吸过程可能处于非均衡状态(Degryse et al.,2009)。如果土壤处于快速的干湿转换过程,土壤中镉发生非均衡解吸反应的可能性比较大。Elbana 等(2010)利用试验分析不同吸附点位速率发现,不可逆镉吸附速率很低,不超过 $0.2h^{-1}$,而可逆镉吸附速率相对较高,最大可以接近 $2.0h^{-1}$。Chen 等(2006)利用一个双点位模型来拟合试验数据。结果发现,表面吸附镉浓度(均衡吸附部分)除以溶解镉浓度远小于总的吸附镉浓度除以溶解镉浓度。这些时间尺度较小的试验结果表明,土壤镉多点位吸附主要以可逆动力学为主。

非均衡吸附的动力学速率常数同样受到不同土壤性质的影响。例如,Elbana 等(2010)对比 Bustan 和 Winsor 土壤,在采用两模型拟合时,pH 和 $CaCO_3$ 含量更高的土壤,其 K_F 更大,且吸附速率常数也更大,但解吸速率常数相对更低。而在 Chen 等(2006)的研究中,其拟合得到的一级吸附速率常数相比 Elbana 等(2010)的一级吸附速率常数大约要小一个数量级;这可能是由于其相对较低的 pH;Elbana 等(2010)采用的两种土壤中,黏壤土对应的吸附速率常数要高于砂壤土。王金贵(2012)也发现,碱性土壤镉吸附速率与吸附量均高于酸性土壤;并且温度越高,吸附速率越快。因此,pH 大小会影响解吸过程;pH 越低,解吸速率越大(Wang et al.,2009;Kandpal et al.,2005)。Tsang 等(2007)研究结果表明,Freundlich 分配系数 K_F 与吸附速率常数之间呈正相关关系,即 Freundlich 分配系数 K_F 越大,其吸附速率常数也越大。而溶液中镉浓度的变化对其吸附动力学速率常数无明显影响(Chaturvedi et al.,2006)。吸附速率常数一般比解吸速率常数高数倍(Elbana et al.,2010;Chen et al.,2006)。因此导致解吸过程远比吸附过程要慢(Krishnamurti et al.,2003)。解吸试验方法有两种:一是混合置换试验法;二是连续流法。连续流试验结果往往是用来拟合一个单向的、与土壤吸附镉含量变化有关的函数(Wang et al.,2009;Kandpal et al.,2005),而混合置换试验法可以拟合可逆的吸附动力学方程(Elbana et al.,2010)。但是,目前没有关于利用土壤性质来表征土壤镉吸附-解吸反应速率常数的函数关系发表。

1.2.2　土壤中镉的吸附关系空间变异性对土壤镉运移的影响

在田间,由于各个土壤性质存在较大的变异性,所以土壤镉吸附关系也存在变异性(Goldberg et al.,2007)。Chen 等(2006)报道了一种黏壤土和一种砂壤土的分配系数 K_d 分别为 7760L/kg 和 5554L/kg。Elbana 等(2010)用 Freundlich 吸附方程拟合吸附曲线,结果发现三种土壤的 Freundlich 常数也存在较大差异(K_F:99~203;n:0.28~0.46)。土壤镉污染对环境的影响有时主要由一些极端情景或者参数值决定(Boekhold et al.,1992);将非均质土壤假设为均质土壤来分析其吸附过程肯定会产生一定的偏差。因此,准确量化和表征土壤镉吸附关系变异性非常重要。

镉吸附特征常呈现明显的非线性关系,同时可能与多个土壤性质相关联。因此,直接量化不同土壤环境或者不同时期的土壤镉吸附关系变异性存在一定的问题(Böttcher,1997)。尺度转换法常用来量化非线性函数关系的变异性,该方法主要依据 Miller 几何相似性,即两种相似土壤的非线性函数关系差异主要由其土壤微观几何特征决定(Tillotson et al.,1984)。Schwen 等(2015)利用尺度转换法分析了土壤气体扩散率函数的变异性。Xiao 等(2015)利用尺度转换法量化镉均衡吸附变异性。还有其他研究利用尺度转换量化土壤水分特征曲线和土壤水力传导度关系的变异性(Roth,2008;Tuli et al.,2001),以及直接量化土壤溶质运移函数的变异性(Choquet et al.,2014;Tillotson et al.,1984)。非线性函数关系经过尺度转换其变异性被保留为尺度因子变异性后,可以分析一系列尺度因子之间相关关系并研究影响规律。Xiao 等(2015)发现土壤镉吸附关系尺度因子等与 H^+ 浓度、CEC、锰的氧化物浓度尺度因子等有显著相关性;该结果可以理解为吸附关系受这三种因素影响较为显著。Schwen 等(2015)通过对比土壤水分特征函数、水力传导度函数、气体扩散率函数的尺度因子发现,土壤中水分和气体运移通道并不一致。Deurer 等(2007)还分别利用尺度转换法和土壤转换函数来特征化 Freundlich 分配系数 K_F 的变异性,然后将样块尺度从 0.15m 提升至 1.8m,发现尺度因子的变异性下降了 28%,而土壤转换函数预测的 K_F 变异性下降了 10%,这表明尺度转换法和土壤转换函数在样块尺度提升后依然能够在一定程度上保留吸附关系的变异性。

土壤优先流效应不明显时,土壤中镉的归趋和运移主要还是由吸附关系所决定的(Elbana et al. ,2010;Deurer et al. ,2007;Tsang et al. ,2007;李朝丽,2007)。当时间尺度较大时,土壤镉吸附过程可视为均衡过程,但存在空间变异性。模拟土壤中镉的归趋和运移需要耦合镉吸附关系与镉运移方程。田间尺度上常用土壤转换函数结合 Monte Carlo 随机方法来表征土壤镉吸附关系的空间变异性。利用并行土柱法(parallel soil column)提升非均质土壤镉均衡反应与运移过程的空间尺度,分析土壤性质空间变异性和不确定性对镉运移及穿透土壤层的影响,评估镉污染土层污染地下水的可能性(Beyer et al. ,2009;Altfelder et al. ,2007;Ingwersen et al. ,2006;Seuntjens,2002;Seuntjens et al. ,2002;Streck et al. ,1997)。类似针对吸附溶质在空间变异土壤中运移的研究也有报道,这些研究同样是基于等温均衡吸附变异性(张仁铎,2005)。

1.3　土壤温室气体的综合环境效应

在农业土地利用中,旱地可以汇聚一部分 CH_4,但释放出大量的 CO_2 和 N_2O;水田在水淹灌时期会释放相当数量的 CH_4,而在排干时可以明显减少甲烷的释放,但增加了 N_2O 的释放。使用氮肥能促进植物生长,固定更多的碳,但却抑制 CH_4 吸收并显著增加 N_2O 排放。另外,CO_2、CH_4 和 N_2O 对气候变化的影响潜力是不同的(Verma et al. ,2006),因此,以减缓温室气体释放为目标的管理措施研究必须综合考虑这三种主要温室气体的综合影响。

农业灌排的根本目的是调节农田水分,农田水分直接影响土壤中的生物代谢和物质循环(Eshel et al. ,2007)。水分条件作为农田管理的主要措施之一,直接影响土壤环境的变化,从而影响温室气体的产生和排放。CH_4 产生于厌氧环境,N_2O 则产生于好氧条件,CO_2 在好氧和厌氧条件下均可产生。基于实验室研究的结果发现,CO_2、CH_4 和 N_2O 的产生均存在一个最优土壤含水量的问题(Ruser et al. ,2006)。这就提出了如何通过水分条件来控制温室气体所产生的温室效应的问题。

除了以上讨论的土壤中典型面源污染物(氮素、农药、重金属镉),当前,由于清洁水的供需矛盾越来越尖锐,污水回用量日益增加。Brzezinska 等(2006)通过四年的污水灌溉研究发现,污水灌溉与自然降雨比较,土壤的脱氢酶、脲酶、酸性、碱性磷酸酶和 CO_2 释放量显著增加,而氧化还原电位降低。长期污水灌溉的农田土壤的有机碳、总氮、微生物碳、氮均有不同程度的增加,CO_2 释放量也进一步增加。对于这类土壤,研究者大多关注农田生态系统的污染状况和土壤性质的改变等,然而,对于受污染土壤中的碳、氮循环及其对土壤微生物群落结构和酶活性的影响机理,以及农田中温室气体的产生和排放变化规律的综合状况还鲜有报道,有待于开展深入的研究。

目前数学模拟方法已应用于土壤碳库估算和土壤有机碳分解的研究中(Nijbroek et al.,2003),人们也采用模型对土壤剖面 N_2O 浓度和土壤表面 N_2O 通量、N_2O 在土壤非饱和区的运移进行了探讨(Langeveld et al.,2002)。Deurer 等(2008)研究发现在地下水位较浅的地区,从土壤非饱和区淋失到地下水中的硝态氮在反硝化作用下生成 N_2O,N_2O 会从土壤非饱和区扩散到大气中,并论述了开展区域范围内 N_2O 从地下水扩散到大气中的动力学过程及生物学过程研究的必要性。一些基于生态系统尺度的数值模型,如 DNDC 模型、DAYCENT 模型(del Grosso et al.,2005)等,可以用于农田水分、有机碳、N 元素、作物生长及温室气体排放过程的模拟,但这些模型在时间步长上的最小单位为天,难以捕捉更小时间尺度上(小时、分钟)温室气体排放的信息,且对温室气体在土壤中的运移,如硝化作用和反硝化作用对 N_2O 排放的影响等尚没有精确的描述。因此,还须加强对于温室气体产生过程的短时间尺度动态和机理模型等方面的研究。

用来模拟土壤温室气体的运移和排放通量的模型大致可分为两类:一类是考虑了有关温室气体在土壤中的物理、化学和微生物过程的微观机理模型(Weeks et al.,2007);另一类是基于田间尺度从生态系统角度来描述水分、碳和氮循环的模型(Tonitto et al.,2007)。van Bodegom 等(2002)指出,土壤温室气体通量从田间尺度到区域尺度的提升极大地受到田间采样、模型及当地土壤特性数据库的影响。Niu 等(2006)通过改进的 DNDC 模型将 $1km^2$ 尺度上的土壤温室气体通量数据提升到 $10000km^2$,并计算了尺度提升过程中的不确定性。结果表明,由尺度提升所导致的不确定性达到了 64%,与 Monte Carlo 得到的变异信息相比,利用与土壤类型相关的空间变异结构信息更能降低尺度效应。

Li 等(2006)利用 DNDC 模型模拟了不同灌溉条件、不同施肥条件下我国稻田中 CO_2 的释放量,模拟结果表明,所研究的水稻田基本上是一个净碳汇区;并且相对于中期排水情景,浅淹灌和旱稻情景减少了碳汇量,这一结果与土壤中的 C 同时以 CH_4 和 CO_2 的形式释放有关。Guo 等(2006)对美国土壤地理数据库分析后发现,当平均年降雨量增加到 $700\sim850mm/a$ 时,土壤碳汇量会增加。另外,我国南方水稻土近 20 年来土壤有机碳出现了较快增长(Huang et al.,2006),可能与水稻土长期的淹水灌溉有关,这些资料均表明,在我国农田通过优化灌溉方式来增加土壤有机碳的固定途径是可能的。

就区域尺度而言,土地利用及其变化直接或间接地影响陆地生态系统与大气之间的温室气体交换及氮、碳循环过程。土地利用变化改变了土壤和植物群落内部营养物质和碳元素的流动状况,特别是通过温室气体排放影响全球生物地球化学循环。Murty 等(2002)对林地转变为耕地后土壤碳氮含量变化的众多报道进行统计,指出土地利用方式转变后,土壤碳储量平均下降 24%,氮储量平均下降15%。研究显示,土壤的碳含量很大程度上依赖于地表植被和土地利用状况,而土壤有机碳含量的变化也会影响植物对水分和营养元素的吸收,进而影响生产量。

　　生物量及其动态变化是当前全球碳循环和全球气候变化评估中考虑的重要参数之一(Nascimento et al. ,2007)。在国际生物学计划(International Biological Program,IBP)和千年生态系统评估计划(Millennium Ecosystem Assessment,MA)的推动下,全球森林生物量的研究工作取得了较大发展。近年来,迅速发展的 3S(遥感技术、地理信息系统、全球定位系统的统称)技术为大尺度森林生物量估算提供了一条快捷、经济、方便和可靠的途径,3S 技术已广泛运用于生态环境监测、碳储量估算、森林资源调查等研究领域(Lu,2006)。目前基于遥感的植被生物量反演方法主要包括:多元回归法、K 近邻法、神经网络法以及基于冠层参数的间接反演法,其中使用最多的是多元线性回归,通过对遥感信息和地面调查获取的植被生物量之间进行相关分析,建立两者之间的拟合方程来反演生物量(Boudreau et al. ,2008)。植被的生物量变化直接影响植被-土壤-大气连续系统,已有相关研究开始以区域植被生物量研究为基础探讨生物量变化与土壤温室气体排放的相关性。

1.4　面源污染土壤中的微生物群落结构与功能

　　农田中的微生物作用不仅是土壤中物质循环、能量循环的控制因素,而且对于土壤面源污染物的运移和转化以及温室气体产生具有显著影响。土壤特性、土壤水分、氧气、酸碱度、温度及污染状况都会影响土壤微生物的群落结构,农业灌排、施肥、耕作等也会对土壤微生物种类和数量变化产生很大影响。因此,微生物多样性是反映生态系统受干扰后发生变化的重点检测因子,而变化后的微生物类群对生态环境也会产生明显的反作用。例如,土壤中的环境污染物可导致土壤中不适应微生物种群数量减少,适应微生物种群数量增大,而适应微生物种群可对污染环境进行微生物修复。

　　农业灌排不仅影响土壤含水量,而且影响土壤含氧量,土壤的干湿交替不仅造成土壤微生物的大批死亡和更新,还会影响微生物生理功能的改变。土壤有机碳在微生物作用下分解产生 CO_2 或甲烷,其产物因水分条件不同而异,当稻田淹至 Eh $<$ $-300mV$ 时,有机物在产甲烷菌作用下产生大量甲烷,而在晒田时伴有大量 CO_2 产生。农业灌溉或施用氮肥后,土壤释放 N_2O 的量会短时间内增加(Verma et al. ,2006),我国水稻种植中也发现中期排水可降低甲烷的释放量而提高

NO 的释放量(Li et al. ,2006),但这些现象的微生物学原因并不清楚。国际上对水稻田耕作层中淹水状态下产甲烷菌的群体结构进行分析(Watanabe et al. ,2007)。研究发现,土壤酸碱性对产甲烷菌活性有明显影响,当 pH 低于 5 时就影响产甲烷菌对氢的利用(Kim et al. ,2004)。不过,土壤中的其他功能类群,如甲烷氧化菌(厌氧与好氧)、硝酸盐还原菌(厌氧与好氧)、反硝化细菌、硫酸盐还原菌等都尚未进行深入分析(Liesack et al. ,2000)。特别是在受农药和重金属污染的土壤环境中,微生物种群和数量的变化及其对污染环境的反作用(微生物修复)方面,研究就更少。根系层以下的非饱和带是土壤表层与地下水层的连接部分,土壤表层的污染物通过非饱和带进入地下水,其中的微生物对于土壤污染物的转化起到重要作用(Holden et al. ,2005),但目前对根系层以下的非饱和带中的微生物类群及其功能的了解甚少。因此有必要对农业面源污染造成的土壤微生物类群结构及功能变化进行深入分析,探讨农业面源污染影响土壤中氮、碳循环和生物修复效果的微生物学原因。

传统的显微镜或培养方法研究土壤微生物的数量和种类已使人们认识到土壤微生物的复杂性。土壤微生物生物量测定方法的建立使土壤微生物研究方法进入一个新的时代(吴金水等,2006)。采用现行的土壤微生物生物量测定方法所获得的结果尽管可以从某一侧面反映土壤微生物的质量状况,但仍不能作为土壤微生物的真实质量,也不能作为反映土壤微生物个体和种群多少的具体指标。随着分子生物学技术与生物信息学的发展,末端限制性片断长度多态性(terminal-restriction fragment length polymorphism,T-RFLP)技术与 16SrRNA 克隆文库分析技术被应用到微生物群落结构的研究中,该方法不仅可用来比较微生物群落结构,而且可确定微生物的种类。研究人员采用 T-RFLP 技术研究稻田土中产甲烷菌群落时,发现不同产甲烷菌在产生甲烷的过程中具有不同的功能(Chin et al. ,2004)。利用分子生物学技术还发现,有机肥料可以增加产甲烷菌的丰富度和活性。应用亚硝酸还原酶基因的 T-RFLP 分析发现,施加不同氮肥的土壤中反硝化细菌随季节变化具有演替现象,这些细菌均为以前没有研究过的反硝化细菌群(Wolsing et al. ,2004)。目前已证明,已发现的微生物仅占土壤微生物总量的极少部分(池振明,2005)。土壤中还有大量的微生物资源有待进一步发现与开发。分子生物学技术的应用可以更深入地了解土壤微生物的群落结构与功能变化及其对农田生态系统的影响。

1.5　农田生态系统健康评价

农业面源污染物的环境效应必须根据生态系统健康的理论来进行评价。生态系统健康的理论在近 20 年才逐步形成,Schaeffer 等(1988)首次探讨了有关生态系统健康度量的问题，Rapport(1989)论述了生态系统健康的内涵，这两篇文献成为生态系统健康研究的先导。1993～1996 年加拿大启动了农业生态系统健康研究项目，随后建立了"全球农业生态系统健康网络"。农业作为与人类最密切相关的生态系统，其健康状况更应受到重视。随着生态系统健康的概念和内容不断发展，国内外的科学家对农业生态系统健康提出了许多相应的评价方法和评价指标。

在评价方法方面，Mageau 等(1998)基于一系列生态演替过程中的常见趋势建立仿真模型，通过不同演替阶段的结果来刻画生态系统的发展方式。Liebig 等(2001)采用等级评分法对表征农田生态系统功能的作物和土壤参数进行处理，用以评价农田可持续性，这种标定指数的方法简单，具有包含性和适应性，但有较高的数据要求，因而适用于长期的农田生态系统试验。Ferraro 等(2003)基于模糊逻辑方法建立了一套指标，用以评价农药和耕作对农业生态系统的影响，并认为这种方法所建立的指标能有效地评价可持续性。也可利用层次分析法来评价农业生态系统，即以结构指标、环境指标、生产力指标、持续力指标和管理指标建立起农田生态系统健康评价指标体系，并给出评价指标标准。此外，也有部分研究从区域尺度对生态系统健康进行评价，综合应用 RS、GIS 和全球定位系统(global positioning system，GPS)等 3S 技术，动态监测宏观生态系统健康状况，成为区域生态系统健康定量评价的客观要求(彭建等，2007)。就评价方法而言，国内外目前尚未有一个很完善的方法，现有的方法各有优缺点，仍需要进一步改进。

在评价指标方面，Dumanski(1997)提出用土壤质量指标作为农业生态系统健康的标准，因为土地是农业生产最基本的要素。Xu 等(2001)从农业生态系统的结构、功能、组织和动态四个方面对评价农业生态系统健康的指标进行了解释与说明，其中也包含社会经济与生物环境指标。Nambiar 等(2001)制定了一系列由生物、物理、化学、经济和社会功能等指标组成的农业可持续性指标体系。Belcher 等(2004)以土壤有机碳、二氧化碳排放量、作物生产力、土地租金和土地利用方式为指标，通过建立仿真模型评估农业生态系统的可持续性。van Cauwenbergh 等(2007)建立了一个包括原理、标准和指标的框架，用以评价农业生态系统的可持续性，该框架分为单块土地、大片土地和区域景观三个尺度，从环境、经济和社会三方面评价农业生态系统的可持续性，并提出相应的指标和参考值。而针对土壤的评价体系相对成熟，如全面的土壤质量评价体系(GISQ)，因具有较强的可适性，已较好地开展应用。van Cauwenbergh 等(2007)用此法建立了一系列包括评价理化性质、有机质储量、聚合形态和土壤动物多样性等方面的指标，这套指标有利于评价农业实践的可持续性以及土壤生态系统的服务功能，并可对同一地区不同土地利用类型的土壤质量进行评价。

鉴于农田生态系统与人类社会关系密切，其健康评价显得尤为重要。虽然国内外已就农业生态系统健康的概念、评价方法和评价指标等方面进行了一些探讨,但对农业生态系统健康的评价基本还是定性的判断;同时,生态系统的复杂性决定了其不能用一个或几个指标来准确概括。因此,如何通过微观与宏观相结合,在区域调查和田间试验的基础上,利用和改进现有的评价方法,将定性评价与定量分析有效结合,并考虑指标选择的整体性、可比性和可获得性以及系统的等级性,建立一套防止面源污染和增强生态固碳能力的农业生态系统健康评价指标,实施可持续发展环境评价,是本书需要进一步探讨的问题。

参 考 文 献

曹志洪,林先贵,杨林章,等.2005.论"稻田圈"在保护城乡生态环境中的功能.Ⅰ.稻田土壤磷素径流迁移流失的特征.土壤学报,42(5):799-804.

陈文英,毛致伟,沈万斌,等.2005.农业非点源污染环境影响及防治.北方环境,30(2):43-45.

池振明.2005.现代微生物生态学.北京:科学出版社.

高超,朱建国,窦贻俭.2002.农业非点源污染对太湖水质的影响:发展态势与研究重点.长江流域资源与环境,11(3):260-263.

环境保护部,国土资源部.2014-04-17.全国土壤污染状况调查公报.http://www.zhb.gov.cn/gkml/hbb/qt/201404/t20140417_270670.htm.

黄满湘,章申,唐以剑,等.2001.模拟降雨条件下农田径流中氮的流失过程.土壤与环境,10(1):6-10.

黄元仿,李韵珠,李保国,等.2001.华北平原农田水、氮优化管理.农业工程学报,17(2):37-41.

李朝丽.2007.土壤胶体和优势流对镉环境行为的影响.南京:南京农业大学博士学位论文.

李朝丽,周立祥.2007.我国几种典型土壤不同粒级组分对镉吸附行为影响的研究.农业环境科学学报,26(2):516-520.

李世鹏,李建民.2001.氮肥损失研究进展.农业环境保护,20(5):377-379.

刘宏斌.2002.施肥对北京市硝态氮累积与地下水污染的影响.北京:中国农业科学院博士学位论文.

刘宏斌,李志宏,张云贵,等.2006.北京平原农区地下水硝态氮污染状况及其影响因素研究.土壤学报,43(3):405-412.

彭建,王仰麟,吴健生,等.2007.区域生态系统健康评价——研究方法与进展.生态学报,27(11):4877-4885.

王金贵.2012.我国典型农田土壤中重金属镉的吸附-解吸特征研究.杨凌:西北农林科技大学博士学位论文.

吴金水,等.2006.土壤微生物生物量测定方法及其应用.北京:气象出版社.

徐祖信,黄沈发,鄢忠纯.2003.上海非点源污染负荷研究.上海环境科学,22(增刊):112-130.

张仁铎.2005.空间变异理论及应用.北京:科学出版社.

张思聪,吕贤弼,黄永刚.1999.灌溉施肥条件下氮素在土壤中迁移转化的研究.水利水电技术,30(5):6-8.

张瑜芳,张蔚榛,沈荣开,等. 1997. 排水农田中氮素转化运移和流失. 武汉:中国地质大学出版社.

张瑜芳,张蔚榛,沈荣开,等. 1999. 淹灌稻田的暗管排水中氮素流失的试验研究. 灌溉排水, 18(3):12-16.

甄兰,廖文华,刘建玲. 2002. 磷在土壤环境中的迁移及其在水环境中的农业非点源污染研究. 河北农业大学学报,25(1):34-37.

Alloway B J. 2013. Sources of heavy metals and metalloids in soils// Alloway B J. Heavy Metals in Soils. Dordrecht:Springer.

Almasri M N,Kaluarachchi J J. 2007. Modeling nitrate contamination of groundwater in agricultural watersheds. Journal of Hydrology,343(3-4):211-229.

Altfelder S,Duijnisveld W H M, Streck T, et al. 2007. Quantifying the influence of uncertainty and variability on groundwater risk assessment for trace elements. Vadose Zone Journal, 6: 668-678.

Archer J R,Marks M J. 1997. Control of nutrients losses to water from agricultural in Europe// Proceeding of the Fertilizer Society No. 405,London.

Ash C,Tejnecký V,Šebek O, et al. 2015. Redistribution of cadmium and lead fractions in contaminated soil samples due to experimental leaching. Geoderma,241-242:126-135.

Belcher K W,Boehm M M,Fulton M E. 2004. Agroecosystem sustainability:A system simulation model approach. Agricultural System,79(2):225-241.

Beyer C,Altfelder S,Duijnisveld W H M,et al. 2009. Modelling spatial variability and uncertainty of cadmium leaching to groundwater in an urban region. Journal of Hydrology, 369 (3-4): 274-283.

Boekhold A E,Vanderzee S. 1992. A scaled sorption model validated at the column scale to predict cadmium contents in a spatially-variable field soil. Soil Science,154(2):105-112.

Boudreau J,Nelson R F,Margolis H A,et al. 2008. Regional aboveground forest biomass using airborne and spaceborne LiDAR in Québec. Remote Sensing of Environment, 112 (10): 3876-3890.

Brzezinska M,Tiwari S C,Stepniewska Z,et al. 2006. Variation of enzyme activities,CO_2 evolution and redox potential in an Eutric Histosol irrigated with wastewater and tap water. Biology and Fertility of Soils,43(1):131-135.

Böttcher J. 1997. Use of scaling to quantify variability of heavy metal sorption isotherms. European Journal of Soil Science,48(3):379-386.

Causapé J,Quílez R,Aragüés R. 2004. Assessment of irrigation and environmental quality at the hydrological basin level Ⅱ. Salt and nitrate loads in irrigation return flows. Agricultural Water Management,70(3):211-228.

Chaturvedi P K,Seth C S,Misra V. 2006. Sorption kinetics and leachability of heavy metal from the contaminated soil amended with immobilizing agent(humus soil and hydroxyapatite). Chemosphere,64:1109-1114.

Chen W,Chang A C,Wu L,et al. 2006. Modeling dynamic sorption of cadmium in cropland soils. Vadose Zone Journal,5:1216-1221.

Chin K J,Lueders M W,Friedrich M,et al. 2004. Archaeal community structure and pathway of methane formation on rice roots. Microbial Ecology,47(1):59-67.

Choquet C,Rosier C. 2014. Effective models for reactive flow under a dominant Peclet number and order one Damkohler number: Numerical simulations. Nonlinear Analysis: Real World Applications,15(1):345-360.

Cieśliński G,van Rees K C J,Szmigielska A M,et al. 1998. Low-molecular-weight organic acids in rhizosphere soils of durum wheat and their effect on cadmium bioaccumulation. Plant Soil, 203(1):109-117.

Collins R N,Merrington G,McLaughlin M J,et al. 2003. Organic ligand and pH effects on isotopically exchangeable cadmium in polluted soils. Soil Science Society of America, 67 (3): 112-121.

Cornu J Y,Denaix L,Schneider A,et al. 2007. Temporal evolution of redox processes and free Cd dynamics in a metal-contaminated soil after rewetting. Chemosphere,70(2):306-314.

de Livera J,McLaughlin M J,Hettiarachchi G M,et al. 2011. Cadmium solubility in paddy soils: Effects of soil oxidation,metal sulfides and competitive ions. Science of Total Environment, 409(8):1489-1497.

de Rooij G H,Stagnitti F. 2000. Spatial variability of solute leaching:Experimental validation of a quantitative parameterization. Soil Science Society of America,64(2):499-504.

de Willigen P. 1991. Nitrogen turnover in the soil-crop system:Comparison of fourteen simulation models. Fertilizer Research,27(2-3):141-149.

Degryse F,Smolders E,Parker D R. 2009. Partitioning of metals(Cd,Co,Cu,Ni,Pb,Zn)in soils: Concepts,methodologies,prediction and applications—A review. European Journal of Soil Science,60(4):590-612.

del Grosso S J,Mosier A R,Parton W J,et al. 2005. DAYCENT model analysis of past and contemporary soil N_2O and net greenhouse gas flux for major crops in the USA. Soil & Tillage Research,83(1):9-24.

Deurer M,Bottcher J. 2007. Evaluation of models to upscale the small scale variability of Cd sorption in a case study. Geoderma,137(3-4):269-278.

Deurer M,von der Heide C,Bottcher J,et al. 2008. The dynamics of N_2O near the groundwater table and the transfer of N_2O into the unsaturated zone:A case study from a sandy aquifer in Germany. CATENA,72(3):362-373.

Dumanski J. 1997. Criteria and indicators for land quality and sustainable land management. ITC Journal,3(4):216-222.

Elbana T A,Selim H M. 2010. Cadmium transport in alkaline and acidic soils:Miscible displacement experiments. Soil Science Society of America,74(6):1956-1966.

Eshel G,Fine P,Singer M J. 2007. Total soil carbon and water quality:An implication for carbon sequestration. Soil Science Society of America, 71(2):397-405.

Farahat E, Linderholm H W. 2015. The effect of long-term wastewater irrigation on accumulation and transfer of heavy metals in Cupressus sempervirens leaves and adjacent soils. Science of the Total Environment, 512(4):1-7.

Ferraro D O, Ghersa C M, Sznaider G A. 2003. Evaluation of environmental impact indicators using fuzzy logic to assess the mixed cropping systems of the Inland Pampa, Argentina. Agriculture, Ecosystems & Environment, 96(1-3):1-18.

Flipo N, Jeannée N, Poulin M, et al. 2007. Assessment of nitrate pollution in the Grand Morin aquifers(France):Combined use of geostatistices and physically based modeling. Environmental Pollution, 146(1):241-256.

Francois M, Grant C, Lambert R, et al. 2009. Prediction of cadmium and zinc concentration in wheat grain from soils affected by the application of phosphate fertilizers varying in Cd concentration. Nutrient Cycling in Agroecosystems, 83(2):125-133.

Gamerdinger A P, Kaplan D I, Wellman D M, et al. 2001. Two-region flow and decreased sorption of uranium (VI) during transport in Hanford groundwater and unsaturated sands. Water Resource Research, 37(12):3155-3162.

Goldberg S, Criscenti L J, Turner D R, et al. 2007. Adsorption-desorption processes in subsurface reactive transport modeling. Vadose Zone Journal, 6:407-435.

Guo Y, Gong P, Amundson R, et al. 2006. Analysis of factors controlling soil carbon in the conterminous United States. Soil Science Society of America, 70(3):601-612.

Görres J, Gold A J. 1996. Incorporating spatial variability into GIS to estimate nitrate leaching at the aquifer scale. Journal of Environmental Quality, 25:491-498.

Hansen S, Jensen H E, Nielsen N E, et al. 1991. Simulation of nitrogen dynamics and biomass production in winter wheat using the Danish simulation model DAISY. Fertilizer Research, 27(2-3):245-259.

Holden P A, Fierer N. 2005. Microbial processes in the vadose zone. Vadose Zone Journal, 4:1-21.

Horn A L, Reiher W, Düring R A, et al. 2006. Efficiency of pedotransfer functions describing cadmium sorption in soils. Water, Air, and Soil Pollution, 170(1-4):229-247.

Huang Y, Sun W J. 2006. Changes in topsoil organic carbon of croplands in China over the last two decades. Chinese Science Bulletin, 51(15):1785-1803.

Hutchison J M, Seaman J C, Aburime S A, et al. 2003. Chromate transport and retention in variably saturated soil columns. Vadose Zone Journal, 2:702-714.

Ingwersen J, Streck T. 2006. Modeling the environmental fate of cadmium in a large wastewater irrigation area. Journal of Environmental Quality, 35:1702-1714.

Kandpal G, Srivastava P C, Ram B. 2005. Kinetics of desorption of heavy metals from polluted soils:Influence of soil type and metal source. Water Air and Soil Pollution, 161(1-4):353-363.

Kim J, Hyun S. 2015. Nonequilibrium leaching behavior of metallic elements (Cu, Zn, As, Cd, and

Pb) from soils collected from long-term abandoned mine sites. Chemosphere,134:150-158.

Kim I S,Hwang M H,Jang N J,et al. 2004. Effect of low pH on the activity of hydrogen utilizing methanogen in bio-hydrogen process. International Journal of Hydrogen Energy,29(11):1133-1140.

Krishnamurti G S R,Naidu R. 2003. Solid-solution equilibria of cadmium in soils. Geoderma,113(1-2):17-30.

Langeveld C A,Leffelaar P A. 2002. Modelling belowground processes to explain field-scale emissions of nitrous oxide. Ecological Modelling,149(1):97-112.

Leonard R A,Knisel W G,Still D A. 1987. GLEAMS:Groundwater loading effects of agricultural management systems. Transactions of the ASAE American Society of Agricultural, 30:1403-1418.

Li Z Y,Ma Z W,van der Kuijp T J,et al. 2014. A review of soil heavy metal pollution from mines in China:Pollution and health risk assessment. Science of Total Environment,468:843-853.

Li C,Salas W,DeAngelo B,et al. 2006. Assessing alternatives for mitigating net greenhouse gas emissions and increasing yields from rice production in China over the next twenty years. Journal of Environmental Quality,35:1554-1565.

Liao J,Wen Z,Ru X,et al. 2016. Distribution and migration of heavy metals in soil and crops affected by acid mine drainage:Public health implications in Guangdong Province,China. Ecotoxicology and Environmental Safety,124:460-469.

Liebig M A,Varvel G,Doran J. 2001. A simple performance—based index for assessing multiple agroecosystem functions. Agronomy Journal,93:313-318.

Liesack W,Schnell S,Revsbech N P. 2000. Microbiology of flooded rice paddies. FEMS Microbiology Reviews,24(5):625-645.

Lin Z,Schneider A,Sterckeman T,et al. 2016. Ranking of mechanisms governing the phytoavailability of cadmium in agricultural soils using a mechanistic model. Plant Soil, 399 (1-2):89-107.

Looney B B,Falta R W. 2000. Vadose Zone Science and Technology Solutions. Columbus:Batelle Press.

Lu D. 2006. The potential and challenge of remote sensing—based biomass estimation. International Journal of Remote Sensing,27(7):1297-1328.

Maciej D. 2000. Activities in nonpoint pollution control in rural areas of Poland. Ecological Engineering,14(4):429-434.

Mageau M T,Costanza R,Ulanowicz R E. 1998. Quantifying the trends expected in developing ecosystems. Ecology Modelling,112(1):1-22.

Mallawatantri A P,Mulla D J. 1996. Uncertainties in leaching risk assessments due to field averaged transfer function parameters. Soil Science Society of America,60(3):722-726.

Mantoglou A A. 1992. Theoretical approach for modeling unsaturated flow in spatially variable soils:Effective flow models in finite domains and non-stationarity. Water Resource Research,

28(1):251-267.

Miller G T. 1992. Living in the Environment: An Introduction to Environmental Science. 7th ed. Belmont: Wadsworth Publishing Company.

Murty D, Kirschbaum M U F, Mcmurtrie R E, et al. 2002. Does conversion of forest to agricultural land change soil carbon and nitrogen? A review of the literature. Global Change Biology, 8(2):105-123.

Nambiar K K M, Gupta A P, Fu Q, et al. 2001. Biophysical, chemical and socio-economic indicators for assessing agricultural sustainability in Chinese coastal zone. Agriculture, Ecosystems & Environment, 87(2):209-214.

Nascimento M T, Barbosa R I, Villela D M, et al. 2007. Above-ground biomass changes over an 11-year period in an Amazon monodominant forest and two other lowland forests. Plant Ecology, 192(2):181-191.

Nijbroek R, Hoogenboom G, Jones J W. 2003. Optimizing irrigation management for a spatially variable soybean field. Agricultural Systems, 76(1):359-377.

Niu H S, Li C S, Wang Y S, et al. 2006. Uncertainties in up-scaling N_2O flux from field to $1° \times 1°$ scale: A case study for Inner Mongolian grasslands in China. Soil Biology and Biochemistry, 38(4):633-643.

Rapport D J. 1989. What constitutes ecosystem health? Perspectives in Biology & Medicine, 33(1):120-132.

Refsgaard J C, Thorsen M, Jensen J B, et al. 1999. Large scale modelling of groundwater contamination from nitrate leaching. Journal of Hydrology, 221(3):117-140.

Rijtema P E, Kroes J G. 1991. Some results of nitrogen simulations with the model ANIMO. Fertilizer Research, 27(2-3):189-198.

Roberts T L. 2014. Cadmium and phosphorous fertilizers: The issues and the science. Procedia Engineering, 83:52-59.

Roth K. 2008. Scaling of water flow through porous media and soils. European Journal of Soil Science, 59(1):125-130.

Ruser R, Flessa H, Russow R, et al. 2006. Emission of N_2O, N_2 and CO_2 from soil fertilized with nitrate: Effect of compaction, soil moisture and rewetting. Soil Biology and Biochemistry, 38(2):263-274.

Sauvé S, Hendershot W, Allen H E. 2000. Solid-solution partitioning of metals in contaminated soils: Dependence on pH, total metal burden, and organic matter. Environmental Science & Technology, 34(7):1125-1131.

Schaeffer D J, Herricks E E, Kerster H W. 1988. Ecosystem health: I. Measuring ecosystem health. Environmental Management, 12(4):445-455.

Schwen A, Jeider E, Bottcher J. 2015. Spatial and temporal variability of soil gas diffusivity, its scaling and relevance for soil respiration under different tillage. Geoderma, 259:323-336.

Seuntjens P. 2002. Field-scale cadmium transport in a heterogeneous layered soil. Water Air and

Soil Pollution,140(1-4):401-423.

Seuntjens P, Mallants D, Simunek J, et al. 2002. Sensitivity analysis of physical and chemical properties affecting field-scale cadmium transport in a heterogeneous soil profile. Journal of Hydrology,264(1-4):185-200.

Shirvani M, Kalbasi M, Shariatmadari H, et al. 2006. Sorption-desorption of cadmium in aqueous palygorskite, sepiolite, and calcite suspensions: Isotherm hysteresis. Chemosphere, 65: 2178-2184.

Singh B, Singh Y, Sekhon G S. 1995. Fertilizer-N use efficiency and nitrate pollution of ground-water in developing countries. Journal of Contaminant Hydrology,20(3-4):167-184.

Singh M, Bhattacharya A K, Nair T V. 2002. Nitrogen loss through subsurface drainage effluent in coastal rice field from India. Agricultural Water Management,52(3):249-260.

Streck T, Richter J. 1997. Heavy metal displacement in a sandy soil at the field scale: II. Modeling. Journal of Environmental Quality,26:56-62.

Thorsen M, Refsgaard J C, Hansen S, et al. 2001. Assessment of uncertainty in simulation of nitrate leaching to aquifers at catchment scale. Journal of Hydrology,242(3-4):210-227.

Tian X, Cao L. 2007. Diversity of cultivated and uncultivated actinobacterial endophytes in the stems and roots of rice. Microbial Ecology,53(4):700-707.

Tillotson P M, Nielsen D R. 1984. Scale factors in soil science. Soil Science Society of America,48(4):953-959.

Tonitto C, David M B, Drinkwater L E, et al. 2007. Application of the DNDC model to tile-drained Illinois agroecosystems: Model calibration, validation, and uncertainty analysis. Nutrient Cycling in Agroecosystems,78(1):65-81.

Toride N, Feike J L. 1996. Convective-dispersive stream tube model for field-scale transport: I. Moment analysis. Soil Science Society of America,60(2):342-352.

Tsang D C W, Zhang W, Lo I M C. 2007. Modeling cadmium transport in soils using sequential extraction, batch, and miscible displacement experiments. Soil Science Society of America,71(4):674-681.

Tuli A, Kosugi K, Hopmans J W. 2001. Simultaneous scaling of soil water retention and unsaturated hydraulic conductivity functions assuming lognormal pore-size distribution. Advances in Water Resources,24(6):677-688.

van Bodegom P M, Verburg P H, Denier H A C. 2002. Upscaling methane emissions from rice paddies: Problems and possibilities. Global Biogeochemical Cycles,16(1):10-14.

van Cauwenbergh N, Biala K, Bielders C, et al. 2007. SAFE—A hierarchical framework for assessing the sustainability of agricultural systems. Agriculture, Ecosystems & Environment,120(2-4):229-242.

Verhagen A, Boum J. 1998. Defining threshold values for residual soil N levels. Geoderma,85(2-3):199-211.

Verma A, Tyagi L, Yadav S, et al. 2006. Temporal changes in N_2O efflux from cropped and fallow agricultural fields. Agriculture, Ecosystems & Environment, 116(3-4): 209-215.

Wagenet R J, Huston J L. 1989. LEACHM: Leaching estimation and chemistry model: A process based model of water and solute movement transformations, plant uptake and chemical reactions in unsaturated zone. Ithaca: Cornell University.

Wang D Z, Jiang X, Rao W, et al. 2009. Kinetics of soil cadmium desorption under simulated acid rain. Ecological Complexity, 6(4): 432-437.

Watanabe T, Kimura M, Asakawa S, et al. 2007. Dynamics of methanogenic archaeal communities based on rRNA analysis and their relation to methanogenic activity in Japanese paddy field soils. Soil Biology & Biochemistry, 39(11): 2877-2887.

Weeks E P, McMahon P B. 2007. Nitrous oxide fluxes from cultivated areas and rangeland: US high plains. Vadose Zone Journal, 6: 496-510.

Williams P N, Lei M, Sun G X, et al. 2009. Occurrence and partitioning of cadmium, arsenic and lead in mine impacted paddy rice: Hunan, China. Environmental Science & Technology, 43(3): 637-642.

Miralles-Wilhelm F, Gelhar L W. 1996. Stochastic analysis of transport and decay of a solute in heterogeneous aquifers. Water Resource Research, 32(12): 3451-3459.

Withers P J, Lord E I. 2002. Agricultural nutrient inputs to rivers and groundwaters in the UK: Policy, environmental management and research needs. The Science of the Total Environment, 282-283(2): 9-24.

Wolsing M, Priemé A. 2004. Observation of high seasonal variation in community structure of denitrifying bacteria in arable soil receiving artificial fertilizer and cattle manure by determining T-RFLP of nirgene fragments. FEMS Microbiology Ecology, 48(2): 261-271.

Xiao H, Bottcher J, Utermann J. 2015. Evaluation of field-scale variability of heavy metal sorption in soils by scale factors-scaling approach and statistical analysis. Geoderma, 241: 115-125.

Xu W, Mage J A. 2001. A review of concepts and criteria for assessing agroecosystem health including a preliminary case study of southern Ontario. Agriculture Ecosystems & Environment, 83(3): 215-233.

Zhai L, Liao X, Chen T, et al. 2008. Regional assessment of cadmium pollution in agricultural lands and the potential health risk related to intensive mining activities: A case study in Chenzhou City, China. Journal of Environment Science of China, 20(6): 696-703.

Zhang R. 2005. Applied Geostatistics in Environmental Science. New York: Science Press, 175.

Zhao F J, Ma Y, Zhu Y G, et al. 2015. Soil contamination in China: Current status and mitigation strategies. Environmental Science & Technology, 49(2): 750-759.

第2章 流域面源污染源强估计

2.1 面源污染源强

面源污染负荷是指在一定时期内由地表径流携带进入河流等地表水体的面源污染负荷量。面源污染负荷量是指与大气、水文、土壤、植被、地质、地貌、地形等环境条件和人类活动密切相关的,可随时随地发生的,直接对大气、土壤、水体构成污染的污染物来源。与负荷不同,源强是指单位时间内污染物的产生(排放)量。

随着农业面源污染的日益凸显,农业发展对生态环境的影响也日益受到重视,源强估算是环境影响和评价的重要内容。农业面源污染具有时域性、分散性和随机性的特点,使农业面源污染源强的估算非常困难,污染控制难以把握要点和重点。进行农业面源污染源强估算,了解污染源强的时空分布,具有重要的意义。

农业面源污染源强的估算方法主要可以分为两类(Yu et al.,2011;郝芳华等,2006):一种是试验法,选择有代表性的农业区,用模拟和监测方法对排出的污染物进行试验,测量污染物的入河系数,用面源污染物总量乘以入河系数得到入河量,这种方法常用于微观面源源强的计算;另一种是宏观计算所采用的源强估算法,通过对某一宏观尺度污染源强平均值的描述,计算单位面积污染物源强,该方法对于缺乏长时间序列监测数据的大尺度区域,在认识区域面源污染特征、估算面源污染的年负荷等方面具有重要意义。需要指出的是,不同尺度、不同区域的农业面源污染的入河系数和源强系数差别较大,在使用入河系数和源强系数时,需要结合影响源强系数的各技术参数,如降雨强度、坡度、土壤性质、农作物类型、化肥使用量等对其进行修正。

2.2 流域点源、面源污染源强估算方法

2.2.1 点源污染源强及其估算

点源污染是指以点状形式排放而使水体造成污染的发生源。一般工业污染源和生活污染源产生的工业废水和城市生活污水,经城市污水处理厂或管渠输送

到水体排放口,其作为重要污染点源向水体排放,具有季节性和随机性。按照统计年鉴上的定额数据便能估算历年的点源产生量。

1) 工业点源产生量估算

工业点源产生量根据子流域内工业增加值计算:

$$W_{\text{INDUSTRY},i} = \text{GDP}_i \times \text{LOAD}_i \tag{2.1}$$

式中,$W_{\text{INDUSTRY},i}$ 为第 i 个子流域工业点源产生量,t;GDP_i 为第 i 个子流域 GDP 产值,万元;LOAD_i 为第 i 个子流域单位工业增加值的污染负荷,t/万元。

2) 城镇生活点源产生量估算

城镇生活点源产生量根据子流域内城镇人口及用水量估算:

$$W_{\text{URBAN},i} = \text{POP}_{\text{URBAN},i} \times \text{LOAD}_i \times \text{CEX}_{n,i} \tag{2.2}$$

式中,$W_{\text{URBAN},i}$ 为第 i 个子流域城镇生活点源产生量,t;$\text{POP}_{\text{URBAN},i}$ 为第 i 个子流域城镇人口,万人;LOAD_i 为第 i 个子流域单位城镇人口的污染负荷,t/万人;$\text{CEX}_{n,i}$ 为第 i 个子流域 n 季度城镇生活季节用水比例,n 取 $1\sim4$。

以岷江、沱江流域为例,参照《第一次全国污染源普查城镇生活源产排污系数手册》三区五类的标准(表 2.1),对岷江、沱江流域各乡镇的农村人口、耕地面积、大牲畜数量、城镇人口、工业增加值、总面积、总经济收入、总人口等统计结果进行面源污染源强核算。四川省不同地区的五类划分如下:成都为 1 类,泸州、德阳为 2 类,乐山、宜宾、资阳为 3 类,自贡、眉山、雅安为 4 类,内江为 5 类。其计算标准为:对于城镇(如悦兴镇)生活污染,人均生活污水产生量按 130L/(人·d)计算,污染物负荷按氨氮 8.2g/(人·d)、总氮 11g/(人·d)、总磷 0.945g/(人·d)计算。

表 2.1　城镇排污系数

城镇类别	污染物指标	单位	产生系数	直排	化粪池	平均值
1 类	生活污水	L/(人·d)	150	150	—	150
	化学需氧量	g/(人·d)	82	82	66	74
	五日生化需氧量		34	34	27	30.5
	氨氮		9.6	9.6	9.3	9.5
	总氮		13.7	13.7	11.6	12.7
	总磷		1.30	1.26	1.07	1.2
	植物油		2.21	2.21	1.88	2.0
	生活垃圾		0.64	0.64	—	0.6

城镇类别	污染物指标	单位	产生系数	直排	化粪池	平均值
2类	生活污水	L/(人·d)	140	140	—	140
	化学需氧量		72	72	57	64.5
	五日生化需氧量		29	29	24	26.5
	氨氮	g/(人·d)	9.0	9.0	8.7	8.9
	总氮		12.8	12.8	10.9	11.9
	总磷		1.14	1.14	0.97	1.1
	植物油		1.77	1.77	1.50	1.6
	生活垃圾		0.56	0.56	—	0.6
3类	生活污水	L/(人·d)	130	130	—	130
	化学需氧量		65	65	52	58.5
	五日生化需氧量		26	26	21	23.5
	氨氮	g/(人·d)	8.3	8.3	8.1	8.2
	总氮		11.9	11.9	10.1	11.0
	总磷		1.02	1.02	0.87	0.9
	植物油		1.66	1.66	1.41	1.5
	生活垃圾		0.48	0.48	—	0.5
4类	生活污水	L/(人·d)	125	125	—	125
	化学需氧量		59	59	50	54.5
	五日生化需氧量		24	24	21	22.5
	氨氮	g/(人·d)	8.0	8.0	7.8	7.9
	总氮		11.1	11.1	9.7	10.4
	总磷		0.91	0.91	0.80	0.9
	植物油		1.37	1.37	1.20	1.3
	生活垃圾		0.4	0.4	—	0.4
5类	生活污水	L/(人·d)	120	120	—	120
	化学需氧量		53	53	45	49.0
	五日生化需氧量		21	21	18	19.5
	氨氮	g/(人·d)	7.5	7.5	7.3	7.4
	总氮		10.4	10.4	9.2	9.8
	总磷		0.81	0.81	0.71	0.8
	植物油		1.05	1.05	0.93	1.0
	生活垃圾		0.35	0.35	—	0.4

2.2.2 农业面源污染源强及其估算

1. 农村生活排污量

对各行政区内的农村人口数、年末总人口数进行统计,由两者之差得到非农业人口数。农村修正人口数=总人口数×农村人口比例,其中农村人口比例由上一级行政区人口统计计算得到。农村生活污染源强根据农村人口以及农村生活废水中污染物排污系数计算。

废水(m³/a)=农村修正后人口(万人)×10000×农村生活废水排污系数[L/(人·d)]×365/1000

COD(t/a)=农村修正后人口(万人)×10000×农村生活 COD 排污系数[L/(人·d)]×365/1000

氨氮(t/a)=农村修正后人口(万人)×10000×农村生活氨氮排污系数[L/(人·d)]×365/1000

总氮(t/a)=农村修正后人口(万人)×10000×农村生活总氮排污系数[L/(人·d)]×365/1000

总磷(t/a)=农村修正后人口(万人)×10000×农村生活总磷排污系数[L/(人·d)]×365/1000

2. 农田面源污染

农田面源污染产生量计算方法如下:

$$W_{\text{INFLOW, PEST and FER}} = \text{AREA} \times \text{COE}_{\text{AREA}} \times \gamma \times \varphi \qquad (2.3)$$

式中,$W_{\text{INFLOW, PEST and FER}}$ 为农田面源污染产生量,kg/亩;AREA 为播种面积,播种面积根据遥感图像的土地利用类型信息获得,hm²;COE_{AREA} 为单位面积施肥量,t/hm²;γ 为施肥量中污染物含量,无量纲;φ 为作物吸收/土壤残留(或作物吸收与土壤残留比),作物吸收后残留比例可通过当地实验田试验获得,无量纲。不同种植模式下的农田面源污染产生量见表 2.2。

表 2.2　不同种植模式下的农田面源污染产生量

类型	农田面源污染产生量/(kg/亩)				
	总氮	硝态氮	铵态氮	总磷	可溶性磷
丘陵-缓坡地-顺坡-旱地-大田两熟及两熟以上	0.787	0.456	0.104	0.024	0.006
山地丘陵-缓坡地-非梯田-横坡-旱地-大田两熟以上	0.378	0.277	0.021	0.007	0.002
山地丘陵-缓坡地-旱地-园地	0.387	0.32	0.017	0.005	0.003
丘陵-缓坡地-非梯田顺坡-旱地-大田一熟	0.322	0.087	0.044	0.075	0.014

类型	农田面源污染产生量/(kg/亩)				
	总氮	硝态氮	铵态氮	总磷	可溶性磷
丘陵-陡坡地-非梯田-横坡-旱地-园地	0.339	0.028	0.025	0.025	0.013
丘陵-缓坡地-非梯田-旱地-园地	0.317	0.114	0.029	0.033	0.006
丘陵-缓坡地-梯田-水田-稻油轮作	1.162	0.770	0.069	0.031	0.014
缓坡地-水田-稻麦轮作	1.162	—	—	0.031	—
缓坡地-梯田-水田-单季稻	1.289	0.383	0.672	0.030	0.010
山地丘陵-缓坡地-梯田-水稻-水田-双季稻	1.182	0.265	0.386	0.067	0.031
山地丘陵-陡坡地-梯田-旱地-园地	0.311	0.126	0.037	0.059	0.027
山地丘陵-缓坡地-非梯田-横坡-大田一熟	0.196	0.08	0.046	0.008	0.005
山地丘陵-陡坡地-非梯田-顺坡-旱地-大田一熟	0.360	0.173	0.080	0.032	0.013
山地丘陵-陡坡地-非梯田-旱地-园地	0.704	0.342	0.113	0.117	0.075
山地丘陵-缓坡地-梯田-旱地-大田两熟及两熟以上	0.991	0.057	0.073	0.062	0.03
山地丘陵-缓坡地-梯田-旱地-大田一熟	1.139	0.250	0.126	0.075	0.044
缓坡地-梯田-水田-单季稻	1.289	0.383	0.672	0.030	0.010
陡坡地-非梯田-旱地-大田两熟及两熟以上	0.247	0	—	0.033	—
陡坡地-梯田-旱地-大田一熟	0.240	0	—	0.021	—
陡坡-梯田地-旱地-大田两熟及两熟以上	0.107	0	—	0.014	—
陡坡地-旱地-蔬菜	1.450	0	—	0.090	—
陡坡地-梯田-水田-单季稻	1.160	0	—	0.027	—
陡坡地-水田-双季稻	1.064	0	—	0.060	—
陡坡地-梯田-水田-其他	0.888	0	—	0.034	—
陡坡地-梯田-水田-稻麦轮作	1.046	0	—	0.028	—
缓坡地-非梯田-横坡-旱地-蔬菜	1.500	0	—	0.092	—
缓坡地-非梯田-顺坡-旱地-蔬菜	1.600	0	—	0.108	—
湿润平原-旱地-蔬菜	1.233	0.663	0.107	0.389	0.088
湿润平原-平地-水田-双季稻	0.933	0.245	0.177	0.077	0.046
湿润平原-平地-水田-其他	0.888	0.355	0.106	0.034	0.019
平原-水田-稻麦轮作	1.106	0.42	0.114	0.024	0.010
平原-水稻-稻油轮作	1.301	0.528	0.080	0.055	0.030
平原水稻单季稻	0.789	0.177	0.141	0.034	0.010
平地-旱地-大田一熟	0.951	0.531	0.092	0.063	0.033
平地-旱地-大田两熟及两熟以上	0.668	0.384	0.068	0.037	0.019
平地-旱地-园地	1.331	0.942	0.079	0.107	0.006

根据各乡镇的旱地、水田面积,参照《第一次全国污染源普查——农业污染源肥料流失系数手册》确定流域肥料流失系数,计算农业污染源肥料流失量。

旱地的肥料流失量(1 亩＝0.066667hm²):

总氮(kg/a)＝旱地面积(亩)×总氮流失系数(旱地)[kg/(亩·a)]

氨氮(kg/a)＝旱地面积(亩)×氨氮流失系数(旱地)[kg/(亩·a)]

硝态氮(kg/a)＝旱地面积(亩)×硝态氮流失系数(旱地)[kg/(亩·a)]

总磷(kg/a)＝旱地面积(亩)×总磷流失系数(旱地)[kg/(亩·a)]

可溶性磷(kg/a)＝旱地面积(亩)×可溶性磷流失系数(旱地)[kg/(亩·a)]

水田的肥料流失量:

总氮(kg/a)＝水田面积(亩)×总氮流失系数(水田)[kg/(亩·a)]

氨氮(kg/a)＝水田面积(亩)×氨氮流失系数(水田)[kg/(亩·a)]

硝态氮(kg/a)＝水田面积(亩)×硝态氮流失系数(水田)[kg/(亩·a)]

总磷(kg/a)＝水田面积(亩)×总磷流失系数(水田)[kg/(亩·a)]

可溶性磷(kg/a)＝水田面积(亩)×可溶性磷流失系数(水田)[kg/(亩·a)]

3. 畜禽养殖污染源强

畜禽养殖所造成的环境污染主要来源于畜禽排泄物,畜禽养殖场中高浓度、未经处理的污水和固体粪污以及恶臭气体,这些都会给水体、大气、土壤、人体健康及生态系统带来不良影响。随着发展中国家和地区畜禽养殖业的迅速发展,畜禽养殖业污染也成为发展中国家农村面源污染的主要因素之一,并且是水体氮、磷的一个主要来源。

2010 年 2 月公布的《第一次全国污染源普查公报》显示,农业面源污染已成为地表水污染的主要来源;农业面源中的主要水污染物排放量:化学需氧量 1324.09 万 t,总氮 270.46 万 t,分别占全国排放量的 43.7％和 57.2％。而在农业面源污染中比较突出的是畜禽养殖污染,其化学需氧量、总氮和总磷分别占农业污染源的 96％、38％和 56％。2010 年污染源普查动态更新调查结果显示,畜禽养殖业的化学需氧量排放量分别为当年工业源排放量的 3.23 倍、生活源排放量的 1.18 倍。畜禽养殖业污染已超过工业污染和生活污染成为最大的污染源。

畜禽养殖的规模化、集约化加大了对地区环境的压力。农村和城镇的发展使可有效消纳畜禽养殖污染的农田面积不断减小,大大超出当地农田可承载的最大负荷,其流失造成了面源污染。根据 2010 年污染源普查动态更新调查结果,规模化畜禽养殖 COD 排放量占全国 COD 排放总量的 45％,占农业 COD 排放量的 95％;规模化畜禽养殖氨氮排放量占全国氨氮排放总量的 24％,占农业氨氮排放量的 79％;规模化畜禽养殖总磷排放量占全国总磷排放总量的 58％,占农业总磷排放量的 74％。规模化畜禽养殖已经成为我国重要的污染源。畜禽养殖污染物产生量估算以子流域单元为单位进行估算。

　　统计子流域的畜禽养殖量(包括大型畜禽和小型畜禽),参照《第一次全国污染源普查畜禽养殖业源产排污系数手册》确定子流域内畜禽养殖产污系数,计算污染源强。不同畜禽养殖的面源污染源强见表2.3。

表 2.3　畜禽养殖面源污染源强

种类	体重/kg	污染指标	单位	畜禽养殖户产物系数	养殖场产物系数	养殖小区产物系数	养殖专业户产物系数
生猪	71	粪便	kg/(头·d)	1.34	—	—	—
		尿液	L/(头·d)	3.08	—	—	—
		COD	g/(头·d)	403.67	214.06	357.18	429.30
		总氮	g/(头·d)	19.74	15.86	22.38	25.23
		总磷	g/(头·d)	4.84	1.71	3.51	4.83
奶牛	375	粪便	kg/(头·d)	15.09	—	—	—
		尿液	L/(头·d)	6.81	—	—	—
		COD	g/(头·d)	2837.72	1774.33	875.32	1264.33
		总氮	g/(头·d)	107.77	121.95	83.43	86.91
		总磷	g/(头·d)	12.48	10.74	5.64	9.37
肉牛	400	粪便	kg/(头·d)	12.10	—	—	—
		尿液	L/(头·d)	8.32	—	—	—
		COD	g/(头·d)	2235.10	1072.35	1050.44	1097.09
		总氮	g/(头·d)	104.10	61.11	59.71	76.39
		总磷	g/(头·d)	10.17	6.01	5.80	6.73
蛋鸡	1.2	粪便	kg/(只·d)	0.12	—	—	—
		尿液	L/(只·d)	—	—	—	—
		COD	g/(只·d)	20.50	4.91	6.88	3.24
		总氮	g/(只·d)	1.16	0.32	0.42	0.21
		总磷	g/(只·d)	0.23	0.08	0.10	0.17
肉鸡	1.9	粪便	kg/(只·d)	0.06	—	—	—
		尿液	L/(只·d)	—	—	—	—
		COD	g/(只·d)	13.05	16.12	9.73	9.99
		总氮	g/(只·d)	0.71	0.22	0.39	0.33
		总磷	g/(只·d)	0.06	0.05	0.05	0.08

　　大型畜禽污染源强:

　　废水(m³/a)＝废水[L/(头·d)](万头)×10000×畜禽养殖废水排污系数(大

型畜禽)[L/(头·d)]×365/1000

　　COD(t/a)=废水[L/(头·d)](万头)×10000×畜禽养殖 COD 排污系数(大型畜禽)[L/(头·d)]×365/1000

　　氨氮(t/a)=废水[L/(头·d)](万头)×10000×畜禽养殖氨氮排污系数(大型畜禽)[L/(头·d)]×365/1000

　　总氮(t/a)=废水[L/(头·d)](万头)×10000×畜禽养殖总氮排污系数(大型畜禽)[L/(头·d)]×365/1000

　　总磷(t/a)=废水[L/(头·d)](万头)×10000×畜禽养殖总磷排污系数(大型畜禽)[L/(头·d)]×365/1000

　　小型畜禽污染排放源强:

　　废水(m³/a)=废水[L/(只·d)](万只)×10000×畜禽养殖废水排污系数(小型畜禽)[L/(只·d)]×365/1000

　　COD(t/a)=废水[L/(只·d)](万只)×10000×畜禽养殖 COD 排污系数(小型畜禽)[L/(只·d)]×365/1000

　　氨氮(t/a)=废水[L/(只·d)](万只)×10000×畜禽养殖氨氮排污系数(小型畜禽)[L/(只·d)]×365/1000

　　总氮(t/a)=废水[L/(只·d)](万只)×10000×畜禽养殖总氮排污系数(小型畜禽)[L/(只·d)]×365/1000

　　总磷(t/a)=废水[L/(只·d)](万只)×10000×畜禽养殖总磷排污系数(小型畜禽)[L/(只·d)]×365/1000

4. 农村生活及固体废弃物

　　农村生活及固体废弃物产生量估算以等高计算单元为单位,计算公式如下:

$$W_{\text{INFLOW,COUNTRY}} = \text{POP}_{\text{COUNTRY}} \times \text{COE}_{\text{COUNTRY}} \qquad (2.4)$$

式中,$W_{\text{INFLOW,COUNTRY}}$ 为农村生活面源污染,万 t;$\text{POP}_{\text{COUNTRY}}$ 为农村人口;$\text{COE}_{\text{COUNTRY}}$ 为单位农村人口污染物负荷,单位农村人口污染物负荷根据《农村生活污水处理设施　水污染物排放标准》(DB 33/973—2015)估算,t/万人。

2.2.3　农业面源污染源强估算算例分析

　　农业面源污染源强为农田、农村生活和畜禽养殖等面源污染物产生量之和。以岷江思蒙河流域为例进行分析,思蒙河流域土壤利用情况如图 2.1 所示,思蒙河流域人口、农业种植、畜禽养殖和农村生活污染统计见表 2.4,思蒙河流域面源污水产生量、面源 NH₃ 产生量、面源总氮(TN)产生量、面源总磷(TP)产生量分别如图 2.2(a)~(d)所示。

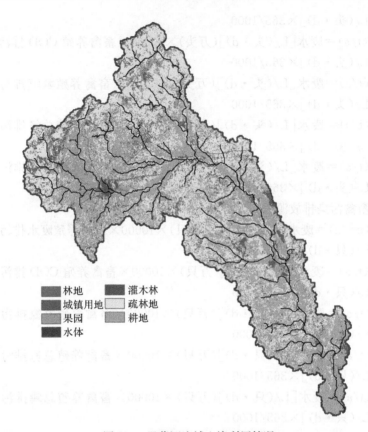

图 2.1　思蒙河流域土壤利用情况

表 2.4　四川省眉山市思蒙河流域的面源污染源统计资料

乡镇	人口/万人		农田/万亩			畜禽养殖/万只(头)				
	农村	城镇	水田	旱地	林地	生猪	羊	家禽	牛	肉兔
双桥	3.00	0.28	1.77	1.77	—	1.600	0.1200	0.0432	—	0.881
顺龙	0.84	0.17	0.75	1.25	5.2	0.3067	0.2734	0.0250	0.0800	6.000
石桥	1.20	0.20	1.00	1.00	—	1.6100	—	60.000	—	8.500
丹棱	2.53	2.25	1.83	1.83	—	0.3067	0.2734	0.0250	0.0740	6.000
杨场	1.60	0.25	0.89	0.89	—	1.6383	—	—	—	—
广济	1.80	0.35	1.40	1.40	1.6	3.6000	—	1.0000	—	6.000
万胜	2.70	0.40	1.34	1.34	—	5.000	0.0400	—	—	—
盘鳌	0.90	0.20	0.69	0.68	—	5.500	—	26.2500	—	—
秦家	2.40	0.30	2.55	2.00	—	6.1300	—	82.0000	—	43.000

续表

乡镇	人口/万人		农田/万亩			畜禽养殖/万只(头)				
	农村	城镇	水田	旱地	林地	生猪	羊	家禽	牛	肉兔
三苏	3.00	0.60	3.00	4.70	—	1.6985	1.4600	0.0743	0.0300	12.600
白马	3.97	1.00	1.00	0.55	—	10.2399	0.0132	39.3992	—	2.207
修文	4.00	0.32	—	—	—	2.0166	—	46.4600	0.0084	3.500
崇仁	2.33	0.84	2.16	0.46	1.3	1.6000	0.1200	0.0432	—	0.881
思蒙	2.00	0.20	1.00	1.00	—	2.5000	—	—	0.040	50.000
西龙	1.23	0.02	1.24	0.29	—	0.5985	0.03500	0.1125	—	3.450
黑龙	1.25	0.20	1.00	0.12	—	1.6985	1.4600	0.0743	0.040	12.600
青城	1.00	0.77	—	—	—	0.8700	0.3500	0.0270	—	—
南城	1.84	0.24	—	—	2.0	—	46.4600	3.5000	—	—
瑞峰	1.00	0.17	0.70	0.21	5.0	2.000	0.2250	41.2000	0.2250	4.500

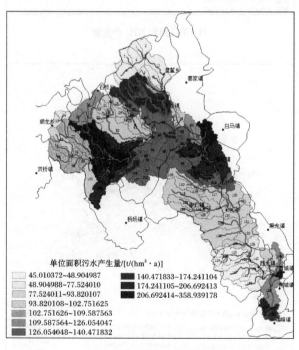

(a) 单位面积污水产生量

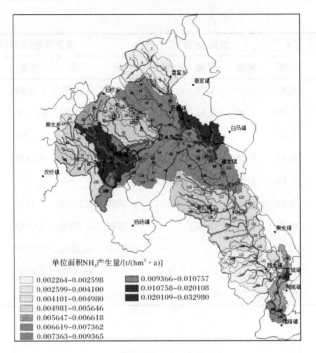

(b) 单位面积 NH₃ 产生量

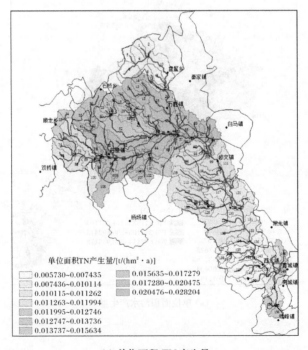

(c) 单位面积 TN 产生量

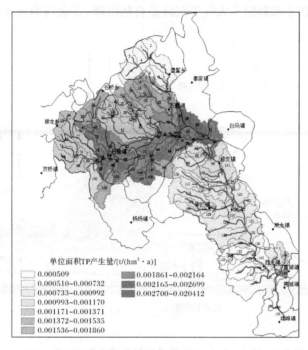

单位面积TP产生量/[t/(hm² · a)]

☐ 0.000509　　　　　　　　▨ 0.001861~0.002164
☐ 0.000510~0.000732　　　▨ 0.002165~0.002699
☐ 0.000733~0.000992　　　▨ 0.002700~0.020412
☐ 0.000993~0.001170
☐ 0.001171~0.001371
☐ 0.001372~0.001535
☐ 0.001536~0.001860

(d) 单位面积 TP 产生量

图 2.2　思蒙河流域面源污染产生量

2.3　城市面源污染源强估算

2.3.1　城市面源污染的来源与种类

城市面源污染是指城市下垫面累积的各种污染物在降水径流淋洗与冲刷作用下以广域、分散的形式进入受纳水体引发的水体污染(王龙等,2010;林积泉等,2004)。城市面源污染物的种类和形态非常复杂,主要来源于大气干、湿沉降,对地表垃圾的冲洗以及对城市下垫面和下水道系统的冲洗四个方面,如图 2.3 所示(肖彩,2005)。其中,大气干、湿沉降又包括降水(降雨、降雪)对大气的清洗和大气降尘中的各种污染物。地表垃圾主要指积蓄在街道、屋面等与排水系统直接相连的城市下垫面上的污染物,其种类多种多样,如城市垃圾、动物粪便、城市建筑施工场地堆积物、机动车辆排放物等。而对城市下垫面的冲洗是指对下垫面本身的清洗过程中带出的污染物,如对沥青路面的冲洗,对城市绿地中施用的化肥、农药等化学药品的冲洗以及造成的水土流失等。降水对下水道系统清洗的污染物是指对上一次降水以及日常地面环卫清理未进入水环境而积蓄在下水道中的污染物。上述四个来源除了大气干沉降是自然沉降,其余均为降水的清洗和冲洗作用。

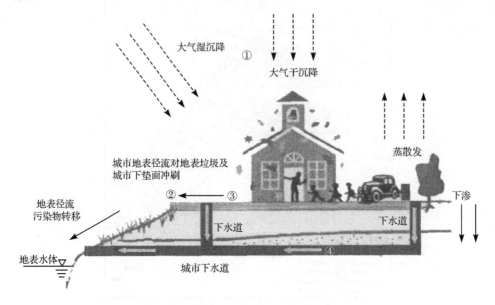

图 2.3　城市面源污染的形成过程及污染物的四个来源途径
①大气干、湿沉降;②对地表垃圾的冲洗;③对城市下垫面的冲洗;④对下水道系统的冲洗

从城市地表的可透水性方面来划分,其污染来源又可以分为不可透水性地表径流污染及可透水性地表径流污染两种,城市地表、厂区、城区屋面和公路路面等地表径流都属于不可透水性地表径流,而可透水性地表径流污染主要体现在对城市绿地的冲洗作用,在暴雨时表现得尤为突出。

由于人类活动等因素的影响,不同城市下垫面污染物种类也有所不同。其主要的种类大体可分为氮磷营养盐、有机物、油脂类、重金属、悬浮物、泥沙、细菌以及病毒等。根据地表积累—降水—径流冲刷—输送这一城市面源的形成过程,污染物来源及其引发的环境问题见表 2.5。

表 2.5　城市面源污染物来源及其引发的环境问题(Arey et al. ,2000)

污染物	污染物来源	环境问题
油脂类/碳氢化合物	汽车维修场/加油站/储油泄漏/机动车排放/道路径流/工业排放	毒性/污染地表水、地下水/破坏水体景观和使用功能
杀虫剂	市政维护除草剂/工业违法排放	毒性/污染水体
悬浮物	水土流失/不透水下垫面/固体沉降物/建筑物	泥沙淤积/增加城市湖泊的沉积物/带来营养物质和有毒物质

续表

污染物	污染物来源	环境问题
有机废物	水土流失/垃圾/下水管道淤泥	耗氧/富营养化
致病微生物	城镇动物排泄物/腐坏的食物/地面生物有机残体	健康风险/不符合水质标准
氮	水土流失/市政维护用化肥/交通运输/大气沉降	水体富营养化/藻华/饮用水污染/水体酸化
磷	水土流失/市政维护用化肥	水体富营养化/藻华/饮用水污染
有毒金属	汽车轮胎/地下管道污泥	毒性
酸沉降	汽车尾气/火电厂排放	毒性/破坏景观
钠和氰化物	道路防冻剂(冬天)	毒性

2.3.2　城市降雨径流污染形成过程

根据累积-冲刷模型机理,一次降雨过程产生的地表径流污染分为两部分:污染物在地表的累积过程和被雨水冲刷的迁移过程。因此城市面源污染程度取决于污染物的地表累积量、降水量和降水强度、径流的冲刷程度及强度三个因素。按照美国地质调查局(United States Geological Survey,USGS)对次降雨的定义,次降雨是指总降雨量至少为 1.27mm 的降雨,且一次降雨过程不得有连续 6h 的零降雨间隔,即若两场降雨之间的间隔时间不大于 6h,则视为一次降雨(Akan,1993)。一般来说,随着降雨径流的产生和径流量的增加,污染物浓度会很快升高,并达到峰值,之后污染物的浓度便迅速下降,趋于稳定,许多研究成果也表明了这一特点,图 2.4 是一次典型城市面源污染的水量-水质历时变化曲线(王志标,2007;Yusop et al.,2005;Lee et al.,2000)。

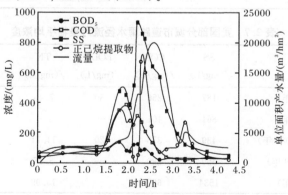

图 2.4　典型城市面源污染的水量-水质历时变化曲线

2.3.3 地表径流污染程度的表征

目前国外对于地表径流污染程度的表征,通常采用次降雨径流平均浓度(event mean concentration,EMC)表示,即在一场降雨的地表径流全过程排放的某污染物的平均浓度(Charbeneau et al.,1998)。EMC实质上是一场降雨径流全过程样品污染浓度的流量加权平均值,可用式(2.5)表示:

$$\mathrm{EMC} = \frac{M}{V} = \frac{\int_0^{t_r} C_t Q_t \mathrm{d}t}{\int_0^{t_r} Q_t \mathrm{d}t} = \frac{\sum_{t=0}^{t_r} C_t Q_t \Delta t}{\sum_{t=0}^{t_r} Q_t \Delta t} \tag{2.5}$$

式中,M 为整个径流过程中污染物的质量;V 为径流总量;t 为降雨的持续时间;C_t 为 t 时刻污染物的浓度;Q_t 为 t 时刻径流流量;Δt 为采样间隔时间;t_r 为降雨结束时刻。

美国各城市不同土地利用多年监测的常见污染物 EMC 见表 2.6(Sumllen et al.,1999)。我国部分城市道路雨水径流污染物平均浓度见表 2.7,与其他国家相比(表 2.8),我国城市道路雨水径流污染物浓度偏高,且我国南方城市道路径流污染浓度高于北方城市道路径流,特大规模城市道路径流污染浓度高于中等规模城市道路径流。

表 2.6　美国各城市不同土地利用多年监测的常见污染物 EMC

污染物	监测降雨场次	EMC 平均值/(mg/L)	EMC 中间值/(mg/L)
TSS	3047	78.4	54.5
COD	2639	52.8	44.7
TP	3094	0.315	0.259
TKN	2693	1.73	1.47
$NO_3\text{-}N+NH_3$	2016	0.658	0.533

表 2.7　我国部分城市道路雨水径流污染物平均浓度

试验地点	SS /(mg/L)	COD /(mg/L)	BOD_5 /(mg/L)	TN /(mg/L)	TP /(mg/L)	备注
上海(2001 年)	187	256	80	7.45	0.31	C、D
上海(2004 年)	861	401	—	—	0.71	C
广州(2005 年、2006 年)	439	373	20	11.71	0.49	C
武汉汉阳(2009 年)	550	280	—	5.47	0.42	E
成都(2006 年)	1534	687	—	15.99	1.67	B

续表

试验地点	SS /(mg/L)	COD /(mg/L)	BOD$_5$ /(mg/L)	TN /(mg/L)	TP /(mg/L)	备注
重庆沙坪坝(2000 年)	—	140	25	—	0.65	B
昆明(2007 年)	494	390	160	8.18	2.00	B
南昌(2007 年、2008 年)	339	234			0.95	C
苏州(2004 年、2005 年)	409	309		7.80	0.40	B
镇江(2006 年)	336	365		8.56	1.54	B
澳门(2005 年)	—	44				C
厦门(2005 年)	—	—		3.53	0.20	B
北京(1998~2001 年)	734	582		11.20	1.74	D
西安(1998 年、1999 年)	835	450	82	—		B
天津(2004 年、2005 年)	34	30	10	5.14	0.07	D
济南(2007 年)	778	95		3.65	0.31	B
邯郸(2004 年)	345	153				B
南方城市平均值	572	316	71	8.59	0.85	—
北方城市平均值	436	239	39	6.65	0.64	—
特大城市平均值	552	311		8.17	0.76	—
中等城市平均值	340	199		6.04	0.89	—
国内城市平均值	562.5	286	63	7.84	0.82	—

表 2.8 其他国家城市道路雨水径流污染物平均浓度

试验地点	SS /(mg/L)	COD /(mg/L)	BOD$_5$ /(mg/L)	TN /(mg/L)	TP /(mg/L)	备注
瑞士布格多夫(2002~2004 年)	100	—	—	2.3	0.3	D
韩国 Chongju(1997~1999 年)	193	197	83		1.96	D
法国 Marais(1996 年、1997 年)	93	131	36			D
德国		87		2.25	0.55	D

注:试验地点中括号内数字表示采样年份;备注中 B、C、D、E 分别是指原始参考文献的数据为实测浓度的算术平均值、EMC 浓度的算术平均值、实测 EMC 浓度的原始数据、实测浓度最大值和最小值的中值;上海、北京、广州、武汉、天津、成都、重庆、西安、苏州、济南、昆明等为特大城市,其他为中等城市。

2.3.4 城市面源案例分析

南湖位于岳阳市区南部,原为洞庭湖湖汊,东、南、北三面环山。东有昆山,北有金鹗山、白鹤山,南有赶山、龟山。王家桥河、康王河由东部入湖(图 2.5)。湖水由西面南津港入东洞庭湖。1965 年筑长 1.8km 的南津港大堤而形成南湖垸,南湖成为垸内湖。当湖水位为 28.50m 时,湖泊东西长 14.5km,南北最大宽 3.80km,最大水深 5.7m,岸线长约 60km,水面面积 17.0km²,相应湖泊容积 6500 万 m³。

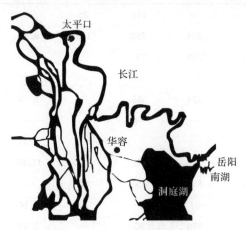

图 2.5　岳阳南湖位置示意图

南湖水系纵横主城区东部和南部,支流丰富,主要有王家河、北港河、黄梅港三条大的支流,其中北港河上游又分布有路桥港、梅溪港、芭山港、木里港、柴家港、熊彭港、沧田港七条支流,湖汊总长约 27km。

王家河为天然河道,总长 4.41km,集雨面积 6.8km²,面积 1.15 万亩,湖底一般高程 26～30m,最高控制水位 27.68m,水面宽度 82～438m,平均宽度 150m,平均水深 2.0m,可调蓄水量 770 万 m³,岸线长度约 10.1km。在大桥河村与大桥河相连,大嘴堤将王家河与南湖隔开,中间用涵洞和水闸相连,现有坝长 245m,面宽5.8m,坝顶高程 28.7m。现有河段基本上不连通,分割成多块小水面,大部分被当地居民用来养鱼,小部分变成两侧居民的排污池。

大桥河是王家河支汊,总长 1.13km,集雨面积 0.6km²,湖底一般高程 26～28m,河汊两岸地面高程一般为 36.0～48.0m,最高控制水位 27.68m,水面宽度 70～100m,平均宽度 85m,平均水深 2.0m,岸线长度 2600m。现有河段基本上不连通,分割成多块小水面,大桥村部分 600m 被当地居民用来养鱼。靠冷水铺路端大约 500m河道已被弃土填埋,只剩一小沟与大桥河北侧排污渠道连接,污水直排王家河。

北港河全长 2.58km;南汊为五眼桥至木里河起点长石桥,全长 3.45km,集雨面积 8.82km²,岸线长度约 13.47km,一般高程 24.2～30.3m,大部分为渔池,其中有一羊角山撇洪渠将雨水集中排入南湖,渠道长 720m,宽 20m。

梅溪港控制总集雨面积 12.5km²,其中包括梅溪水库控制流域面积 1.3km²、乔石水库 1.18km² 和东风水库 0.6km²,河流全长 7.1km,纵坡降为 5‰,流向自北向南,整个流域地形为北高南低,两岸地势平坦,森林密布,植被良好,森林覆盖率在 70% 以上,水资源较为丰富。地表高程为 30～51m,最大相对高差 21m,一般高差 10～12m,北部地势较高,东西部地势较低,地貌由缓丘、农田、水塘等单元组成,地形较零散,连续性较差。

芭山港集雨面积 9.9km²,分为杨许桥和监申桥支汊,监申桥支汊全长 8.3km,杨许桥支汊全长 3.5km。整个流域分为东源和西源,东源主要由板山水库和枫木水库尾水汇集,西源主要为行家塘水库、新塘冲水库和金家坡水库,两条小溪与梅溪港主汊在前山坡汇集。地表高程为 36～75m,地貌由缓丘、农田、水塘等单元组成。

木里港全长约 4577m,集雨面积 5.89km²,地表高程 30～43m,地貌由缓丘、农田、水塘等单元组成。

柴家港全长约 4916m,集雨面积 8.82km²,地表高程 31～46m,地貌由缓丘、农田、水塘等单元组成。

黄梅港是南湖的主要支流,集雨面积 11.35km²,全长 5.6km,流域内居住人口 1.6 万,港内靠南侧有一排水渠道,流向自南向北,水源主要为黄洋水库尾水,地势较平坦,地表高程为 28～35m,地貌主要由缓丘、农田、水塘等单元组成,是市区主要的粮食蔬菜等农产品产区。

南湖作为城市内湖,承担着城区暴雨洪水调蓄的功能,其集雨面积 163km²,常年水面面积约 15.64km²,水位由南津港电排站控制,最低控制水位 25.26m,设计内水位 26.26m,最高控制水位 27.76m,水源主要为地表径流。南湖不同水位下所对应的库容见表 2.9。

表 2.9　南湖水位-库容关系

水位/m	库容/万m³	水位/m	库容/万m³	水位/m	库容/万m³
20.18	0	23.18	2412	26.18	6513
21.18	424	24.18	3677	27.18	8171
22.18	1300	25.18	5034	28.18	10011

南湖水系地处中亚热带向北亚热带过渡的湿润气候区。其主要特征:严寒期短,无霜期长;春温多变,秋寒偏早,雨季明显,春秋多旱;四季分明,季节性强;多年平均降雨量 1327mm,多年平均蒸发量 1446.4mm;多年平均气温 17.1℃。极端最高气温为 39.3～40.4℃,极端最低气温为 -11.8～-18.1℃;多年平均风速 2.8m/s,多年平均最大风速 15.4m/s,历年极端最大风速 28.0m/s。集水面积 150km²,水面面积约 15.64km²,是中心城区暴雨洪水调蓄湖泊,湖水主要由降水补给。

岳阳南湖取样点如图 2.6 所示,共在 20 个位置进行取样,取样点基本覆盖了南湖。在每个取样点,采用分层水质取样器,对湖面,湖面以下 0.5m、1.5m、2.5m、3.5m,湖底的水质以及底泥进行取样。在武汉大学水资源与水电工程科学国家重点实验室测定了 NH_3、TN、TP 和 COD 浓度。采用《地表水环境质量标准》(GB 3838—2002)规定的方法进行水质测定。

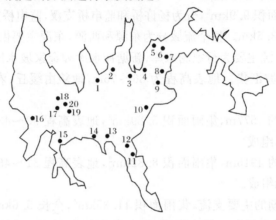

图 2.6　南湖取样点位置示意图

图 2.7(a)～(d)分别为南湖湖面以下至湖底不同深度位置的 NH_3、TN、COD 和 TP 浓度平均值、最大值和最小值的比较。

由图 2.7 可以看出,对于 NH_3、TN、COD 和 TP 等四种污染物,浓度的平均值在整个深度内未出现明显的趋势性变化。湖面以下造成浓度出现较大变化的主要原因是一些监测位置出现高浓度值,例如,NH_3、TN 和 COD 在 1.5m 深度位置的浓度的最大值均显著超过了其他深度的浓度极值,可能是由于点源(如图 2.6中的 11 监测位置)入湖排污所造成的。底泥中污染物浓度测定结果也表明,在南湖不同位置底泥中的污染物浓度并没有显著差异。根据污染物的剖面浓度分布

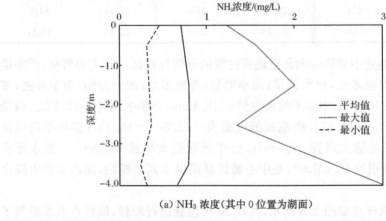

(a) NH_3 浓度(其中 0 位置为湖面)

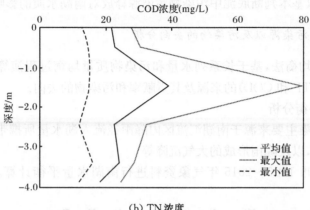

(b) TN 浓度

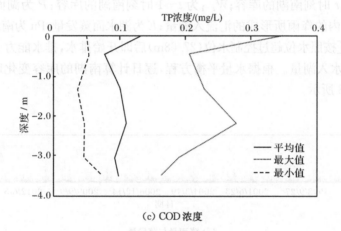

(c) COD 浓度

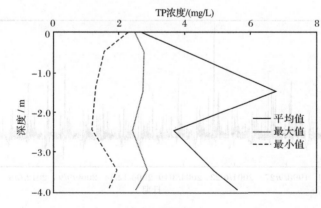

(d) TP 浓度

图 2.7　南湖湖面以下至湖底不同深度位置的 NH_3、TN、COD 和 TP 浓度的比较

监测结果,可以基本判断底泥中污染物污染源释放对南湖水质的影响很小。

1. 南湖的污染源以及污染物的去向分析

采用质量均衡法,基于长系列水量和污染物质量均衡过程演算,确定南湖中污染物(NH_3、TP 和 COD)的来源及其贡献率和污染物的去向。

1) 水量平衡分析

南湖的污染主要来源于南湖汇流区内降雨径流入湖水量所携带的污染物、点源污染直排入,以及降雨形成的大气沉降等。

根据岳阳市 1996～2015 年气象资料进行南湖水量平衡计算。水量平衡方程为

$$W_t = P + S + W_{t-1} + B - E - Pu \tag{2.6}$$

式中,W_t 为 t 时刻南湖的库容;W_{t-1} 为 $t-1$ 时刻南湖的库容;P 为湖面降雨量;B 为在汇流区内的降雨所形成的汇流入湖量;E 为湖水面蒸发量;Pu 为南湖向洞庭湖的抽排水量[按照水位超过控制水位(27.68m)后即开始排水,排水能力 $15.6m^3/s$];S 为点源污水入湖量。根据水量平衡方程,逐日计算南湖的库容变化以及水位过程,如图 2.8 所示。

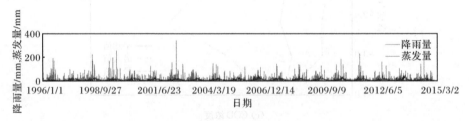

(a) 降雨量与蒸发量

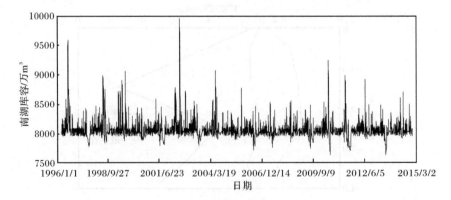

(b) 南湖库容变化

图 2.8　南湖的库容变化以及水位过程

2) 污染物浓度过程计算

根据质量守恒对南湖污染物浓度进行逐日计算：

$$W_t C_t = PC_p + SC_s + W_{t-1}C_{t-1} + BC_b - W_L \tag{2.7}$$

式中，C_t 为湖水中 t 时刻污染物平均浓度；C_p 和 C_s 分别为降雨和点源污染入湖平均浓度；C_{t-1} 为湖水中 $t-1$ 时刻污染物平均浓度；C_b 为汇流区径流入湖的污染物平均浓度；W_L 为污染物的转化量；其他符号意义同前。

根据监测资料，分别以 NH_3 入湖量 775.2kg/d、TP 入湖量 93.9kg/d 和 COD 入湖量 17830.3kg/d 代表 1999～2009 年的污染物入湖平均水平；以 NH_3 入湖量 803.2kg/d、TP 入湖量 173.1kg/d 和 COD 入湖量 24643.1kg/d 代表 2010～2014 年的污染物入湖平均水平。基于水量平衡过程，采用一级动力学方程计算污染物的衰减量，分别计算 1999～2009 年以及 2010～2014 年两个不同污染物入湖平均水平情况下的南湖日 NH_3、TP 和 COD 浓度变化，如图 2.9 所示。

由图 2.9 可以看出，计算的 NH_3、TP 和 COD 浓度与同期监测的污染物浓度分布区间相吻合，监测值和计算值的统计特征一致。表明计算结果总体合理。

进入南湖的污染物中，南湖抽排进入洞庭湖的 COD 占入湖 COD 总量的 49.8%，抽排进入洞庭湖的 TP 和 NH_3 则分别占入湖总量的 27.6% 和 23.4%

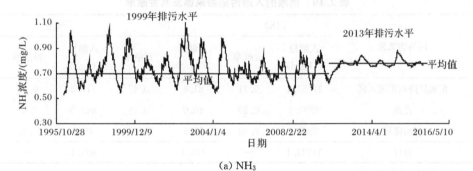

(a) NH_3

(b) TP

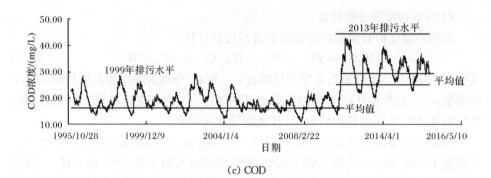

(c) COD

图 2.9　南湖的水质演算

分别采用 1999~2009 年以及 2010~2014 年污染物入湖平均水平作为污
染源的输入,计算南湖污染物(NH₃、TP 和 COD)的逐日平均浓度

(表 2.10)。2013 年的污染排放水平下,南湖 NH₃、TP 和 TN 表现出增量趋势,即
湖体污染物浓度为上升趋势。根据演算分析,确定南湖污染物的平衡分析见
表 2.11。现状条件下,NH₃ 主要来源于点源,来源于点源和汇流区降雨径流过程
携带的 TP 量基本相同,COD 则主要来源于汇流区。

表 2.10　南湖的入湖污染物来源及其贡献率

污染物来源	COD		TP		NH₃	
	入湖量 /(kg/d)	贡献率	入湖量 /(kg/d)	贡献率	入湖量 /(kg/d)	贡献率
汇流区降雨汇流入湖	17551.1	0.71	81.6	0.47	117.3	0.15
点源	4800.0	0.20	80.0	0.46	640.0	0.80
湖面降雨	2292.0	0.09	11.5	0.07	45.8	0.05
合计	24643.1	—	173.1	—	803.1	—

注:数据为多年平均值。

表 2.11　污染排放水平下的南湖的污染物平衡分析　　　　　　　(单位:kg/d)

项目	COD	TP	NH₃
污染物入湖量	24643.1	173.0	803.1
抽排入洞庭湖量	12273.3	47.8	188.0
衰减量	11788.2	121.1	608.9
增量	581.6	4.1	6.2

2. 点源控制条件下的南湖水质状况分析

设定点源为 0 的情况下,重新对南湖的水质状态进行演算,结果如图 2.10 所示。对比2013年污染排放水平及完全控制点源下的污染物浓度比较(表2.12)，NH₃的平均浓度由2013年的0.78mg/L下降到0.16mg/L，达标率由42.7%上升至100%；TP的平均浓度由2013年的0.14mg/L下降至0.08mg/L，达标率由接近0%上升至19%；COD的平均浓度由2013年的37.8mg/L下降至29.9mg/L，

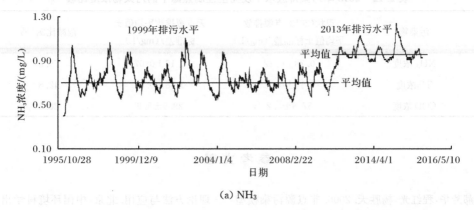

(a) NH₃

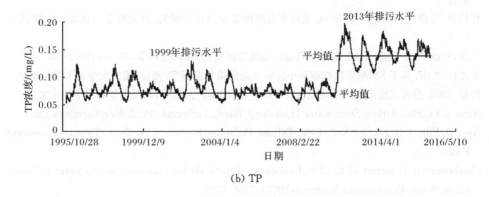

(b) TP

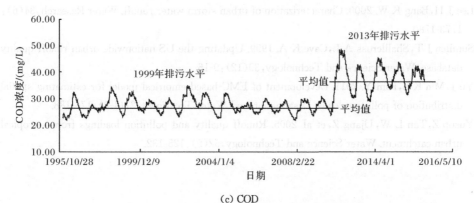

(c) COD

图2.10　点源完全控制条件下的南湖水质演算

达标率由接近 0% 上升至 11.4%。仅控制点源的入湖污染能够使 NH₃ 达到地表水Ⅲ类水的水质标准,对于 COD 和 TP,尽管削减点源污染入湖量能够使污染物浓度显著下降,然而较难实现达到地表水的Ⅲ类水质标准。

表 2.12　2013 年污染排放水平及完全控制点源下的污染物浓度比较

污染物	现状(2013)点源排放平均值±标准差/(mg/L)	无点源排放平均值±标准差/(mg/L)	削减比例/%
NH₃ 浓度	0.78±0.22	0.16±0.07	79.5
TP 浓度	0.14±0.02	0.08±0.02	42.8
COD 浓度	37.8±5.2	29.9±5.9	20.1

参 考 文 献

郝芳华,程红光,杨胜天. 2006. 非点源污染模型——理论方法与应用. 北京:中国环境科学出版社.

林积泉,马俊杰,王伯铎,等. 2004. 城市非点源污染及其防治研究. 环境科学与技术,27(增刊):63-65.

王龙,黄跃飞,王光谦. 2010. 城市非点源污染模型研究进展. 环境科学,31(10):2532-2540.

王志标. 2007. 基于 SWMM 的棕榈泉小区非点源污染负荷研究. 重庆:重庆大学硕士学位论文.

肖彩. 2005. 分布式城市降雨径流面源污染模拟及预测研究. 武汉:武汉大学硕士学位论文.

Akan A O. 1993. Urban Stormwater Hydrology. Basel:Technomic Publishing Company Inc.

Arey B,Ellis J B,Ferrier R C. 2000. Diffuse Pollution Impacts. Lavenham:Terence Lavenham Press.

Charbeneau R J,Barrett M E. 1998. Evaluation of methods for estimating storm water pollutant loads. Water Environment Research,70(7):1295-1302.

Lee J H,Bang K W. 2000. Characterization of urban storm water runoff. Water Research,34(6):1773-1780.

Sumllen J T,Shalllcross A L,Cave K A. 1999. Updating the US nationwide urban runoff quality database. Water Science and Technology,39(12):9-16.

Yu J,Min K S,Kim Y. 2011. Development of EMC-based empirical model for estimating spatial distribution of pollutant loads. Desalination and Water Treatment,27(1-3):175-188.

Yusop Z,Tan L W,Ujang Z,et al. 2005. Runoff quality and pollution loadings from a tropical urban catchment. Water Science and Technology,52(9):125-132.

第 3 章　流域面源污染监测

3.1　陆面水文过程与河道水文过程水力联系与污染物迁移

面源污染物在陆面水文过程中的形成机制和在径流过程中的迁移转化非常复杂,并且在不同的下垫面土地利用条件下表现出根本性的差异,例如,灌区的水文驱动机制与流域水文模型机理存在较大差异;更重要的是,区域模型由于需要从宏观区域的角度出发考虑水文过程以及溶质的迁移转化和流失过程,对于微观物理过程,尤其是土壤介质中的水流运动和溶质迁移过程,通常采用简易模型进行描述(徐宗学等,2010)。而对于灌区,土壤介质中溶质向地下水系统淋失,以及田间向排水系统的土壤渗流过程,都是溶质迁移的“源过程”,溶质态的污染物在土壤中的迁移过程描述对于灌区面源污染具有重要意义。我国灌区灌溉田块面积普遍很小,类型千差万别,下垫面产流机制与流域水文模型产汇流机制显著不同,特别是对于水稻灌区,复杂田块、渠系、河网、塘堰以及沟道和河道之间的流动相互影响,各种人工控制系统(节制闸、排水泵站)的作用导致灌区内水流运动异常复杂,灌区内各种水体之间的水量交换机理和耦合作用过程等与现有的区域水文模型都存在根本性差异。溶质随水流运动的同时,也表现出复杂的物理、化学和生物过程,若从区域尺度上考虑灌区水体运动对于溶质迁移的驱动机制以及溶质的迁移响应,则问题变得更加复杂。

对非稳定流方程求解的数值方法能够有效地描述土壤介质以及地表排水中的水流运动及溶质迁移的各种物理、化学和生物过程(Jalali et al.,2009;张蔚榛等,1997)。由于发生在土壤和地表排水中的流动具有完全不同的时间和空间尺度特性,现有的研究通常将土壤和地表排水作为两个独立的系统,分别采用连续性方程和圣维南方程进行描述。模拟区域水流运动时,两个系统在一定程度上实现过程耦合。根据耦合程度的不同,两个系统的耦合可以分为边界耦合、迭代耦合以及完全耦合三个层次(Furman,2008;Panday et al.,2004;Morita et al.,2002;Shavit et al.,2002)。边界耦合为第一个层次(Zerihun et al.,2005;van der Kwaak et al.,2000),在每一个时间步长内,两个系统分别独立进行求解(由于地表自由水体方程动态特性更为明显,通常首先进行求解),在一个系统进行求解后,相应地确定了另一个系统的内部边界条件,即可进行另一个方程的求解。第二个系统的求解并不对第一个系统产生反馈。由于边界条件是两个系统所共有的,因此在求解第一个方程时,需要对边界条件进行估计,而通常前一个时段的计算结果会用于后一个过程求解时的边界条件估计。第二个层次的迭代耦合包括两个系统之间的信息反馈(Spanoudaki et al.,2009),第一个步骤与边界耦合系统相同,对于其中的一个系统进行求解,确定交界面边界条件后,再对另一个系统进行求解。区别在于第二个系统求解后,边界条件更新,而第一个系统根据更新后的边界条件重新进行求解,迭代过程持续到两个系统达到收敛准则。第三个层次的耦合则是一种完全意义的耦合,将土壤介质和地表水作为一个整体系统进行求解,即对土壤介质和地表水以及边界条件中的数值方程同时进行求解。在理论上,耦合程度越高,计算的精度也就越显著。需要指出的是,对于边界耦合及迭代耦合,更主要的是将两个系统之间的公共边界分割为流动过程单向传递或相互影响的两个边界,从而达到求解方程的目的。然而,在两个系统之间水量和溶质交换频繁的情况下,边界耦合以及迭代耦合的适用性经常受到质疑(Weill et al.,2011;Sulis et al.,2010)。此外,在我们完成的一项研究中(董建伟等,2011),与边界耦合方法类似,采用 Hydrus 模拟了水稻灌区的田间向地表排水系统的溶质渗流过程(王康,2012)。作为地表排水的"源"项,采用分段连续的方法模拟了地表排水过程,计算结果表明,将土壤和地表排水中的流动分为两个系统,难以解决灌区内不同区域水流运动和溶质迁移的不同步问题。当灌区内不同区域采用轮灌制度时,这种不同步问题对溶质态面源污染物的迁移和汇集过程将产生严重影响。在土壤系统和地表排水系统中分别采用连续性方程和圣维南方程的情况下,实现两个系统的完全耦合,会存在很多机理性的问题。例如,在边界相同的位置同时对抛物线方程和双曲线方程进行离散和求解,这在数值方程中非常困难,甚至是不可能实现的。

　　灌区不同于自然流域的显著特征之一是灌区内的水文过程受到人类活动的强烈影响。水稻灌区中土壤和地表排水的水流运动具有紧密的水力联系,灌溉排水措施对土壤和地表排水的水文与水环境过程产生很大的影响。例如,田间向排水沟的出流边界条件随着灌排渠道布置方式(相间布置及相邻布置)变化而改变;又如,在排水沟道中设置闸门控制排水,排水沟内水位的变化既影响土壤向排水沟的渗流过程,也在一定程度上改变局部区域的流场状况,而局部的水势状态变化也将在一定程度上对灌区整体的水流运动和溶质迁移特性产生影响。将土壤和地表排水连续过程人为地分为两个系统,割裂连续的水流运动和溶质迁移过程,显然无法揭示这种局部流场变化条件下灌区全局性的水流运动和溶质迁移响应,存在理论缺陷。

　　土壤介质中,达西定律是描述水流运动的基本定律,尽管一些研究表明,多孔介质中达西定律适用的流速范围很大(Crevoisier et al.,2009;Šimůnek et al.,

2008),然而这些研究的尺度通常都非常小。随着研究尺度的增大,土壤介质中的流动过程变得非常复杂,在美国爱达荷国家工程和环境实验室所进行的田间试验表明(Fairley et al. ,2004),多孔介质中的流动表现出复杂的动力状态,这些复杂的动力状态包括:流道发生转移的现象;初始条件敏感特性;长时间均匀入渗后,仍然无法达到稳定状态;定水头边界条件下流动速率表现出数量级的差异等现象。一些现场试验(Wang et al. ,2011b;Kung et al. ,2000;张瑜芳,1997;Reeves et al. ,1996)也表明,在田间和区域尺度下,土壤介质中的流动速度通常明显大于达西定律所预测的流速,溶质迁移则普遍观测到"先到"以及"拖尾"现象(Wang et al. ,2011a),这些现象都是达西定律所无法解释的。在达西定律中,忽略了流速变化对能量状态的影响,然而随着尺度的增加,等效水力传导度表现出非线性跳跃式的变化(Neuman,1990),忽略流动过程中流速的变化将在很大程度上导致能量不守恒。尽管对于土壤和地表排水的机理研究已经非常深入,实现不同介质以及流态条件下的连续过程描述仍然需要继续探讨水流运动机理。通常土壤和地表排水界面位置水流运动的流速是连续的。然而,对于流速梯度,则有在交界面位置连续,与不同流态条件下的动力黏滞性系数相关,以及发生突变等多种观点(Wöhling et al. ,2007)。对于流动机理认识不同的情况,描述方法也有很大区别,将土壤和地表排水作为两个独立系统,分别采用经典数值方法模拟,对于前两种情况,通常在土壤流动方程中引入 Brinkman 项(纯多孔介质条件下,该项通常被忽略),建立土壤和地表排水过程的联系;而对于第三种情况,交界面处连续的流速和突变的流速梯度,则使得两个系统内能够分别使用经典的数值方法进行模拟。然而,这些结论都是在单向流动和土壤及地表排水互不干扰的条件下确定的,对于水稻灌区,灌溉排水方式在很大程度上影响了土壤水和地表排水流态,即使土壤向地表排水的单向过程就存在自由排水、顶托排水和渗出排水等多种形态,土壤和地表排水相互作用的过程和机理也更为复杂。

土壤介质(王全九等,2007)和地表排水(陈会等,2012;李强坤等,2011)中,溶质态污染物迁移均可以用对流-弥散关系进行描述,并且土壤和地表排水中,对流和弥散均与水流流速有关。对流项为水流通量和浓度的乘积,而弥散系数则一般认为与水流流速呈线性关系(马东豪等,2004;Jury et al. ,1991)。对于土壤介质,尽管在实验室土柱条件下线性关系被多次验证(张富仓等,2002;Brush et al. ,1999;Huang et al. ,1995),然而在田间条件下,弥散系数与流速之间表现出复杂的关系(Wang et al. ,2011b;Wang et al. ,2009;Faybishenko et al. ,2000;Hendriks et al. ,1999)。在地表排水过程中,由于排水沟道的凹凸形成的涡流(Ramaswami et al. ,2005),排水沟道的槽蓄作用(Harvey et al. ,2003),溶质态污染物迁移也表现出更为复杂的流速响应特性。

3.2　流域污染通量监测断面布设机制

水利部门在流域内为实现水资源开发利用、节约保护、防灾减灾、人畜饮水安全等目的,监测自然环境演变和分析人类活动对水资源、水生态与环境的影响,统一规划布设了国家基本监测站网、专用监测站网和省界缓冲区监测站网,定期收集江河湖泊(水库)水质和生物监测信息,为保障河湖健康提供科学依据。

环保部门在流域内为掌握江河湖泊(水库)水环境质量现状和污染源排污状况,统一规划布设了国控、省控和市控三级水环境质量状况监测和污染源监督监测站网,定期或不定期对地表水和废污水的各种特性指标取样测定,分析评价水体中污染物的动态变化过程,为政府部门改善水环境和控制水污染决策提供科学依据。

通常情况下,监测断面根据功能不同分为四类:①基本监测断面;②省、市(州)、县(区)交界监测断面;③重点城市集中式饮用水源地监测断面;④重点水功能区以及大型农业区集中退水监测断面。

基本监测断面主要是统一规划布设的国家基本监测站网、专用监测站网和省界缓冲区监测站网等。省、市(州)、县(区)交界断面(以下简称"交界断面"),是指在两个行政区交界的河段上设置的监测断面,包括省界、市(州)界、县(区)界等,其断面上设立水站的目的之一是监测上游地区经过该断面汇入下游地区的污染物总量,也称为污染物通量,选择设置在交界线下游第一个市、县、镇的上游,监测断面至交界线之间不应有排污口,能客观地反映上游地区流入下游地区的水质状况。若交界线下游不具备建站条件,则选择在上游靠近交界线的断面,且在监测断面至交界线之间没有排污口。在重点城市集中式饮用水源地(以下简称"饮用水源地"),为准确、及时掌握城市居民饮用水水质变化状况,实现对饮用水源的有效监控和污染预警而设置的水站,以及在重点流域、湖库水站,为评价重点流域的河流(或河段)、湖泊、水库的整体水质现状和变化趋势而设置的水站,选择设置在评价河段、湖库的平均水平位置,避开典型污染水区、回流区、死水区,该断面上游1000m 和下游 200m 范围内没有排放口。大型农业集中退水区监测断面主要对农业灌区集中退水水质和水量进行监测。

随着国民经济和社会发展水平的提升,流域水环境问题加剧,在重点点、面源污染负荷区,以及依托现有交界断面进行生态补偿的相关工作已经提上日程。

以岷江、沱江流域为例,2014 年流域内共布设地表水监测断面 31 个(地表水监测断面分布情况如图 3.1 所示),其中,岷江 12 个,沱江 19 个,其中流域内国控和省控断面 26 个。从整体布设情况看,岷江、沱江流域整体监测断面布置较少,其中沱江流域监测断面布设稍多,但整个流域内监测断面布设不均匀,覆盖面少,有些重点河段无监测断面。

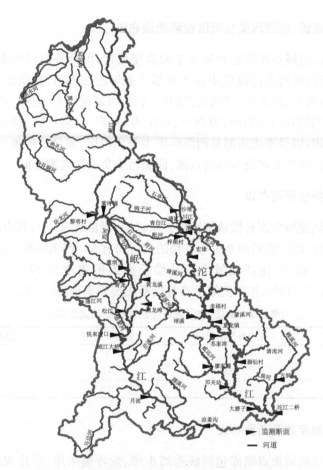

图 3.1　岷江和沱江流域国控和省控断面分布情况

3.2.1　水功能区监测断面布设情况

岷江、沱江流域 31 个监测断面覆盖 27 个水功能区。其中岷江监测断面 12 个,覆盖 11 个水功能区;沱江监测断面 19 个,覆盖 16 个水功能区。岷江、沱江流域地表水功能区监测情况见表 3.1,岷江、沱江流域有监测断面的水功能区占流域水功能区总数的 18%,其中,沱江现状水质监测覆盖率为 19.05%,岷江为 16.67%。

表 3.1　岷江、沱江流域地表水功能区监测情况

水系	水功能区/个	监测断面/个	覆盖水功能区/个	监测覆盖率/%
岷江	66	12	11	16.67
沱江	84	19	16	19.05
合计	150	31	27	18.00

3.2.2　重点点源、面源污染负荷区监测断面布设

岷江、沱江流域点源排放量远小于面源排放量,但两种不同污水水质污染程度不同。点源污染污水排放集中位于成都平原区的成都市、德阳市、眉山市东坡区、乐山市、自贡市、内江市、泸州市江阳区、宜宾市翠屏区等地区。面源污染风险区范围较广,四川省的德阳市、成都市、简阳市、宜宾市、内江市、资阳市、眉山市、自贡市、泸州市,以及重庆市都是面源污染主要风险区,流经这些地区的河流都应该重点监测,目前尚未布设专门的点源、面源污染负荷区监测断面。

3.2.3　生态补偿断面布设

岷江、沱江流域生态补偿政策实施以来,已布设断面 24 个,其中岷江 7 个,沱江 17 个。岷江、沱江流域涉及生态补偿的县(市)有 54 个,其中岷江流域 23 个,沱江流域 31 个。岷江、沱江流域生态补偿断面的覆盖率为 57.14%,其中岷江 38.89%,沱江 70.83%,沱江流域生态补偿断面覆盖率较高(表 3.2)。

表 3.2　岷江、沱江流域生态补偿断面监测情况

水系	生态补偿断面/个	监测断面/个	监测覆盖率/%
岷江	18	7	38.89
沱江	24	17	70.83
合计	42	24	57.14

3.2.4　重点湖库监测断面布设

岷江、沱江流域重点湖库包括映秀湾水库、紫坪铺水库、小井沟水库、葫芦口水库、双溪水库、老鹰水库等 6 个重点湖库,这些湖库也是水功能区的一部分,不同湖库功能目标不同,目前有监测断面的只有紫坪铺水库、老鹰水库和黑龙滩水库等,覆盖率较低。

3.3　流域水文及面源污染监测断面设计

3.3.1　水功能区水质监测断面设计

在现有断面的基础上,以流域饮水安全和环境安全为目标,着眼于流域整体水循环系统,通过系统分析流域水文过程,构建统一有效的流域水质监测体系,实现流域主要河流、湖泊和水功能区水质全面监控,对于保障流域水质安全具有重要意义。本节以岷江、沱江流域为例,对监测断面的布设进行分析。

水功能区区界内与区界间水质良好且稳定,可两区合并,在便于取样和交通

方便处布设一个监测断面。监测结果表明区界内水质由好趋向劣的或区界间有
争议的应增设监测断面。

水功能区具有多种功能,按主导功能要求布设监测断面,特别对于有较高水
质要求的断面,应尽量布设合理的监测断面;水功能区内有较大支流汇入时,应在
汇合点支流上游处及充分混合后干流下游处分别布设断面。对流程较长的重要
河流水功能区,应根据区界内水质水量变化实际情况增设断面。

大江大河两岸分别设有水功能区,水质难以达到全断面均匀混合的,分别按
两岸不同水功能区要求布设采样垂线;水质全断面均匀或不均匀混合,影响相邻
功能区的,在水功能区共同线界中点增设断面采样垂线。

大型湖泊(水库)设有不同水功能区,应在不同水功能区界处分别布设监测断
面;区界内与区界间水质良好且稳定,不影响相邻水功能区的可两区合并布设一
个监测断面。

针对岷江、沱江流域现有的 150 个水功能区,新增设断面 122 个,优化后水功
能区监测断面总数达到 153 个,覆盖 125 个水功能区,优化后水功能区监测断面布
设情况见表 3.3 和图 3.2,岷江、沱江结构体系图分别如图 3.3 和图 3.4 所示,岷江、
沱江流域水功能区水体监测断面布设情况见表 3.4。

表 3.3　岷江、沱江流域地表水功能区监测断面优化布设

水系	水功能区/个	已有监测断面/个	新增监测断面/个	覆盖水功能区/个	监测覆盖率/%
岷江	66	12	58	55	83.33
沱江	84	19	64	70	83.33
合计	150	31	122	125	83.33

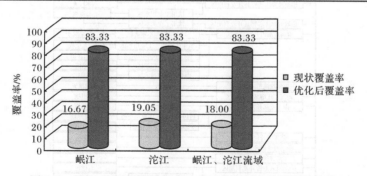

图 3.2　岷江、沱江流域地表水功能区优化前后监测覆盖情况

从图 3.2 可以看出,岷江新增监测断面 58 个,水功能区覆盖率为 83.33%;沱
江新增断面 64 个,水功能区覆盖率由原来的 16.67% 提高到 83.33%。优化后岷
江、沱江流域水功能区监测断面覆盖率由现状 18.00% 提高到 83.33%,能够满足
水功能区的管理要求。

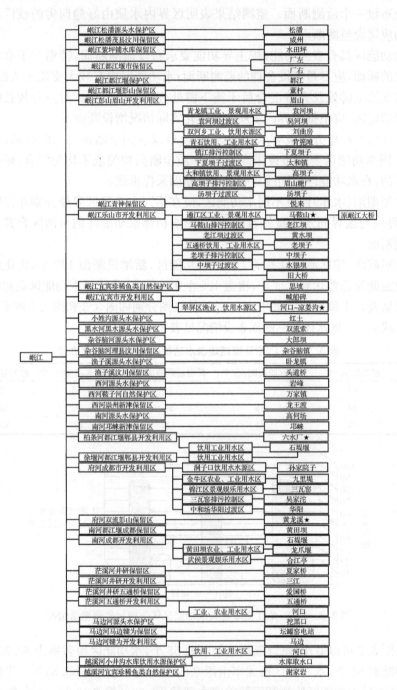

图 3.3 岷江监测断面布设结构体系

★标注的断面为已有断面

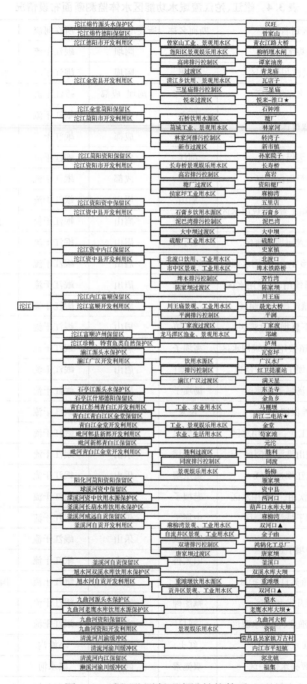

图 3.4　沱江监测断面布设结构体系

表 3.4　岷江、沱江流域水功能区水体监测断面布设情况

水功能区划名称	断面名称	所在市(州、县)	所在河流	布设原因
岷江松潘源头水保护区	松潘	阿坝	岷江干流	源头水
岷江松潘茂县汶川保留区	威州	阿坝	岷江干流	水质不能低于现状
岷江紫坪铺水库保留区	水田坪	阿坝、成都	岷江干流	水库
岷江都江堰市保留区	厂左	成都	岷江干流	水库
	厂右	成都	岷江干流	水库
岷江都江堰保护区	都江	成都	岷江干流	世界文化遗产
岷江都江堰彭山保留区	董村	成都	岷江干流	水质低于目标值
岷江彭山眉山青龙镇工业、景观用水区	眉山	眉山	岷江干流	重要城市江段
	袁河坝	眉山	岷江干流	水质低于目标值
岷江彭山眉山袁河坝过渡区	吴河坝	眉山	岷江干流	水质过渡段
岷江彭山眉山双河乡工业、饮用水源区	刘曲房	眉山	岷江干流	饮用水源区
岷江彭山眉山青石饮用、工业用水区	背篼滩	眉山	岷江干流	城市生活取水
岷江彭山眉山镇江排污控制区	下夏坝子	眉山	岷江干流	污水集中排放
岷江彭山眉山下夏坝子过渡区	太和镇	眉山	岷江干流	水质过渡段
岷江彭山眉山太和镇饮用、景观用水区	高坝子	眉山	岷江干流	城市生活取水
岷江彭山眉山高坝子排污控制区	眉山糖厂	眉山	岷江干流	污水集中排放
岷江彭山眉山汤坝子过渡区	汤坝子	眉山	岷江干流	水质过渡段
岷江青神保留区	悦来	眉山	岷江干流	有支流汇入
岷江乐山通江区工业、景观用水区	马鞍山	乐山	岷江干流	干流均匀布设
岷江乐山马鞍山排污控制区	老江坝	乐山	岷江干流	污水集中排放
岷江乐山老江坝过渡区	黄水坝	乐山	岷江干流	水质过渡段
岷江乐山五通桥饮用、工业用水区	老坝子	乐山	岷江干流	城市生活取水
岷江乐山老坝子排污控制区	中坝子	乐山	岷江干流	污水集中排放
岷江乐山中坝子过渡区	水银坝	乐山	岷江干流	水质过渡段
	旧大桥	乐山	岷江干流	重要城市江段
岷江宜宾珍稀鱼类自然保护区	思坡	宜宾	岷江干流	国家级自然保护区
岷江宜宾市开发利用区	喊船碑	宜宾	岷江干流	重要城市江段
岷江宜宾翠屏区渔业、饮用水源区	河口	宜宾	岷江干流	饮用水源区
小姓沟源头水保护区	红土	阿坝	小姓沟	源头水
黑水河黑水源头水保护区	双流索	阿坝	黑水河	源头水
杂谷脑河源头水保护区	大郎坝	阿坝	杂谷脑河	源头水
杂谷脑河理县汶川保留区	杂谷脑镇	阿坝	杂谷脑河	水质不达标

续表

水功能区划名称	断面名称	所在市(州、县)	所在河流	布设原因
渔子溪源头水保护区	卧龙镇	阿坝	渔子溪	源头水
渔子溪汶川保留区	头道桥	阿坝	渔子溪	上下区目标一致
西河源头水保护区	岩峰	成都	西河	源头水
西河鞍子河自然保护区	万家镇	成都	西河	省级自然保护区
西河崇州新津保留区	龙王渡	成都	西河	水质不达标
南河源头水保护区	高何场	成都	南河	源头水
南河邛崃新津保留区	邛崃	成都	南河	水质不达标
柏条河饮用工业用水区	六水厂	成都	柏条河	水质不达标
徐堰河饮用工业区	石堤堰	成都	徐堰河	水质不达标
府河成都洞子口饮用水水源区	望江楼	成都	府河	水质差、重要城市江段
	孙家院子	资阳	沱江干流	城市生活取水
府河成都金牛区农业、工业用水区	九里堤	资阳	府河	水质不达标
府河成都锦江区景观娱乐用水区	三瓦窑	资阳	府河	水质不达标
府河成都三瓦窑排污控制区	吴家沱	资阳	府河	污水集中排放
府河成都中和场华阳过渡区	华阳	资阳	府河	水质差
府河双流彭山保留区	黄龙溪	成都、眉山	府河	水质差
南河都江堰成都保留区	黄田坝	成都	南河	水质差
南河成都黄田坝农业、工业用水区	百花潭	成都	南河	重要城市江段
	龙爪堰	成都	南河	与以上目标不同
南河成都武侯景观娱乐用水区	合江亭	成都	南河	水质差
茫溪河井研工业、农业用水区	夏家桥	乐山	茫溪河	水质差
	三江镇	乐山	茫溪河	水质差、城市生活取水
茫溪河井研五通桥保留区	爱国桥	乐山	茫溪河	水质差
茫溪河五通桥工业、农业用水区	五通桥	乐山	茫溪河	水质差、城市生活取水
	河口	乐山	岷江干流	水质差、农业取水
马边河源头水保护区	挖黑口	西昌、乐山	马边河	源头水
马边河马边犍为保留区	坛罐窑电站坝前	乐山	马边河	水质差
马边河犍为饮用、工业用水区	马边	乐山	马边河	水质差
	河口	乐山	岷江干流	河口
越溪河小井沟水库饮用水源保护区	水库取水口	自贡	越溪河	供水水源地
越溪河宜宾珍稀鱼类自然保护区	谢家岩	宜宾	越溪河	国家级自然保护区

水功能区划名称	断面名称	所在市(州、县)	所在河流	布设原因
沱江绵竹源头水水保护区	汉旺	德阳	沱江干流	源头水
沱江绵竹德阳保留区	曾家山	德阳	沱江干流	水质差
沱江德阳曾家山工业、景观用水区	青衣江路大桥	德阳	沱江干流	水质差
沱江德阳旌阳区景观娱乐用水区	柳梢堰水闸	德阳	沱江干流	水质差
沱江德阳高碑排污控制区	谭家油房	德阳	沱江干流	污水集中排放
沱江德阳过渡区	青龙庙	德阳	沱江干流	过渡段
沱江金堂清江乡饮用、景观用水区	瓦店子	金堂	沱江干流	水质差
沱江金堂三星庙排污控制区	三星庙	金堂	沱江干流	污水集中排放
沱江金堂悦来过渡区	悦来	眉山	岷江干流	过渡段
沱江金堂简阳保留区	石钟滩	成都、资阳	沱江干流	重要城市江段
沱江简阳石桥饮用水源区	糖厂	简阳	沱江干流	城市生活集中取水
沱江简阳简城工业、景观用水区	林家河	简阳	沱江干流	水质差
沱江简阳林家河排污控制区	转湾子	简阳	沱江干流	污水集中排放
沱江简阳新市过渡区	新市镇	简阳	沱江干流	过渡段
沱江简阳资阳保留区	孙家院子	简阳	沱江干流	水质差
沱江资阳长寿桥景观娱乐用水区	长寿桥	资阳	沱江干流	水质差
沱江资阳高岩排污控制区	高岩	资阳	沱江干流	污水集中排放
沱江资阳糖厂过渡区	资阳糖厂	资阳	沱江干流	过渡段
沱江资阳侯家坪工业用水区	麻柳湾	资阳	沱江干流	重要城市江段
沱江资阳资中保留区	五里店	资阳	沱江干流	水质差
沱江资中石膏乡饮用水源区	石膏乡	资中	沱江干流	水质差
沱江资中泥巴湾排污控制区	泥巴湾	资中	沱江干流	污水集中排放
沱江资中大中坝过渡区	大中坝	资中	沱江干流	过渡段
沱江资中硫酸厂工业用水区	硫酸厂	内江	沱江干流	工业集中取水
沱江资中内江保留区	史家镇	内江	沱江干流	水质差
沱江内江北渡口饮用、工业用水区	北渡口	内江	沱江干流	水质差
沱江内江市中区景观、工业用水区	坪木铁路桥	内江	沱江干流	水质差
沱江内江坪木排污控制区	苦竹湾	内江	沱江干流	污水集中排放
沱江内江陈家坝过渡区	陈家坝	内江	沱江干流	过渡段
沱江内江富顺保留区	川王庙	内江、自贡	沱江干流	水质差
沱江富顺川王庙景观、工业用水区	晨光大桥	富顺	沱江干流	水质差

续表

水功能区划名称	断面名称	所在市(州、县)	所在河流	布设原因
沱江富顺平澜排污控制区	平澜	富顺	沱江干流	污水集中排放
沱江富顺丁家渡过渡区	丁家渡	自贡	沱江干流	过渡段
沱江泸州龙马潭区渔业、景观用水区	胡市镇	自贡、泸州	沱江干流	生活取水地
沱江珍稀、特有鱼类自然保护区	泸州	泸州	沱江干流	国家自然保护区
湔江源头水保护区	瓦窑坪	成都	湔江	源头水
湔江广汉饮用水源区	广汉水厂	成都	湔江	生活集中取水
湔江广汉排污控制区	红卫提灌站	成都	湔江	污水集中排放
湔江广汉过渡区	满天星	成都	湔江	过渡段
石亭江源头水保护区	东圣寺	德阳	石亭江	源头水
石亭江什邡德阳保留区	金鱼乡	德阳	石亭江	汇入沱江
青白江彭州青白江工业、农业用水区	马棚堰	成都	青白江	农业取水
青白江青白江区金堂保留区	清江二电站	成都	青白江	上下功能区目标不同
青白江金堂工业、景观娱乐用水区	金堂	成都	青白江	河口，汇入沱江
毗河新都农业、生活用水区	苟家滩	成都	毗河	水质不达标
毗河新都青白江保留区	元沱	成都	毗河	水质不达标
毗河青白江金堂同渡排污控制区	同渡	金堂	毗河	污水集中排放
毗河青白江金堂胜利过渡区	胜利	金堂	毗河	过渡段
毗河青白江金堂景观娱乐用水区	杨柳	成都	毗河	城市河段
阳化河简阳资阳保留区	雁家坝	资阳	阳化河	水质不达标
球溪河资中保留区	资中县	资阳、内江	球溪河	水质不达标
濛溪河资中饮用水源保护区	两河口	内江	濛溪河	饮用水源地
釜溪河长葫水库饮用水保护区	葫芦口水库大坝	内江、自贡	釜溪河	供水水源地
釜溪河威远自贡保留区	麻柳湾	资阳	沱江干流	水质不达标
釜溪河自贡麻柳湾景观、工业用水区	双河口	自贡	旭水河	水质差
釜溪河自贡自流井区景观、工业用水区	金子凼	自贡	釜溪河	水质差
釜溪河自贡双塘排污控制区	鸿鹤化工总厂	自贡	釜溪河	污水集中排放
釜溪河自贡唐家坝过渡区	唐家坝	自贡	釜溪河	过渡段
釜溪河自贡保留区	釜溪口	自贡	釜溪河	水质差
旭水河双溪水库饮用水保护区	双溪水库大坝	自贡	旭水河	供水水源地
旭水河自贡重滩堰饮用水源区	重滩堰	自贡	旭水河	城市生活取水

续表

水功能区划名称	断面名称	所在市(州、县)	所在河流	布设原因
旭水河自贡贡井区景观、工业用水区	双河口	自贡	旭水河	水质差
九曲河源头水保护区	望水	资阳	九曲河	源头水
九曲河老鹰水库饮用水源保护区	老鹰水库大坝	资阳	九曲河	集中式供水水源地
九曲河资阳保留区	九曲河大桥	资阳	九曲河	水质不达标
九曲河资阳市景观娱乐用水区	资阳	资阳	九曲河	水质不达标
清流河川渝缓冲区	荣昌县吴家镇万古村	四川内江、重庆荣昌	清流河	水质差
清流河渝川缓冲区	内江市平坦镇	重庆荣昌、四川内江	清流河	省界
清流河内江保留区	郭北镇	四川内江	清流河	水质不达标
濑溪河渝川缓冲区	福集	重庆荣昌、四川泸州	濑溪河	省界、水质不达标

3.3.2　重点点源、面源污染负荷区监测体系设计

　　点源、面源污染是岷江、沱江流域污染的主要来源,目前已知风险区分布的重点城市段,为了更好地控制河流水质,需要在流经这些城市的河段设置重点监测断面。根据点源、面源污水排放空间分布(图 3.5、图 3.6、表 3.5 和表 3.6),设置监测断面如图 3.7 所示。

表 3.5　面源污染负荷区设计断面

河流湖泊	所在市(区、县)	水质代表断面	河流湖泊	所在市(区、县)	水质代表断面
岷江	成都	都江	釜溪河	自贡	麻柳湾
岷江	眉山	悦来	釜溪河	自贡	唐家坝
岷江	乐山、宜宾	泥溪镇	釜溪河	自贡	釜溪口
岷江	宜宾	喊船碑	九曲河	资阳	望水
西河	成都	龙王渡	九曲河	资阳	老鹰水库大坝
南河	成都	邛崃	九曲河	资阳	九曲河大桥
柏条河	成都	六水厂	九曲河	资阳	资阳

续表

河流湖泊	所在市(区、县)	水质代表断面	河流湖泊	所在市(区、县)	水质代表断面
柏条河	成都	石堤堰	九曲河	资阳	九曲河河口
徐堰河	成都	聚源	清流河	资阳	内江市石子镇
府河	成都	望江楼	清流河	四川内江~重庆荣昌	荣昌县吴家镇万古村
南河	成都	河源	濑溪河	重庆	福集
茫溪河	乐山	爱国桥	濑溪河	泸州	官渡
茫溪河	乐山	五通桥	岷江	彭山	下夏坝子
越溪河	自贡、宜宾	观音	岷江	乐山	老江坝
沱江	德阳、成都	青江乡	府河	成都	九里堤
沱江	成都	蜕来	府河	成都	三瓦窑
沱江	资阳	新市镇	府河	成都	华阳
沱江	资阳	孙家院子	南河	成都	合江亭
沱江	资阳、内江	五里店	沱江	德阳	青衣江路大桥
沱江	内江、自贡	川王庙	沱江	德阳	柳梢堰水闸
湔江	成都	三星堆	沱江	德阳	青龙庙
湔江	成都	易家河坝	沱江	金堂	悦来
石亭江	德阳	金鱼乡	沱江	简阳	林家河
青白江	成都	马棚堰	沱江	简阳	新市镇
青白江	成都	清江二电站	沱江	内江	坤木铁路桥
青白江	成都	金堂	沱江	内江	陈家坝
毗河	成都	元沱	沱江	自贡	丁家渡
毗河	成都	杨柳	沱江	泸州	胡市镇

表 3.6 点源污染负荷区设计断面

河流湖泊	所在市(区、县)	水质代表断面	河流湖泊	所在市(区、县)	水质代表断面
岷江	阿坝、成都	水田坪	毗河	成都	元沱
岷江	成都	董村	濛溪河	资中	濛溪河河口
岷江	眉山	眉山	九曲河	资阳	望水
岷江	眉山	悦来	濑溪河	泸州	官渡
岷江	乐山	旧大桥	岷江	彭山	袁河坝
岷江	乐山、宜宾	泥溪镇	岷江	彭山	高坝子
岷江	宜宾	喊船碑	岷江	彭山	汤坝子

续表

河流湖泊	所在市(区、县)	水质代表断面	河流湖泊	所在市(区、县)	水质代表断面
南河	成都	南河河口	岷江	乐山	老坝子
徐堰河	成都	石堤堰	岷江	宜宾	河口
府河	成都、眉山	黄龙溪	岷江	宜宾	岷江河口
南河	成都	黄田坝	府河	成都	孙家院子
南河	成都	百花潭	府河	成都	三瓦窑
茫溪河	乐山	三江镇	府河	成都	华阳
沱江	成都、资阳	石钟滩	南河	成都	龙爪堰
沱江	资阳	新市镇	茫溪河	乐山	三江镇
沱江	资阳	孙家院子	茫溪河	乐山	河口
沱江	内江	硫酸厂	沱江	德阳	青衣江路大桥
沱江	内江	史家镇	沱江	德阳	柳梢堰水闸
沱江	内江	陈家坝	沱江	德阳	谭家油房
沱江	内江、自贡	川王庙	沱江	简阳	新市镇
沱江	自贡	丁家渡	沱江	资中	魏家祠堂
湔江	成都	满天星	沱江	内江	坤木铁路桥
湔江	成都	易家河坝	沱江	内江	苦竹湾
石亭江	广汉	石亭江河口	沱江	自贡	晨光大桥
青白江	成都	马棚堰	沱江	自贡	平澜
青白江	成都	清江二电站	沱江	泸州	胡市镇
青白江	成都	金堂	湔江	广汉	广汉水厂
毗河	成都	苟家滩	湔江	广汉	金雁大闸

3.3.3　生态补偿断面设计

　　岷江、沱江流域大小支流众多,可能产生生态利益纠纷的断面均设置为生态补偿断面。生态补偿断面一般设定在有河流流经的相邻县市边界上,对于部分河流与县市边界线重合的情况,在重合线起点、终点分别设置断面,以更好地解决生态补偿纠纷。

3.3.4　重点湖泊和水库监测断面设计

　　岷江、沱江流域重点湖泊和水库6个,已监测2个,新增4个,监测覆盖率为100%,重点湖泊和水库水质监测优化布设情况见表3.7。

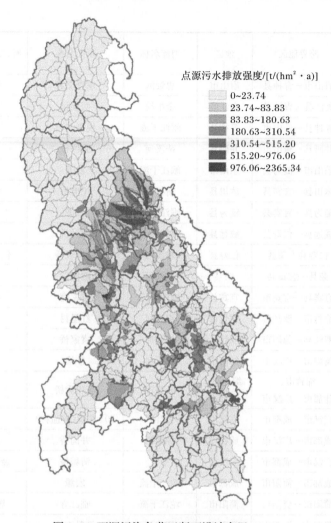

点源污水排放强度/[t/(hm² · a)]

0~23.74
23.74~83.83
83.83~180.63
180.63~310.54
310.54~515.20
515.20~976.06
976.06~2365.34

图 3.5　面源污染负荷区断面设计布置

表 3.7　重点湖泊和水库水质监测优化布设情况

流域名称	跨界地区	地区	河流名称	断面名称	所在地区或附近的地名
岷江	阿坝州—成都市	阿坝州	岷江干流	黎明村	都江堰市麻溪乡黎明村关口
	成都市—眉山市	成都市	岷江干流	青龙任渡	彭山县青龙镇
	成都市—眉山市	成都市	府河	黄龙溪	黄龙溪镇
	眉山市—青神县	眉山市	岷江干流	东青交界	黑龙镇
	雅安市—成都市	雅安市	蒲江河	两合水	成佳镇龙凤村
	成都市—眉山市	成都市	通济堰	余石桥	彭山县青龙镇
	丹棱县—眉山市	丹棱县	思蒙河	丹东交界	陈沟村

流域名称	跨界地区	地区	河流名称	断面名称	所在地区或附近的地名
岷江	眉山市—青神县	眉山市	思蒙河	东青交界	西陇镇光辉村
	夹江县—青神县	夹江县	金牛河	西坝村	罗波乡西坝村
	青神县—乐山市	青神县	岷江干流	悦来渡口	市中区
	井研县—乐山市	井研县	茫溪河	爱国桥	五通桥区
	乐山市—犍为县	乐山市	岷江干流	沙嘴	犍为县沙嘴
	沐川县—宜宾县	沐川县	箭板河	沱湾桥	沐川县箭板镇
	犍为县—宜宾县	犍为县	岷江干流	月波	宜宾县月波
	威远县—仁寿县	威远县	越溪河	铁马桥	大忠村
	仁寿县—荣县	仁寿县	越溪河	石岗坡桥	仁寿汪洋镇五爱村
	荣县—宜宾县	荣县	越溪河	两河口	双河
	宜宾县—宜宾市	宜宾县	岷江干流	游家嘴	游家嘴
沱江	绵竹市—罗江县	绵竹市	绵远河	红星村	红星村
	罗江县—德阳市	罗江县	绵远河	袁家桥	袁家桥
	德阳市—广汉市	德阳市	绵远河	沙堆	—
	绵竹市、什邡市—广汉市	绵竹市、什邡市	石亭江	金轮大桥	广汉市金轮镇
	广汉市—成都市	广汉市	北河	201医院(梓潼村)	清江镇
	成都市—广汉市	成都市	濛阳河	井岗桥	广汉市南兴镇
	广汉市—成都市	广汉市	中河	清城桥	金堂青江镇清城桥
	成都市—简阳市	成都市	沱江干流	宏缘	简阳市宏缘乡
	简阳市—资阳市	简阳市	沱江干流	临江寺	雁江区临江寺镇
	简阳市—资阳市	简阳市	阳化河	红日大桥	简阳市施家镇
	乐至县—资阳市	乐至县	鄢家河	万安桥	乐至县中天镇
	资阳市—资中县	资阳市	沱江干流	幸福村	资中县顺河场镇
	仁寿县—资中县	仁寿县	发轮河	发轮河口	黄柳村
	资中县—内江市	资中县	沱江干流	银山镇	古井村(原石田一队)
	安岳县—内江市	安岳县	小清流河	豆腐桥	韦家湾
	内江市—自贡市	内江市	沱江干流	脚仙村	脚仙村
	自贡市—富顺县	自贡市	沱江干流	老公桥	陈家湾
	威远县—自贡市	威远县	威远河	廖家堰	新民镇
	荣县—自贡市	荣县	旭水河	叶家滩	龙潭镇

续表

流域名称	跨界地区	地区	河流名称	断面名称	所在地区或附近的地名
沱江	自贡市—富顺县	自贡市	釜溪河	宋渡大桥	沿滩镇
	富顺县—泸州市	富顺县	沱江干流	大磨子	海潮镇
	隆昌县—泸县	隆昌县	九曲河	双胜堰（隆昌河口）	泸县嘉明镇
	重庆市—泸县	—	濑溪河	天竺寺大桥（方洞）	泸州市泸县方洞镇
	泸县—泸州市	泸县	濑溪河	官渡大桥	胡市镇

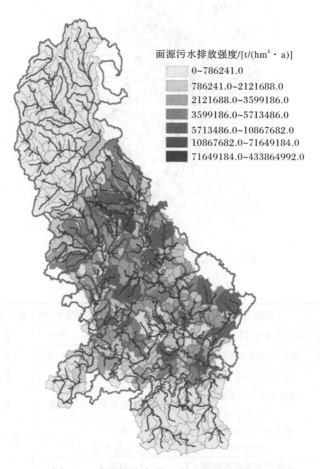

面源污水排放强度/[t/(hm² · a)]

- 0~786241.0
- 786241.0~2121688.0
- 2121688.0~3599186.0
- 3599186.0~5713486.0
- 5713486.0~10867682.0
- 10867682.0~71649184.0
- 71649184.0~433864992.0

图 3.6　点源污染负荷区断面设计布置图

图 3.7　岷江、沱江流域布设断面需求图

布设原因
- ⊡ 源头水
- △ 饮用水水源地
- ○ 水质低于目标值
- ● 污水集中排放段
- ▥ 过渡段
- ◆ 重要城市河段
- ▧ 河口

表 3.8　重点湖库断面设计

重点湖库	湖库功能区	河流	设计断面	所在市(州)	水质现状	水质目标
映秀湾水库坝址	岷江松潘茂县汶川保留区	岷江	威州	阿坝	Ⅱ	不低于现状
映秀湾水库坝下	岷江紫坪铺水库保留区	岷江	水田坪	阿坝、成都	Ⅱ	Ⅱ
紫坪铺水库	岷江都江堰市保留区	岷江	厂左、厂右	成都	Ⅱ	Ⅱ
小井沟水库	越溪河小井沟水库饮用水源保护区	越溪河	水库取水口	自贡	Ⅲ	Ⅲ
葫芦口水库	釜溪河长葫水库饮用水保护区	釜溪河	葫芦口水库大坝	内江、自贡	Ⅱ～Ⅲ	Ⅲ
双溪水库	旭水河双溪水库饮用水保护区	旭水河	双溪水库大坝	自贡	Ⅲ	Ⅲ
老鹰水库	九曲河老鹰水库饮用水源保护区	九曲河	老鹰水库大坝	资阳	Ⅲ	Ⅲ

3.4　流域水体污染基础数据采集

对于流域水体污染特性以及过程模拟开展研究,通常需要完成四个方面的信息采集工作:①实测信息采集体系;②统计信息采集体系;③遥感信息采集体系;④试验信息采集体系。实测信息采集体系包括水文实测信息采集、气象实测信息采集、地下水实测信息采集、主要取水、退水断面实测信息采集、典型小流域实测信息采集等;统计信息采集体系包括不同口径的国民经济社会统计信息、各部门和专业信息采集、供用水信息采集等;遥感信息采集体系包括不同尺度的陆地资源遥感信息、气象遥感信息等;试验信息采集体系包括对已有试验的信息采集,如水文地质试验、小流域观测试验,还包括为专门开展的试验的信息采集。

3.4.1　基础信息

基础信息主要包括土地利用信息、地表高程信息、农业灌区分布信息、土壤信息、主要水文地质参数等。

1) 土地利用信息

土地利用信息可采用由中国科学院承担的"国家资源环境遥感宏观调查与动态研究"课题的研究成果——全国分县土地覆盖矢量数据。该数据是在多期 TM 影像的基础上,配合其他影像数据解译获得的,空间分辨率为 30m。

2) 地表高程信息

流域数字高程模型(digital elevation model,DEM)可通过美国地质调查局 EROS 数据中心建立的全球陆地 DEM(也称为 GTOPO30)获取。GTOPO30 为栅格型 DEM,包括全球陆地的高程数据,采用 WGS84 基准面,水平坐标为经纬度坐标,水平分辨率为 30rad · s,整个 GTOPO30 数据的栅格矩阵为 21600 行、43200 列。

3) 农业灌区分布信息

农业灌区分布信息确定了灌区的空间分布范围,收集并整理了灌区的各类属性数据。如进行灌区数字化,可参考国家基础地理信息中心开发的全国 1∶25 万地形数据库(包括水系、渠道、水库、各级行政边界、居民点分布等)、中国科学院地理科学与资源研究所开发的 1∶10 万土地利用图以及各省提供的大型灌区分布图等资料需要重点考虑,30 万亩以上的大型灌区。根据资料和实地调研为每个灌区指定取水口,研究灌区的耗水、退水过程以及灌区的种植模式和种植比例,水田、旱田对应的主要种植作物以及其相应的管理方式,包括播种、收获、施肥(包括施肥日期和施肥类型、施肥量等)、灌溉(包括灌溉水源、灌溉方式、灌溉日期和灌溉水量等)等。

4) 土壤信息

可根据全国第二次土壤普查资料确定土壤及其特征信息。其中土壤分布图包括比例尺 1∶100 万和 1∶10 万两套。采用《中国土种志》统计剖面资料确定土层厚度和土壤质地。采用国际制土壤质地分级标准进行重新分类。

5) 主要水文地质参数

根据水文地质资料确定土壤孔隙含水率、导水率、地下水埋深域松散岩类给水度和渗透系数等水文地质参数。

6) 河网信息

实测河网取自于全国 1∶25 万地形数据库。模拟河网利用 GIS 软件从前面提到的全流域栅格型 DEM 上提取出来,提取过程中参照了实测的水系图,使模拟河网与实测水系一致。

7) 水利工程

各种水利工程极大地改变了水资源在时间和空间上的分配,水库资料的准备主要包括水库的空间定位与属性数据两个方面。水库的空间定位是指确定水库坝址处的空间位置,这样才能进一步确定水库控制的汇流范围。空间定位依据的资料主要是各省水文局提供的大中型水库经纬度,再根据河道关系进行修正。水库的属性数据主要包括水库起用日期、水位-库容-面积曲线、特征库容、特征水位、淤积状况、时间系列蓄变量、供水目标等。

8) 河道水量消耗

以水资源三级区和地级行政区为统计单元,对不同用水门类的地表水、地下水供用和耗水信息进行统计。

3.4.2　能量信息

1) 气象信息

收集多年逐日气象要素信息,包括降水、日照小时数(大气辐射)、气温(日均温度、最高温度和最低温度)、水汽压、相对湿度、风速等。其中,降水信息包括站点雨量信息和面雨量遥感信息,站点雨量信息是长系列过程数据,是主要信息,面雨量遥感信息受信息源和其他条件限制,主要用于站点信息空间展布的校核。

2) 遥感信息

可收集多年系列逐月美国国家海洋和大气管理局(National Oceanic and Atmospheric Administration,NOAA)影像以及多年逐日 GMS 影像。

3.4.3　污染源资料

(1) 点源主要包括城市生活点源和工业点源排放口的位置坐标,点源排放废水量及各项污染物量(NH_3、TN、TP、COD)。

（2）污染源主要包括农村生活污染源、农业种植非点源、禽畜养殖非点源,水土流失(NH_3、TN、TP、COD、SST)。

3.4.4　校准、验证所需的水文、泥沙和水质数据

（1）水文数据。流域内水文站点监测断面及流域出口点的每日河道径流数据（长系列）,流域内水文站点的精确坐标。

（2）泥沙数据。流域内水文站点监测断面及流域出口点的每日河道输沙量或输沙率数据,序列尽量长,流域内水文站点越多越好,同时需要其精确坐标。

（3）水质数据。河道水质监测断面及流域出口点的主要污染物（如 NH_3、TN、TP、COD、SST)监测数据和断面坐标等。

3.4.5　其他资料

其他资料包括环境年鉴、统计年鉴和相关标准,如《地表水环境质量标准》(GB 3838—2002)、《城镇污水处理厂污染物排放标准》(GB 18918—2002)等;全国污染源普查细则和成果,包括《第一次全国污染源普查城镇生活源产排污系数手册》、《第一次全国污染源普查工业污染源产排污系数手册》等;其他相关公报、水质年报、水资源公报等。

3.5　小流域面源污染监测方法

3.5.1　基于质量平衡法的面源集中排放区污染物入河量监测

采用质量平衡法进行集中面源污染负荷监测。监测方法如图 3.8 所示,对于进入村镇（图 3.8 中所示 1、2、3 位置）和流出村镇的所有河道中（4、5 位置）布设监测断面,在上游测定流入村镇的污染物质量（流量与污染物浓度的乘积）,在下游测定流出污染物质量。根据质量平衡方法确定村镇集中面源污染入河排放量。

3.5.2　基于特征污染物平衡的污染排放源强分析

河道污染物通常既来自点源也来自面源,面源污染物入河量的估计通常难以直接验证。基于面源污染物的形成和入河过程,采用输出系数法、平均质量浓度法、水质水量相关法等可简洁地估计面源污染入河量,但仍存在变量难于确定、过程非线性等问题。基于流域所开展的污染源调查资料,通过质量平衡原理对各子流域磷矿污染入河量和农业面源污染入河量进行反演计算具有重要意义。

反演的方法如下:①根据农村人口数量、农田面积以及种植情况,估算畜禽养殖农业面源污染产生量及入河量;②在流域污染调查监测的基础上,选择上、下游

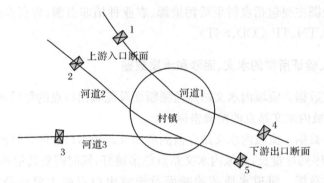

图 3.8　村镇集中面源污染负荷监测示意图

河段,在河段内的排污口进行水质监测的局部河段,根据质量平衡原理,反演局部河段点源污水入河排放量以及污染物浓度;③通过迭代计算,实现河段内的污染物通量过程均衡;④在全河段进行污染物入河量复核,通过水质监测资料反演的方法推算点源以及农业面源污染入河量及其贡献率。

1) 面源污染入河量估算

面源污染主要包括农村生活污染、农田面源污染和畜禽养殖污染三个方面,参照《第一次全国污染源普查城镇生活源产排污系数手册》三区五类的标准,对流域内面源污染进行计算。

2) 基于质量平衡原理及水质监测数据反演局部河段点源入河污染量

基于质量平衡原理的局部河段磷矿点源污染入河量反演方法如图 3.9 所示,对于局部河道,入河污染物包括点源污染和农业面源污染,农业面源污染入河水量以及各种污染物浓度分别为 Q_n、C_{in} 和 C_{jn}。磷矿点源污染入河水量以及各种污染物的浓度分别为 Q_p、C_{ip}、C_{jp} 和 C_{kp},局部河段上游断面流量和污染物浓度分别为 W_{in}、C_{ini}、C_{inj} 和 C_{ink},下游断面出流流量和污染物浓度分别为 W_{out}、C_{outi}、C_{outj} 和 C_{outk}。

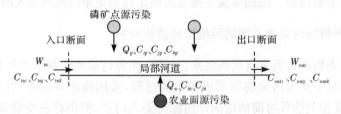

图 3.9　局部河段磷矿点源污染入河量反演示意图

根据质量守恒原理,点源和农业面源污染中污染物的浓度平衡方程为

$$W_{in}C_{in} + Q_pC_{ip} + Q_nC_{in} = W_{out}C_{outi} \qquad (3.1)$$

$$W_{in}C_{in} + Q_pC_{jp} + Q_nC_{jn} = W_{out}C_{outj} \tag{3.2}$$

式中，i 和 j 分别代表不同的污染物离子，对于仅在点源（或农业面源）中包括的污染物离子，其浓度平衡方程为

$$W_{in}C_{ink} + Q_pC_{kp} = W_{out}C_{outk} \tag{3.3}$$

则根据不同污染物离子的质量平衡方程，即可对局部河段的磷矿点源污染入河流量以及污染物浓度进行估算。

3）点源、农业面源迭代反演分析

在估算点源入河量时，农业面源污染入河量是作为已知条件的。然而，所估算的农业面源是否能够真实地反映实际情况是未知的，同样，以式（3.2）计算面源污染物入河量和污染物浓度为已知，仍采用质量平衡的方法对面源污染入河量进行计算，并持续这种迭代过程至农业面源污染和磷矿点源污染的入河量和浓度值不再发生显著变化。

4）全河段入河污染复核

将各河段的点源入河量和农业面源污染入河量在这个河道上进行质量平衡演算，在此基础上进一步对入河污染物的浓度和水量进行复核与检验。

3.6　面源污染同位素溯源及模拟方法

3.6.1　同位素溯源方法

水体中硝酸盐的潜在污染源可分为天然硝酸盐和非天然硝酸盐两种（图 3.10）。前者来源于天然有机氮或腐殖质的降解和消化，后者则来源于人畜粪便、人造化肥和污水等。利用氮稳定同位素 ^{15}N 示踪技术可以辨析水体中硝酸盐的潜在污染来源。

不同来源的硝酸盐在进入水体以前，绝大多数都要经过土壤环境。因此，水体中硝酸盐潜在污染源的同位素特征将通过土壤中硝酸盐来体现，而土壤中硝酸盐的来源和同位素特征则主要取决于土地的使用方式。

因氮元素在自然界参与了物理、化学、生物等过程，如挥发、矿化、硝化、反硝化等，导致氮同位素发生分馏（图 3.11）。因此，不同来源的硝酸盐氮同位素 $\delta^{15}N$ 值一般在一个特征范围内变化：无机化肥 $-7‰\sim5‰$，土壤有机氮 $-3‰\sim8‰$，有机肥与污水 $7‰\sim25‰$（图 3.12）。利用硝酸盐 $\delta^{15}N$ 特征值范围，结合硝氮、氨氮浓度、农作物施肥状况以及土地利用方式，可判别水体中硝酸盐的主要来源。

一般采用 δ 表示硝酸盐中 N、O 同位素的相对比值，即样品的同位素比值相对于参照标准的同位素比值的千分偏差（式 3.4）。δ 为正值，说明样品较参照标准

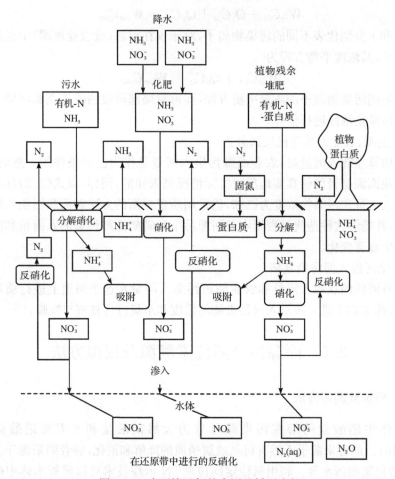

图 3.10 水环境里氮的来源及循环途径

富集同位素,反之则说明样品较参照标准贫化同位素。

$$\delta_{\text{sample}}(‰) = \frac{R_{\text{sample}} - R_{\text{standard}}}{R_{\text{standard}}} \times 1000 \tag{3.4}$$

式中,R 为同位素比值,即元素的重同位素原子丰度与轻同位素原子丰度之比;^{15}N、^{18}O 的 R 分别表示为 $^{15}N/^{14}N$、$^{18}O/^{16}O$;R_{standard} 为同位素比值的参照标准。N 同位素参照标准是标准大气(AIR),O 同位素参照标准是维也纳标准平均海水(Vienna standard mean ocean water,V-SMOW)。

3.6.2 同位素模拟方法

NH_4^+ 硝化导致的 NO_3^- 浓度变化可表示为

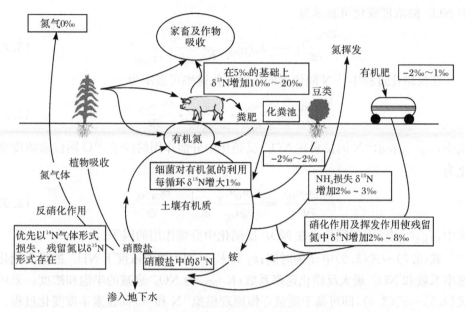

图 3.11　氮循环过程中 $\delta^{15}N$ 变化示意图

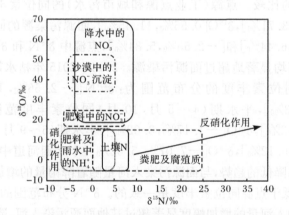

图 3.12　不同来源硝酸盐同位素分布特征

$$\frac{\partial c_{14_{NH_4^+} \to 14_{NO_3^-}}}{\partial t} = -k_d c_{14_{NH_4^+}} \frac{c_{14_{NH_4^+}}}{K_{14_{NH_4^+}} + c_{14_{NH_4^+}}} \tag{3.5}$$

NH_4^+ 硝化过程中，^{15}N 同位素的同步硝化速率可表示为

$$\frac{\partial c_{15_{NH_4^+} \to 15_{NO_3^-}}}{\partial t} = \frac{1}{\alpha_{NH_4^+\text{-}N}} \frac{c_{15_{NH_4^+}}}{c_{14_{NH_4^+}}} \frac{\partial c_{14_{NH_4^+} \to 14_{NO_3^-}}}{\partial t} \tag{3.6}$$

式中，$\alpha_{NH_4^+\text{-}N}$ 表示 ^{15}N 同位素在 NH_4^+ 硝化作用中分馏作用的因子。在反硝化过程

中 NO_3^- 的浓度变化可表示为

$$\frac{\partial c_{14_{NO_3^-}}}{\partial t} = -k_n c_{14_{NO_3^-}} \frac{c_{14_{NO_3^-}}}{K_{14_{NO_3^-}} + c_{14_{NO_3^-}}} \tag{3.7}$$

在反硝化过程中,^{15}N 同位素的浓度变化速率可表示为

$$\frac{\partial c_{15_{NO_3^-}}}{\partial t} = \frac{c_{15_{NO_3^-}}}{c_{14_{NO_3^-}}} \cdot \frac{1}{\alpha_{NO_3^- - N}} \cdot \frac{\partial c_{14_{NO_3^-}}}{\partial t} \tag{3.8}$$

式中,$\alpha_{NO_3^- - N}$ 表示 ^{15}N 同位素在 NO_3^- 反硝化中分馏作用的因子。^{18}O 同位素浓度变化为

$$\frac{\partial c_{N^{18}O^{16}O_2^-}}{\partial t} = \frac{c_{N^{18}O^{16}O_2^-}}{c_{N^{16}O_3^-}} \frac{1}{\alpha_{NO_3^- - O}} \frac{\partial c_{N^{16}O_3^-}}{\partial t} \tag{3.9}$$

式中,$\alpha_{NO_3^- - O}$ 表示 ^{18}O 同位素在 NO_3^- 反硝化中分馏作用的因子。

式(3.5)~式(3.9)中,t 为时间;k_d 和 k_n 分别为单位浓度下 NH_4^+ 的最大硝化速率系数和 NO_3^- 最大反硝化速率系数;$K_{14_{NO_3^-}}$ 为 NO_3^- 衰减的半饱和浓度。采用式(3.5)~式(3.9),即可基于质量守恒原理模拟 ^{15}N 和 ^{18}O 同位素丰度变化过程。

表 3.9 为干流河道及主要污染源采样的 NH_4^+、NO_3^- 浓度及 NO_3^- 中 ^{15}N 和 ^{18}O 同位素丰度的比较。点源(工业点源和城市污水)的同位素丰度分布范围为 $\delta^{15}N[10.18‰, 23.71‰]$,$\delta^{18}O[0.56‰, 11.45‰]$,面源污染源的同位素丰度分布范围为 $[0.86‰, 6.44‰]$ 和 $[-2.55‰, 5.84‰]$,点源中 $\delta^{15}N$ 和 $\delta^{18}O$ 同位素丰度均值和分布区间均显著地超过面源污染源。2014~2015 年枯水期(11 月~次年 3 月),釜溪河同位素丰度的分布范围为:$\delta^{15}N[-2.56‰, 11.82‰]$,$\delta^{18}O[-0.32‰, 3.13‰]$,平水期(4~5 月,10 月)同位素丰度范围分别为 $\delta^{15}N[-3.31‰, 14.42‰]$,$\delta^{18}O[-1.17‰, 3.02‰]$,丰水期(6~9 月)的范围分别为 $\delta^{15}N[-3.87‰, 6.12‰]$,$\delta^{18}O[-7.07‰, 5.02‰]$,丰水期河道中 $\delta^{15}N$ 均值和分布范围均表现出降低的趋势,与面源污染入河量随着降雨量的增加以及面源污染源的 $\delta^{15}N$ 显著低于点源同位素丰度是一致的。$\delta^{15}N$ 分布范围的降低表明,土壤中的面源污染物入河量的增加幅度显著超过其他面源污染入河,造成 $\delta^{15}N$ 同位素范围的减小。由于降雨中 $\delta^{18}O$ 同位素丰度显著超过了点源以及面源污染源中同位素风速,因而,丰水期 $\delta^{18}O$ 同位素丰度显著超过其他水文期。

表 3.9　干流河道及主要污染源采样的 NH_4^+、NO_3^- 浓度及 NO_3^- 中 ^{15}N 和 ^{18}O 同位素丰度的比较

指标	干流河道	点源污染	降水	面源污染
采样数	146	24	8	22
NH_4^+ 浓度/(mg/L)	0.38±0.67	1.15±1.49	0.42±0.48	0.29±0.22

续表

指标	干流河道	点源污染	降水	面源污染
NO_3^- 浓度/(mg/L)	8.28±6.76	33.32±38.14	2.90±1.24	3.51±3.67
$\delta^{15}N$/‰	7.58±9.05	15.6±7.64	−0.22±1.72	3.34±0.89
$\delta^{18}O$/‰	2.91±6.34	4.80±3.45	18.20±5.44	2.63±3.69

表 3.10 为不同水文期旭水河(贡井断面以上)、威远河(大安断面以上)和釜溪河（自流井～邓关断面)河道 ^{15}N 和 ^{18}O 同位素丰度的比较。自贡市点源集中在自贡市城区,旭水河与威远河汇流区内在丰水期,旭水河、威远河与釜溪河中 $\delta^{15}N$ 同位素丰度的均值和标准差最小;而在枯水期,干流河道和支流河道 $\delta^{15}N$ 同位素丰度的均值和标准差之间的差异显著。$\delta^{18}O$ 亦表现出相同的规律,旭水河和威远河流域以面源为主,同位素丰度主要取决于汇流区内的入河污染源,釜溪河汇集了城区点源以及汇流区面源污染,因此枯水期 $\delta^{15}N$ 和 $\delta^{18}O$ 与干流河道表现出显著的差异;在丰水期,干支流河道同位素丰度差异的降低也表明以面源污染物入河为主的污染特性。河道溶解氧监测资料表明,在整个试验期间,河道中溶解氧的浓度均显著超过 0.2mg/L 的临界值,因而河道中溶解氧含量对于反硝化作用的影响所造成的同位素丰度的差异并不十分显著。

表 3.10　不同水文期旭水河、威远河和釜溪河 $\delta^{15}N$ 和 $\delta^{18}O$ 的比较 （单位:‰）

同位素	水文期	旭水河		威远河		釜溪河	
		平均值±标准差	范围	平均值±标准差	范围	平均值±标准差	范围
$\delta^{15}N$	丰水期	5.78±2.94	3.84～7.42	5.88±1.45	3.07～7.24	5.44±0.69	5.01～6.64
	平水期	6.97±1.88	5.81～8.33	6.14±1.32	5.37～7.99	7.54±1.44	10.8～5.20
	枯水期	8.24±1.03	7.11～9.40	7.76±1.23	7.11～9.40	9.84±1.03	10.8～8.22
$\delta^{18}O$	丰水期	1.92±2.05	−1.11～5.03	1.64±1.14	−2.05～4.44	2.84±2.09	0.94～6.40
	平水期	1.88±2.06	−1.42～4.27	1.62±1.06	−1.37～3.86	1.35±2.98	0.94～6.40
	枯水期	−0.82±1.03	−2.74～4.00	0.24±0.93	−1.59～3.14	0.84±0.52	0.11～1.42

根据 2006～2012 年监测资料对 SWAT 模型参数以及 NO_3^- 中同位素丰度 $\delta^{15}N$ 和 $\delta^{18}O$ 参数进行率定,式(3.5)～式(3.9)中参数取值见表 3.11,模拟结果如图 3.13 所示。由图可以看出,基于 SWAT 模型模拟流域水文及 NH_4^+ 和 NO_3^- 迁移转化过程,耦合了 NO_3^- 中 $\delta^{15}N$ 和 $\delta^{18}O$ 的转化动力学特性,以釜溪河流域为研究对象,同步模拟了干支流河道中 NO_3^- 的 $\delta^{15}N$ 和 $\delta^{18}O$ 迁移转化过程。将污染源同位素特征和不同水文期的干支流河道同位素丰度进行比较,河道中 $\delta^{15}N$ 主要受污染物入河过程以及同位素在河道中所发生转化作用的影响,所提出的模型能够有效地模拟 $\delta^{15}N$ 的变化,研究表明,河道中 ^{15}N 的迁移转化规律与 ^{14}N 的迁移转

化规律基本相同,区别主要表现在动力学系数所描述的转化数量的差异。与δ^{15}N相比,河道中δ^{18}O受到更多因素的影响,具有更大的不确定性,需要进一步完善模型机理,以提升模拟的有效性。

表 3.11　模型参数

参数	取值
$\alpha_{NH_4^+-N}$	1.008
$\alpha_{NO_3^--N}$	1.0132
$\alpha_{NO_3^--O}$	1.0153
$k_d/(1/d)$	0.1~0.5
$k_n/(1/d)$	0.01~0.02
$K_{14NH_4^+}/(mg/L)$	0.18~0.24
$K_{14NO_3^-}/(mg/L)$	0.62~1.24

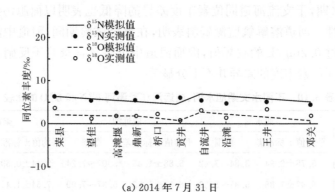

(a) 2014 年 7 月 31 日

(b) 2014 年 12 月 1 日

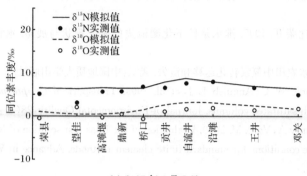

(c) 2015 年 4 月 7 日

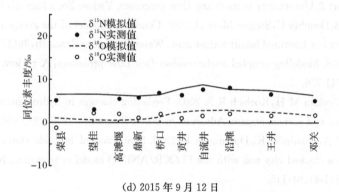

(d) 2015 年 9 月 12 日

图 3.13 $\delta^{15}N$ 和 $\delta^{18}O$ 模拟结果和实测结果的比较

参 考 文 献

陈会, 王康, 周祖昊. 2012. 基于排水过程分析的水稻灌区农田面源污染模拟. 农业工程学报, 28(6): 112-119.

董建伟, 王康. 2011. 松花江农业面源污染水质水量调控与工程示范研究报告. 长春: 吉林省水利科学研究院, 武汉: 武汉大学.

李强坤, 胡亚伟, 李怀恩. 2011. 农业非点源污染物在排水沟渠中的模拟与应用. 环境科学, 32(5): 1273-1278.

马东豪, 王全九. 2004. 土壤溶质迁移的两区模型与两流区模型对比分析. 水利学报, 35(6): 92-97.

王康. 2012. 灌区水均衡演算与农田面源污染模拟. 北京: 科学出版社.

王全九, 邵明安, 郑纪勇. 2007. 土壤中水分运动与溶质迁移. 北京: 中国水利水电出版社.

徐宗学, 程磊. 2010. 分布式水文模型研究与应用进展. 水利学报, 9: 1009-1017.

张富仓,康绍忠,潘英华. 2002. 饱和-非饱和土壤中吸附性溶质水动力弥散实验研究. 水利学报,
　　33(3):65-70.

张蔚榛,张瑜芳,沈荣开. 1997. 排水条件下化肥流失的研究现状与展望. 水科学进展,8(2):
　　197-203.

张瑜芳. 1997. 排水农田中氮素转化运移和流失. 武汉:中国地质大学出版社.

Brush C F, Ghiorse W C, Anguish L J, et al. 1999. Transport of *Cryptosporidium parvum*
　　oocysts through saturated columns. Journal of Environmental Quality,28(3):809-815.

Crevoisier D,Chanzy A,Voltz M. 2009. Evaluation of the Ross fast solution of Richards' equation
　　in unfavourable conditions for standard finite element methods. Advance in Water Resources,
　　32(6):936-947.

Fairley J P,Podgorney R K,Wood T R. 2004. Unsaturated flow through a small fracture-matrix
　　network:Part 2. Uncertainty in modeling flow processes. Vadose Zone Journal,3:101-108.

Faybishenko B,Doughty C,Steiger M,et al. 2000. Conceptual model of the geometry and physics
　　of water flow in a fractured basalt vadose zone. Water Resources Research,36(12):3499-3520.

Furman A. 2008. Modeling coupled surface-subsurface flow processes:A review. Vadose Zone
　　Journal,7:741-756.

Harvey J W,Conklin M H,Koelsch R S. 2003. Predicting changes in hydrologic retention in an
　　evolving semi-arid alluvial stream. Advances in Water Resources,26(9):939-950.

Hendriks R F A,Oostindie K,Hamminga P. 1999. Simulation of bromide tracer and nitrogen
　　transport in a cracked clay soil with the FLOCR/ANIMO model combination. Journal of Hy-
　　drology,215(1-4):94-115.

Huang K,Toride N,van Genuchten M T. 1995. Experimental investigation of solute transport in
　　large,homogeneous and heterogeneous, saturated soil columns. Transport in Porous Media,
　　18(3):283-302.

Jalali M,Kolahchi Z. 2009. Effect of irrigation water quality on the leaching and desorption of
　　phosphorous from soil. Soil & Sediment Contamination,18(5):576-589.

Jury W A,Gardner W R,Gardner W H. 1991. Soil Physics. 5th ed. New York:John Wiley &
　　Sons.

Kung K J S,Kladivko E J,Gish T J,et al. 2000. Quantifying preferential flow by breakthrough of
　　sequentially applied tracers:Silt loam soil. Soil Science Society of America Journal,64(4),
　　1296-1304.

Morita M, Yen B C. 2002. Modeling of conjunctive two-dimensional surface-three-dimensional
　　subsurface flows. Journal of Hydraulic Engineering,128(2):184-200.

Neuman S P. 1990. Universal scaling of hydraulic conductivities and dispersivities in geological
　　media. Water Resources Research,26(8):1749-1758.

Panday S,Huyakorn P S. 2004. A fully coupled physically-based spatially distributed model for
　　evaluating surface/subsurface flow. Advances in Water Resources,27(4):361-382.

Ramaswami A, Milford J B, Small M J. 2005. Integrated Environmental Modeling:Pollutant

Transport, Fate, and Risk in the Environment. Hoboken: John Wiley & Sons.

Reeves A D, Henderson D E, Beven K J. 1996. Flow separation in undisturbed soils using multiple anionic tracers. Part 1. Analytical methods and unsteady rainfall and return flow experiments. Hydrological Processes, 10(11): 1435-1450.

Šimůnek J, van Genuchten M T, Šejna M. 2008. Development and applications of the HYDRUS and STANMOD software packages and related codes. Vadose Zone Journal, 7: 587-600.

Shavit U, Bar-Yosef G, Rosenzweig R, et al. 2002. Modified Brinkman equation for a free flow problem at the interface of porous surfaces: The Cantor-Taylor brush configuration case. Water Resource Research, 38(12): 56-1-56-13.

Spanoudaki K, Stamou A I, Nanou-Giannarou A. 2009. Development and verification of a 3-D integrated surface water-groundwater model. Journal of Hydrology, 375(3-4): 410-427.

Sulis M, Meyerhoff S, Paniconi C, et al. 2010. A comparison of two physics-based numerical models for simulating surface water-groundwater interactions. Advances in Water Resources, 33(4): 456-467.

van der Kwaak J E, Sudicky E A. 1999. Application of a physically-based numerical model of surface and subsurface water flow and solute transport// Proceedings of the Model CARE 99 Conference, Zürich.

Wang K, Huang G. 2011a. Effect of permeability variations on solute transport in highly heterogeneous porous media. Advances in Water Resources, 34(6): 671-683.

Wang K, Zhang R. 2011b. Heterogeneous soil water flow and macropores described with combined tracers of dye and iodine. Journal of Hydrology, 397(1-2): 105-197.

Wang K, Zhang R, Yasuda H. 2009. Characterizing heterogeneous soil water flow and solute transport using information measures. Journal of Hydrology, 370(1-4): 109-121.

Weill S, Mazzia A, Putti M, et al. 2011. Coupling water flow and solute transport into a physically-based surface-subsurface hydrological model. Advances in Water Resources, 34(6): 128-136.

Wöhling T, Schmitz G H. 2007. A physically based coupled model for simulating 1D surface-2D subsurface flow and plant water uptake in irrigation furrows: I. Model development. Journal of Irrigation & Drainage Engineering, 133(6): 538-547.

Zerihun D, Furman A, Warrick A, et al. 2005. Coupled surface-subsurface flow model for improved basin irrigation management. Journal of Irrigation & Drainage Engineering, 131(2): 111-128.

第4章　流域污染物迁移转化过程模拟

4.1　流域面源污染模型

由于面源污染的随机性、污染物排放以及污染途径的不确定性,面源污染负荷的时空差异很大,其研究范围可小到实验室模拟,大到全球范围的土壤圈层,从而决定了对其进行监测、模拟与控制是很困难的。在进行面源污染量化研究以及影响评价和污染治理时,通过建立模拟模型对面源污染负荷的形成和迁移转化过程进行定量描述,识别面源污染物主要来源及其迁移途径,将能够为面源污染的控制和治理提供重要的决策依据。

20世纪60年代,发达国家开始关注面源污染的研究。当时的研究领域主要集中在面源污染的特征研究、影响因素研究、单场暴雨和长期平均污染负荷输出等方面的认识研究。70年代起开始进行系统的研究,主要对影响因素和宏观特征的相关主控因子和源区空间进行分析。面源污染研究开始从简单的经验统计分析提升到复杂的机理模型分析;70年代中期,如 SWMM、IRAS、HSPF 等模型相继问世,广泛应用于各类面源污染负荷定量计算;20世纪80年代以来,研究领域发展到对污染物迁移、转化规律方面的研究,代表模型主要有 ANSWERS、CREAM、AGNPS、EPIC、STORM 等,主要集中在研究模型应用于面源污染管理方面,同时将模型与 3S 技术结合;20世纪90年代美国环保局开发的 BASINS 模型和美国农业研究所开发的 AGNPS98 模型、SWAT 等具有代表性,且影响较大,以帮助预测面源污染的程度并对各种水域管理措施进行评价。应用较为广泛的模型见表4.1。面源污染模型主要包括以下几种:

ACTMO 模型,该模型的研究领域是农田中有机农药的迁移;适用于农田小区。

UTM 模型,主要适用于毒性金属在集水面的迁移。

ANSWERS 模型,该模型主要通过图解的方式对流域范围的危险区域进行识别;研究对象主要是营养盐、固体颗粒、重金属等;其适用范围主要在流域尺度。

CNS 模型,该模型的研究重点为水的入渗、蒸发、融雪和土壤流失等;主要研究对象是氮和磷;适用于农田小区。

SLAMM 模型,研究领域主要是城市污染潜在的可能性。

LOAD 模型,其研究的领域主要是营养盐、总氮、总磷在流域尺度上的负荷。

　　HSPF 模型,该模型的研究重点是径流的冲刷和沉积作用,主要研究对象是氮、磷和农药等。

　　在农业面源污染管理上,由美国环保局发布的 BMPs 模型发挥了很大作用。而 SWAT 模型则是美国农业部农业研究局开发的流域尺度模型,该模型主要用于模拟地下水和地表水的水质和水量,长期预测土地管理措施对具有多种土壤、土地利用和管理条件的大面积复杂流域水文、泥沙和农业化学物质产量的影响。该模型已在我国黄河、海河流域进行了验证性应用,取得了良好的效果,为推动我国模型化研究树立了典范。但由于该模型不完全适于我国的地理环境、自然环境、人文环境以及农业的生产方式、作物品种等,还需要进一步的改进和完善。

表 4.1　目前广泛应用的面源污染模型

模型名称	空间尺度	时间步长	时间尺度	模型主要结构	主要对象
ANSWERS	流域	暴雨期 60s, 非暴雨期 1d	长期连续	考虑降水初损、入渗和蒸发,溅蚀、冲蚀和沉积;氮、磷的复杂污染平衡	氮、磷
AGNPS	流域	1d	长期连续	SCS 水文模型;USLE;氮、磷和 COD;不考虑污染物平衡	农药、氮、磷和 COD
STORM	城市	1h	次暴雨	SCS 水文模型和径流系数法;USLE;累积冲刷模型;简单负荷模型	总氮、总磷、BOD 和大肠杆菌等
SWMM	城市	1h～1d	次暴雨	Horton 或 Green-Ampt 模型;USLE;平均浓度和累积冲刷模型	总氮、总磷、BOD 和 COD 等
CREAM	农田小区	1d	长期连续	SCS 水文模型;Green-Ampt 模型;考虑溅蚀、冲蚀、河道侵蚀和沉积;考虑氮磷负荷,简单污染物平衡	氮、磷和农药等
HSPF	流域	1min～1d	长期连续	斯坦福水文模型;考虑雨滴溅蚀、径流冲刷和沉积作用;考虑氮磷和农药等复杂污染平衡	氮、磷、COD、BOD,农药等
EPIC	农田小区	1d	长期连续	SCS 水文模型;MUSLE;氮磷负荷,复杂污染物平衡	氮、磷和农药等
SWAT	流域	1d	长期连续	SCS 水文模型;MUSLE;氮磷负荷,复杂污染物平衡	氮、磷和农药等

4.2　区域尺度水文模型构建理念

以 SWAT 模型为例,对区域模型的构建理念、水文过程和污染物迁移转化过程进行论述。

4.2.1　模型的建立

SWAT 集成了遥感、地理信息系统和数字高程模型技术,是一个具有物理基础的、以日为时间单位运行、并可进行连续多年模拟计算的流域尺度动态模拟模型。SWAT 模型可用于模拟地表水和地下水水质;在一个大型复杂的流域内,在长期的降水、土壤、土地利用和管理措施等条件下,预测土地管理措施对流域产流、产沙和化学污染物负荷的影响。

1. DEM 河道信息的提取和子流域划分

DEM 是地表单元上的高程集合,是 SWAT 模型进行流域划分、水系生成和水文过程模拟的基础。

采用的地形数据 DEM 为 SRTM30m 分辨率数据。根据 DEM 信息,结合实际情况,在 ArcGIS 中进行流域边界的划分与河道的提取,并在河系的基础上进一步划分子流域。

2. 水文响应单元分配

SWAT 模型水文模拟的单元结构示意图如图 4.1 所示,SWAT 模型计算流程如图 4.2 所示。模型在子流域的基础上,根据土地利用类型、土壤类型和坡度,将每一个子流域内具有同一组合的不同区域划分为同一类水文响应单元(hydrological response unit,HRU),并假定同一类 HRU 在子流域内具有相同的水文行为,作为 SWAT 的基本计算单元。模型计算时,对于拥有不同 HRU 的子流域,分别计算各类 HRU 的水文过程,然后在子流域出口将所有 HRU 的产出进行叠加,得到子流域的产出。HRU 是通过输入流域的土壤图和土地利用图来进行划分的。

3. 建立气象资料数据库

气象数据主要包括流域的序列等长于模拟时段的气象统计数据和天气发生器(weather generator)两部分。

气象数据包括日降水量、日最高气温和最低气温、日平均太阳辐射量、日平均风速和日平均相对湿度。对于部分缺失的数据,可以通过 SWAT 模型的天气发生器生成。

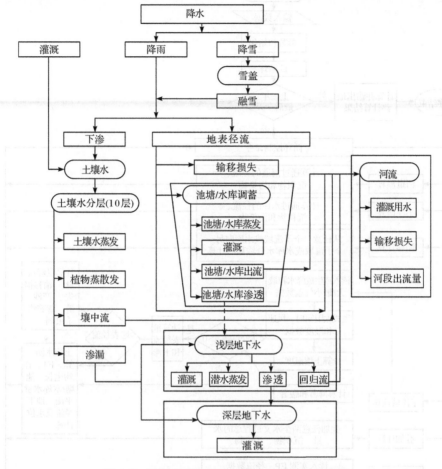

图 4.1　SWAT 模型水文模拟的单元结构示意图

　　天气发生器内要求输入流域的多年逐月气象资料,对于某些缺测的数据,它可以据此来模拟每日的气象资料,因此该数据库要求的参数比较多,为 160 多个,主要包括月平均最高/最低气温(℃)、最高/最低气温标准偏差、月总降水量(mm)、日均降水量标准偏差、月平均降水量偏度系数、月内干日日数、月内湿日日数、平均降水天数、日均露点温度(℃)、日均太阳辐射量[kJ/(m² · d)]、日均风速(m/s)以及最大半小时降水量(mm)。这些参数都可以利用 pcpSTAT 以及 dew&dew02 工具直接或间接地通过对每日降水、气温和相对湿度等数据计算得到。

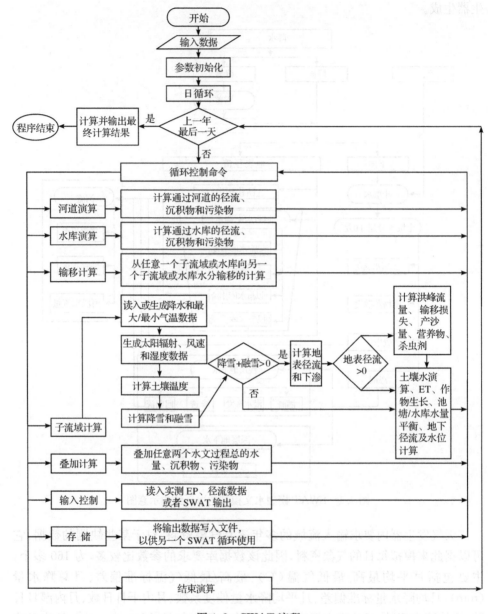

图 4.2　SWAT 流程

4. 水库的设置

在流域河网主渠道上存在多个水库,影响河道径流过程和污染负荷。在河道上确定水库的具体位置后,输入水库在模拟期内的月出流数据和属性数据进行模拟。模拟水库状态需要指定的参数,这些参数包括水位达到正常溢洪道时的水库水量及水面表面积、水位达到应急溢洪道时的水库水量及水面表面积、水库初始库容(模拟初始日期时的库容)、水库初始含沙量、平衡含沙量以及水库底部的水力传导系数。水质参数包括水库中初始的各种 N、P 浓度以及水库透明度系数等。

5. 污染源分析

1) 点源污染

点源主要包括生活点源和工业点源。在点源污染源资料较全的地区,将点源排放口的位置坐标、点源排放废水量及各项污染物量直接输入模型。对于资料较缺乏的地区,选取河道周围典型的县市,假设该区域内全部点源污染物经县市所在地排放。通过相关年鉴查到该地区工业废水和污染物排放量记录,如有必要,可用面积比例法或者通过工业产值、万元产值废水排放量等信息,计算出各县市流域内各部分的工业废水和污染物排放量。生活点源的估算主要考虑流域内各县市非农业人口的数量、下水道的普及率、传输过程中的损失率等。查阅资料得到各地区非农业人口数据,并取适合的人均综合用水量、生活污水中 TN 和 TP 等浓度、废水排放系数及入河量百分比等,从而计算出流域及各县市生活废水和污染物的入河量。选取典型城市段和农村段,在一定时间段内对流经城市或农村的入口和出口测定主要污染物的浓度,并对村落数目、监测区域污染源情况进行实地调查。同时将这些数据与上述方法所得的结果进行对比分析。

2) 面源污染

(1) 农村生活污染源。

农村居民分散,而且没有集中的下水道系统,因此将农业人口产生的生活污染源作为面源污染,折算为有机肥输入模型中。根据各地区农村人口数据,确定人均综合用水量、生活污水中 TN 和 TP 等浓度、废水排放系数,从而计算出当地总氮、总磷量,折算为有机肥输入模型中。

(2) 农业化肥。

通过典型区域调查,确定施肥时间、施肥种类和施肥量。

(3) 禽畜养殖。

根据禽畜存栏数量,确定不同禽畜的尿液、粪便、废水的产生系数及污染物浓度,估算出不同禽畜所产生排泄物的总氮和总磷数量,作为肥料输入农田中。

(4) 大气沉降。

大气沉降包括干沉降和湿沉降。干沉降是大气气溶胶粒子和微量气体成分在没有降水时的沉降过程。干沉降是由湍流扩散和重力沉降以及分子扩散等作用引起的,气溶胶粒子和微量气体成分被上述作用过程输送到地球表面,或使它们落在植被和建筑物表面上,分子作用力使它们在物体表面上黏附。湿沉降过程从云的形成开始,按照降水清除的所在高度分成云中过程和云下过程。云中过程是由于有些气溶胶粒子本身可作为凝结核而成为云滴的一部分,这样的粒子随降水进入地面。云下过程的发生是降水粒子在下降过程中将进一步吸收大气微量成分和气溶胶粒子,并将其带到地面。通常采用监测方法确定大气沉降过程和沉降量。

6. 农业管理方式

根据遥感土地利用识别情况,选择典型地区进行农业种植调查,调查种植模式、灌溉水源及取水方式、农药化肥使用量、排水方式、面源污染物的入河量及入河途径。确定播种、收获、施肥(包括施肥日期、施肥类型、施肥量等)、灌溉(包括灌溉水源、灌溉方式、灌溉日期和灌溉水量等)信息。

7. 模型的运行

根据水文循环的基本原理,在基本数据和参数满足模拟要求的基础上,模型按照子流域—蓄水体—河道的顺序汇流演算,模拟基本水文单元、子流域及整个流域的产流、产沙和污染负荷量。SWAT 模型提供了多种径流的模拟方法、潜在腾发量的模拟方法、河道演算方法。可根据实际情况选择适用的方法进行模拟计算。

SWAT 模型采用模块化结构,主要包括水文过程子模型、土壤侵蚀子模型和污染负荷子模型三个子模型。

4.2.2　水文过程子模型

1. 陆面水文过程

SWAT 模型运用水-土-植系统的水量平衡方程作为基本方程式,如式(4.1)所示。

$$SW_t = SW_0 + \sum_{i=1}^{t}(R_{day} - Q_{surf} - E_a - W_{seep} - Q_{gw}) \tag{4.1}$$

式中,SW_t 为土壤最终含水量,mm;SW_0 为土壤初始含水量,mm;t 为时间,d;R_{day} 为第 i 天总降水量,mm;Q_{surf} 为第 i 天地表径流总量,mm;E_a 为第 i 天蒸散总量,mm;W_{seep} 为第 i 天土壤侧流总量,mm;Q_{gw} 为第 i 天地下径流总量,mm。

模型模拟的水循环过程分为流域水循环的陆面阶段(即产流和坡面汇流阶段)和水文循环的演算阶段(河道汇流阶段)。其中陆面水文过程控制进入子流域的水、沉积物、富营养物质和杀虫剂数量;河道水文过程的定义为通过流域水网到流域出口的水沙等物质的运动。SWAT 陆面水循环过程如图 4.3 所示,其模拟计算主要涉及的输入要素包括气象要素、水文要素、植被覆盖要素以及土地管理措施等。

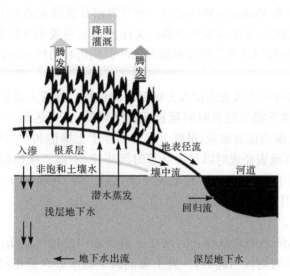

图 4.3　SWAT 陆面水循环过程示意图

　　流域内的水文循环实际上就是流域降水径流形成过程。降落到流域上的雨水,除去由植物截留、填洼、蒸发、初渗等损失的部分,剩余的主要形成地面、地下径流汇入河网,再沿着河网到达流域出口断面。被植被截留的降水,雨停之后很快被蒸发掉;填洼的水量一部分下渗,一部分以水面蒸发的形式返回大气;降落到地面上的雨水一部分入渗到土壤中形成土壤水;另一部分形成地表径流汇入河道。水文循环中的水文要素包括如下几种:

　　(1) 冠层蓄水。

　　冠层蓄水是指降水在植物枝叶表面吸着力、承托力和水分重力、表面张力等作用下储存于植物枝叶表面的现象。截留过程延续于整个降水过程,雨水停止后截留的水量很快蒸发。SWAT 模型采用径流曲线数法(soil conservation service, SCS)计算地表径流,冠层截留已考虑到径流计算中。但是当采用 Green-Ampt 法计算下渗和径流时,必须分别模拟冠层存储。SWAT 允许用户输入土地覆被在最大叶面积指数时的最大冠层存储水量。这一数值和叶面积指数(leaf area index, LAI)被模型用来计算最大植被生长过程中的最大存储量。当计算蒸发时,首先去除冠层存储的水量。

　　(2) 蒸散发。

　　蒸散发是水分转移出流域的主要途径,在许多江河流域及除南极洲以外的大陆,蒸发量都大于径流量。模型考虑的蒸散发是指所有地表水转化为水蒸气的过程,包括树冠截留的水分蒸发、水面蒸发、植物蒸腾和升华及土壤水的蒸发。潜在土壤水蒸发由潜在蒸散发和叶面积指数估算得到,模型提供了 Hargreaves、Priestley-Taylor 和 Penman-Monteith 三种计算潜在蒸散发的方法。另外,还可以使用实测资料或逐日潜在蒸散发资料。实际土壤水蒸发由土层深和含水量的指数函数计算得到;植物蒸腾是潜在蒸散发和叶面积指数的线性函数。

（3）下渗。

下渗是指水分从土壤表面渗入土壤剖面的过程。随着入渗量的增加,土壤湿度增加,使得土壤下渗率随着时间延长而逐渐降低,直到达到一个稳态值。初始下渗率依赖于土壤表层含水量,最终下渗率则等于土壤饱和水力传导度。由于模型采用 SCS 计算地表径流时以日为计算时间步长,不能直接模拟下渗,则下渗量的计算基于水量平衡,即为净雨和地表径流之差。而 Green-Ampt 下渗方法则可直接模拟下渗,但需要次降水数据。

（4）再分配。

再分配是指降水或灌溉停止时水在土壤剖面中的持续运动。它是由土壤剖面中水分含量不均匀性引起的,一旦土壤剖面中的水分含量相同了,再分配过程即停止。SWAT 中再分配过程采用存储演算技术预测根系区每个土层中的水流,当一个土层中的蓄水量超过田间持水量,而下土层处于非饱和时,便产生向下水流或渗漏。渗漏的速度由土层饱和水力传导率决定。土壤水重新分配受土温的影响,当温度低于 0℃时该土层将不发生再分配。

（5）地表径流。

地表径流是指沿坡面流到附近河网的水流。SWAT 通过输入日降水量数据模拟每个水文响应单元的地表径流量与洪峰流量。SCS 进行模拟时有三个基本假定:存在土壤最大滞留量 S_{max} ;S_{loss} 与 S_{st} 之间的比值等于径流量 Q 与降水量 P 和初损 I 差值的比值;I 和地面蓄流量 S（S_{max}、S_{loss}、S_{st} 之和）之间为线性关系。模型引入 CN 值来确定 S,CN 值是反映降水前期流域特征的一个综合参数,将前期土壤湿度、坡度、土地利用方式和土壤类型状况等因素综合在一起。Green-Ampt 法需要次日步长的降水数据,能够计算入渗量和有效水力传导度。另外,SWAT 还包含一个计算冻土径流的模块,当第一层土壤温度低于 0℃时土壤定义为冻土。

（6）峰值径流。

峰值径流预测采用修正的推理公式法。在修正的推理公式中,洪峰径流率是子流域汇流期间降水量、地表径流量和子流域汇流时间的函数。

（7）壤中流。

壤中流下渗到土壤中的水可以被植物吸收或蒸腾而损耗,可以渗漏到土壤底层最终补给地下水,也可以在地表形成径流,即壤中流,其一般存在于土壤剖面

0~2m 深处。壤中流的计算与重新分配同时进行,用动态存储模型预测。该模型考虑了水力传导度、坡度和土壤含水量的变化。

(8) 回归流。

回归流,即地下径流,为地下水供给的河道径流。SWAT 将地下水分为浅层地下水和深层地下水。浅层地下水径流汇入流域内河流;深层地下水径流汇入流域外河流。

(9) 堰塘。

堰塘是子流域内的水体存储结构,可以截获地表径流。池塘的积水面积是子流域总面积的一部分,同时假定堰塘位于主河道以外的地区,不接受上游子流域的来水。堰塘蓄水量是堰塘蓄水容量、日入流和出流、渗漏和蒸发的函数,需要的输入数据为存储容量和饱和容量时池塘的表面积。

(10) 支流河道。

SWAT 在子流域中定义了主河道和支流河道两种类型的河道。支流河道为次要的低阶河道,每一个支流河道只向一部分子流域排水而不接受地下水补给。模型根据支流河道性质来计算子流域的汇流时间,其与河道长度、曼宁系数以及河道坡度等有关。

2. 水文循环的演算

当 SWAT 模型确定了主河道的水量、泥沙、营养物质和杀虫剂的负荷后,采用 HYMO 模型对流域河网负荷的迁移和转化过程进行模拟。为了跟踪河道中的物质流,SWAT 对河流和河床中化学物质的转化进行模拟。水文循环的演算阶段可分为主河道和水库两个部分。

(1) 主河道中的演算。

主河道中的演算包括河道洪水演算、河道沉积演算以及河道营养物质和农药演算。

河道洪水演算。当水顺流而下时,一部分将会通过蒸发和传输损失,另一部分渠道损失水量可以为农业和农民所用。同时,降水和点源排放可以直接补充渠道水量。河道洪水演算主要采用变存储系数法。

河道沉积演算。沉积演算模型包括同时运行的两个部分,即沉积和降解。SWAT 之前的版本依靠河流功率来演算河道的沉积和降解(Arnold et al.,1995)。Bagnold(1977)认为河流功率为水体密度、流速以及水力坡度的乘积。Williams(1980)采用 Bagnold 关于河流功率的定义,并认为降解是渠道坡度与流速的函数。在 SWAT2000 中,认为河段传输的最大泥沙量是洪峰流速的函数。有效的河流功率用来重新传输沉积物,直到沉积物全部被移除;而过量的河流功率将引起河床降解,河床降解调节河床的覆盖和侵蚀性。

河道营养物质和农药演算。河道中营养物的传输受模型水质组件的影响。SWAT 模型营养物演算所用的动力学方程是沿用 QUAL2E 模型(Brown et al.，1987)。模型假设可溶性化学物质是保守物质，吸附到沉积物上的化学物质同沉积物一起沉降。

（2）水库演算。

水库水平衡包括入流、出流，表面的降水、蒸发，从库底渗漏、引水等。

水库水平衡和演算。SWAT 模型提供两种方法评估水库出流：第一种方法是直接读取测量的出流数据，用来模拟水量平衡的其他部分；第二种方法用于小的不受控制的水库，当水量超过基本库容时，以特定的释放速率发生出流，超过紧急溢洪道的水量在一天内被释放，对于加大控制的水库，采用月目标水量方法。

水库沉积演算。水库与池塘的入流沉积量用改进的通用土壤流失方程(modified universal soil loss equation，MUSLE)方程来计算；出流量用出流水量和沉积物浓度的乘积计算，出流浓度根据入流量和入流浓度以及池塘储量的简单连续性方程来模拟；水库中的泥沙沉积速度则由平均泥沙含量以及中等泥沙颗粒尺寸决定。

水库营养物质和农药演算。SWAT 模型采用 Thomann 和 Mueller 的简单磷物质平衡，假定湖泊或水库内物质完全混合，且磷是有限的营养物，可以用总磷含量来衡量湖泊的营养状态。该假设忽略了湖泊的分层和浮游植物的增加，表明总磷和总生物量之间的关系，总磷物质平衡方程将湖泊或水库中入流、出流的总磷浓度均计算在内。

4.2.3　土壤侵蚀子模型

SWAT 模型对每个水文响应单元的侵蚀量和泥沙量用 MUSLE 进行计算。通用土壤流失方程(universal soil loss equation，USLE)是通过降水动能函数预测年均侵蚀量，而在 MUSLE 中，用径流因子代替降水动能，改善了泥沙产量的预测，这样就不需要泥沙输移系数，并且可以将方程用于单次暴雨事件，模型的预测精度提高了。水文模型支持径流量和峰值径流率，结合亚流域面积，用来计算径流侵蚀力。

MUSLE 模型方程如下(Williams，1995)：

$$\mathrm{sed} = 11.8(Q_{surf} q_{peak} \mathrm{area}_{hru})^{0.56} K_{USLE} C_{USLE} P_{USLE} \mathrm{LS}_{USLE} C_{FRG} \tag{4.2}$$

式中，sed 为一天内的产沙量，t；Q_{surf} 为一天内的地表径流量，mmH_2O/hm^2；q_{peak} 为峰值流量，m^3/s；$area_{hru}$ 为水文响应单元的面积，hm^2；K_{USLE} 为 USLE 中的土壤可侵蚀性因子；C_{USLE} 为 USLE 中的作物经营管理因子；P_{USLE} 为 USLE 中的土壤侵蚀防治措施因子；LS_{USLE} 为 USLE 中的地形因子；C_{FRG} 为土壤的粗糙度因子。

4.2.4　污染负荷子模型

SWAT 模型能追踪流域内几种形式氮和磷的运动和转化,在土壤中氮从一种形式转化为另一种形式是由氮循环来控制的,同样土壤中磷的转化是由磷循环来控制的。

SWAT 模型可以模拟不同形态氮的迁移转化过程,包括地表径流流失、侧向流流失、入渗淋失、化肥输入等物理过程,有机氮矿化、反硝化等化学过程,以及作物吸收、生物固定等生物过程。氮可以分为有机氮、作物氮和硝态氮三种化学状态,有机氮又可分为活性有机氮和惰性有机氮两种状态。径流、层间流和渗流中的硝态氮用水量和平均浓度进行估算。有机氮损失通过将荷载函数应用于单次径流来估算,荷载函数公式为

$$\rho_{orgN_{surf}} = 0.001 \rho_{orgN} \frac{m}{A_{hru}} \epsilon_N \tag{4.3}$$

式中,ρ_{orgN} 为有机氮流失量,kg/hm^2;$\rho_{orgN_{surf}}$ 为有机氮在表层(10mm)土壤中的浓度,kg/t;m 为土壤流失量,t;ϵ_N 为氮富集系数,是随土壤流失的有机氮浓度和土壤表层有机氮浓度的比值。

模型采用供需方法来估算作物对磷的吸收。模型依靠 Leonard 和 Wauchope 所描述的分成溶解和沉积阶段的概念来估算地表径流中的磷损失。因为在大多数情况下磷是与沉积阶段相联系的,可溶性磷通过使用顶层土层中的非保守性磷的浓度、径流体积、分配系数方程来估算;有机磷和矿物质磷通常是吸附在土壤颗粒上通过径流迁移的,这种形式的磷负荷与土壤流失量密切相关,土壤流失量直接反映了有机磷和矿物质磷负荷,磷的沉积输移采用有机磷的荷载函数进行模拟。

4.3　陆面水文过程中污染物迁移转化动力学过程

4.3.1　污染物迁移转化动力学

土壤中溶质化学反应的计算式表示为

$$aA + bB \longrightarrow eE + fF \tag{4.4}$$

或者

$$\sum_i v_i M_i = 0 \tag{4.5}$$

式中,v_i 为 i 物质的计量系数(产物取值为正,反应物取值为负),对于式(4.4),$v_a = -a, v_b = -b, v_e = e, v_f = f$,则反应速率可定义为

$$r = \frac{1}{v_i} \frac{\mathrm{d}c_i}{\mathrm{d}t} \tag{4.6}$$

式中，c_i 为参加反应的 i 物质浓度；r 瞬时反应速率，$\mathrm{mg}/(\mathrm{L} \cdot \mathrm{s})$。由定义可知，对反应速率 r 进行测定需要确定 $\mathrm{d}c_i/\mathrm{d}t$ 的值。

在反应开始（$t=0$）后的不同时间 t_1、t_2、$\cdots$、t_n 测定某一参加反应的溶质的浓度 c_1、c_2、$\cdots$、c_n，并绘制 c-t 关系，如图 4.4 所示。其中，ABC 为溶质的动力学曲线，虚线为反应后生成物质的动力学曲线。动力学曲线在时间 t 位置切线的斜率为 $\mathrm{d}c/\mathrm{d}t$。由图 4.4 可知，由于溶质反应后浓度不断下降，反应速率随着时间的增加而减小。初始速率为最大速率。

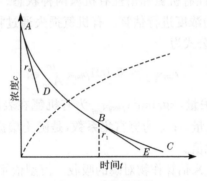

图 4.4　动力学曲线

在温度不变的情况下，由动力学曲线以及反应速率定义可知，参加反应的溶质的浓度 c 和反应速率 r 均为时间 t 的函数：

$$c = c(t) \tag{4.7}$$
$$r = r(t) \tag{4.8}$$

反应速率也可以表示为浓度的函数关系：

$$r = f(c) \tag{4.9}$$

反应速率和浓度的函数关系称为速率方程，根据反应速率的定义式（4.6），式（4.7）为微分方程的形式，其一般形式为

$$f(c) = \frac{1}{v_i} \frac{\mathrm{d}c_i}{\mathrm{d}t} \tag{4.10}$$

函数 $f(c)$ 的形式随化学反应的不同而异，许多情况下，由试验所确定的函数 $f(c)$ 具有浓度乘积的形式，如对于式（4.4）所示的化学反应，有

$$r = f(c) = kc_A^{n_a} c_B^{n_b} c_E^{n_e} c_F^{n_f} = k \sum_i c_i^{n_i} \tag{4.11}$$

式中，n_a、n_b、n_e 和 n_f 分别为参与反应的各物质（A、B、E 和 F）浓度 c_A、c_B、c_E 和 c_F 的指数，分别称为反应对于 A、B、E 和 F 等物质的级数。

$$n = n_a + n_b + n_e + n_f = \sum n_i \tag{4.12}$$

n 为反应的（总）级数，对于土壤中大部分溶质的化学反应，n_e 和 n_f 为 0，即反应速率仅与参与反应的溶质浓度有关，而与参与反应的各物质浓度无关。然而，对于一些复杂的化学反应，产物的浓度也可以出现在速率方程中。

反应速率常数［式（4.11）中的 k］与浓度无关，k 并不是一个绝对的常数，其与温度、反应介质条件和催化剂的存在与否都有关系。从形式上看，$n_a = n_b = n_e = n_f = 1$，则 $r = k$。因此，k 可以理解为单位浓度的反应速率。表 4.2 中速率常数 k 的单位与反应级数有关。

表 4.2　速率常数 k

级数	速率方程	k 的单位
0	$R = rk$	mg/(L · s)
1	$R = kc$	s^{-1}
2	$R = kc^2$	L/(mg · s)

1）一级动力学方程

一级动力学反应中反应速率只与反应物浓度的一次方成正比，$a\mathrm{A} \rightarrow \mathrm{p}$ 的速率方程可表示为

$$r = -\frac{1}{a}\frac{\mathrm{d}c_\mathrm{A}}{\mathrm{d}t} = kc_\mathrm{A} \tag{4.13}$$

对式（4.13）积分，得

$$\ln c_t = -akt + B \tag{4.14}$$

式中，B 为积分常数；时间 $t = 0$ 时，浓度为初始浓度 c_0，则积分常数 $B = \ln c_0$，代入式（4.14），得

$$c_t = c_0 \mathrm{e}^{-akt} \tag{4.15}$$

反应物浓度从 c_0 降至 $c_0/2$ 所需要的时间，即为反应物的半衰期。

$$t_{1/2} = \ln(2/ak) \tag{4.16}$$

由此可知，一级反应的半衰期是与浓度无关的常数。

2）二级动力学方程

土壤中溶质的反应速率与其中一种离子浓度的平方成正比，称为纯二级反应。反应速率与参与反应的两种离子的浓度乘积成正比，则称为混二级反应。

设反应计量方程为

$$a\mathrm{A} + b\mathrm{B} \longrightarrow \mathrm{p} \tag{4.17}$$

则纯二级反应可表示为

$$-\frac{1}{a}\frac{\mathrm{d}c_\mathrm{A}}{\mathrm{d}t} = kc_\mathrm{A}^2 \tag{4.18}$$

混二级反应可表示为

$$-\frac{1}{a}\frac{dc_A}{dt} = kc_Ac_B \tag{4.19}$$

式(4.18)积分后得

$$c_A = \frac{1}{akt} + S \tag{4.20}$$

积分常数 S 由初始条件 $t = t_0$ 和 $c_A = c_{A0}$ 确定，$B = 1/c_{A0}$，则式(4.20)为

$$\frac{1}{c_A} - \frac{1}{c_{A0}} = akt \tag{4.21}$$

由此可知，二级反应的半衰期为

$$t = \frac{1}{c_{A0}k} \tag{4.22}$$

二级反应的半衰期与初始浓度成反比，初始浓度越高，其半衰期越短。二级反应常见的情况是反应速率与两种溶质的浓度有关，对于二级反应 $A + B \longrightarrow p$，速率方程为

$$-\frac{dc_a}{dt} = kc_ac_b \tag{4.23}$$

为了对式(4.23)进行积分，必须找出 A 和 B 两种溶质浓度 c_a 和 c_b 之间的关系。若 x 为在时间 t 已经完成了反应的 A 和 B 的浓度，则在时间 t，A 和 B 的浓度分别为

$$c_a = c_{a0} - x, \quad c_b = c_{b0} - x \tag{4.24}$$

且 $-dc_a/dt = dx/dt$，则式(4.23)为

$$\frac{dx}{(c_{a0} - x)(c_{b0} - x)} = kdt \tag{4.25}$$

4.3.2　土壤中营养元素与有机污染物的化学动力学

固态和液态之间的交换采用非线性方程和非均衡方程进行描述，而液态和气态之间的变化则通常认为是线性的以及瞬间完成的。在土壤液体中因对流和弥散作用溶质发生迁移，在气态状态下以扩散的形式发生运动，对于 A、B 和 C 三种溶质的一级衰减反应(first-order decay reactions)总体结果如图 4.5 所示。

土壤中氮的转化动力学过程如图 4.6 所示。

土壤中农药的转化动力学过程可表示为不间断的链式过程(单一反应路径)和间断的链式过程(两条独立的链式路径)，分别如图 4.7 和图 4.8 所示。

多孔介质中，在饱和-非饱和流动条件下，一级衰减链式过程的非稳态溶质迁移方程表示为

产生物质
$\mu_{g,1}$ $\mu_{w,1}$ $\mu_{s,1}$
A
g_1 c_1 s_1
$k_{g,1}$ $k_{s,1}$
$\gamma_{g,1}$ $\gamma_{w,1}$ $\gamma_{s,1}$
产生物质
$\mu_{w,1}$ $\mu_{s,1}$ $\mu_{g,1}$
产生物质
$\mu_{g,2}$ $\mu_{w,2}$ $\mu_{s,2}$
B
g_2 c_2 s_2
$k_{g,2}$ $k_{s,2}$
$\gamma_{g,2}$ $\gamma_{w,2}$ $\gamma_{s,2}$
产生物质
$\mu_{w,2}$ $\mu_{s,2}$ $\mu_{g,2}$
C

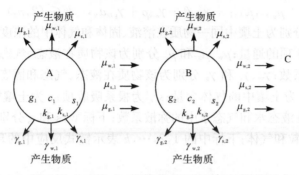

图 4.5　A、B和C三种溶质的一级衰减反应过程

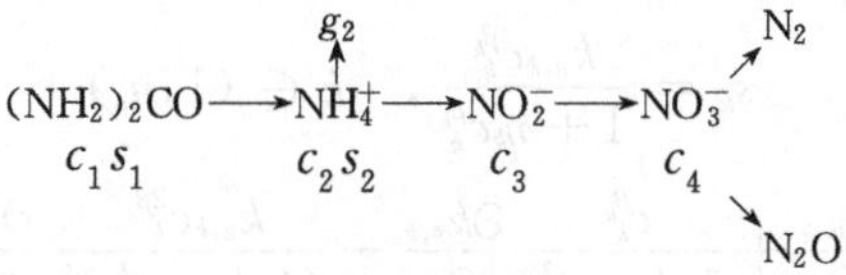

$(NH_2)_2CO$ NH_4^+ NO_2^- NO_3^- N_2 N_2O
g_2
$c_1 s_1$ $c_2 s_2$ c_3 c_4

图 4.6　土壤中氮的转化动力学过程

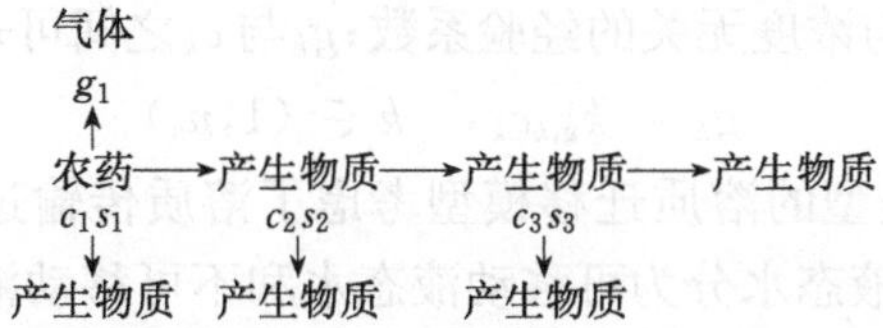

气体
g_1
农药 产生物质 产生物质 产生物质
$c_1 s_1$ $c_2 s_2$ $c_3 s_3$
产生物质 产生物质 产生物质

图 4.7　土壤中农药的转化动力学过程(不间断的链式过程)

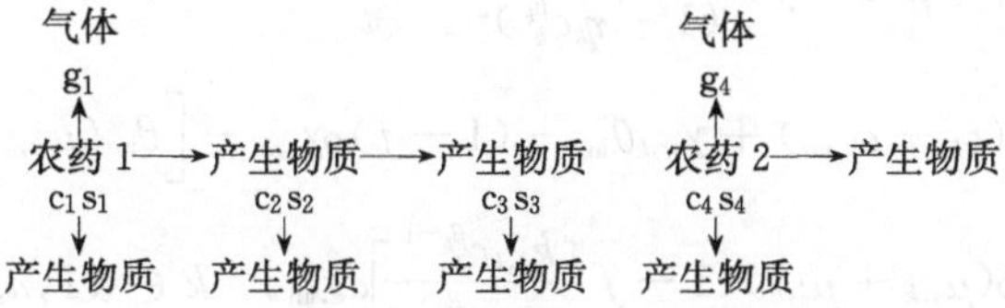

气体 气体
g_1 g_4
农药 1 产生物质 产生物质 农药 2 产生物质
$c_1 s_1$ $c_2 s_2$ $c_3 s_3$ $c_4 s_4$
产生物质 产生物质 产生物质 产生物质

图 4.8　土壤中农药的转化动力学过程(间断的链式过程)

$$\begin{aligned}\frac{\partial \theta c_1}{\partial t}+\frac{\partial \rho s_1}{\partial t}+\frac{\partial a_v g_1}{\partial t}=&\frac{\partial}{\partial x_i}\left(\theta D_{ij,1}^{w}\frac{\partial c_1}{\partial x_j}\right)+\frac{\partial}{\partial x_i}\left(a_n D_{ij,1}^{g}\frac{\partial g_1}{\partial x_j}\right)-\frac{\partial q_i c_1}{\partial x_i}-sc_{r,1}\\&-(\mu_{w,1}+\mu'_{w,1})\theta c_1-(\mu_{s,1}+\mu'_{s,1})\rho s_1\\&-(\mu_{g,1}+\mu'_{g,1})a_v g_1+\gamma_{w,1}\theta+\gamma_{s,1}\rho+\gamma_{g,1}a_v\end{aligned}\tag{4.26}$$

$$\begin{aligned}\frac{\partial \theta c_k}{\partial t}+\frac{\partial \rho s_k}{\partial t}+\frac{\partial a_v g_k}{\partial t}=&\frac{\partial}{\partial x_i}\left(\theta D_{ij,k}^{w}\frac{\partial c_k}{\partial x_j}\right)+\frac{\partial}{\partial x_i}\left(a_n D_{ij,k}^{g}\frac{\partial g_k}{\partial x_j}\right)-\frac{\partial q_i c_k}{\partial x_i}-sc_{r,k}\\&-(\mu_{w,k}+\mu'_{w,k})\theta c_k-(\mu_{s,k}+\mu'_{s,k})\rho s_k\\&-(\mu_{g,k}+\mu'_{g,k})a_v g_k+\mu_{w,k-1}\theta c_{k-1}+\mu_{s,k-1}\rho s_{k-1}\end{aligned}$$

$$+\mu_{\mathrm{g},k-1}\rho s_{k-1}+\gamma_{\mathrm{w},k}\theta+\gamma_{\mathrm{s},k}\rho+\gamma_{\mathrm{g},k}a_{\mathrm{v}},\quad k\in(2,n_{\mathrm{s}}) \tag{4.27}$$

式中，c、s 和 g 分别为土壤中同一物质在溶液、固体和气体中的浓度；θ 为土壤体积含水率；q_i 为第 i 项的通量；μ_{w}、μ_{s} 和 μ_{g} 分别为该物质在液态、气态和固态介质中的一级动力学系数；γ_{w}、γ_{s} 和 γ_{g} 分别为该物质在液态、气态和固态介质中的零级动力学系数；a_{v} 为土壤中的气体含量；scr 为根系吸收项；ρ 为土壤密度；D_{ij}^{w} 和 D_{ij}^{g} 分别为该物质在液态水和气态水中的弥散系数；下标 w、s 和 g 分别表示土壤中的液态水、固体颗粒和气体；下标中的 $1,2,\cdots,k$ 表示链式反应中的环节数；n_{s} 为总的溶质数量。

在土壤中溶质与吸附浓度之间的非均衡及动态作用以及土壤溶液中溶质与气态浓度之间的均衡作用的共同影响下，等温吸附关系可表示为

$$s_k=\frac{k_{\mathrm{s},k}c_k^{\beta_k}}{1+\eta_k c_k^{\beta_k}},\quad k\in(1,n_{\mathrm{s}}) \tag{4.28}$$

$$\frac{\partial s_k}{\partial t}=\frac{k_{\mathrm{s},k}c_k^{\beta_k-1}}{(1+\eta_k c_k^{\beta_k})^2}\frac{\partial c_k}{\partial t}+\frac{c_k^{\beta_k}}{1+\eta_k c_k^{\beta_k}}\frac{\partial k_{\mathrm{s},k}}{\partial t}-\frac{k_{\mathrm{s},k}c_k^{2\beta_k}}{(1+\eta_k c_k^{\beta_k})^2}\frac{\partial \eta_k}{\partial t}+\frac{k_{\mathrm{s},k}c_k^{\beta_k}\ln c_k}{(1+\eta_k c_k^{\beta_k})^2}\frac{\partial \beta_k}{\partial t}$$
$$\tag{4.29}$$

式中，$k_{\mathrm{s},k}$、β_k 和 η_k 为与浓度无关的经验系数；g_k 与 c_k 之间可表示为如下线性关系：

$$g_k=k_{\mathrm{g},k}c_k,\quad k\in(1,n_{\mathrm{s}}) \tag{4.30}$$

两区、双重孔隙类型的溶质迁移模型考虑了溶质传输过程中的非平衡过程。两区是指将土壤中的液态水分为可移动液态水和不可移动液态水，其含水率分别为 θ_{m} 和 θ_{im}。两区之间的溶质交换可采用一级动力学方程进行描述：

$$\left[\theta_{\mathrm{m}}+\rho(1-f)\frac{k_{\mathrm{s},k}c_k^{\beta_k-1}}{(1+\eta_k c_k^{\beta_k})^2}\right]\frac{\partial c_{k,\mathrm{im}}}{\partial t}$$
$$=\omega_k(c_k-c_{k,\mathrm{im}})+\gamma_{\mathrm{w},k}\theta_{\mathrm{im}}+(1-f)\rho\gamma_{\mathrm{s},k}-\left[\theta_{\mathrm{im}}(\mu_{\mathrm{w},k}+\mu_{\dot{\mathrm{w}},k})\right.$$
$$\left.+\rho(\mu_{\mathrm{s},k}+\mu_{\dot{\mathrm{s}},k})(1-f)\frac{k_{\mathrm{s},k}c_k^{\beta_k-1}}{\eta_k c_k^{\beta_k}}\right]c_{k,\mathrm{im}},\quad k\in(1,n_{\mathrm{s}}) \tag{4.31}$$

式中，c_{im} 为不可移动区域中的溶质浓度；f 为第 k 种溶质的质量转移系数。

4.3.3　土壤中氮的迁移转化过程及其模拟

土壤中氮主要以与腐殖质相联系的有机氮、被土壤胶体所吸附的无机氮和溶解于土壤水中的无机氮三种形式存在。化肥、粪便作为肥料添加进入土壤、植物残留的分解、共生或非共生细菌的固持作用，以及雨水所产生的大气沉降等，都会导致土壤中氮素的增加。而植物的吸收、氮素向地下水的淋失、挥发和反硝化作用，导致土壤中的氮素以气态的形式向大气中扩散，以及土壤侵蚀通过地表径流以悬移态和溶解态的形式向地表水体的移动等，都会降低土壤中的氮素含量，土

壤中氮素的循环示意图如图 4.9 所示。

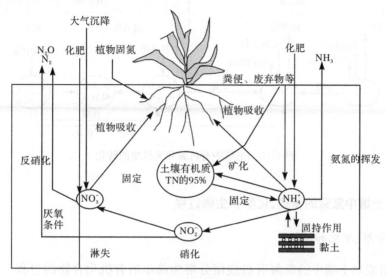

图 4.9　土壤中氮素的循环示意图

氮是一种具有高活性的元素,其高活性表现在能够以多种化合价的形式存在,在各种形态中,氮的化合价在 $-3\sim+5$ 变化,其主要形式见表 4.3。

表 4.3　氮的主要形式及其化合价

化合价	形态	名称
+5	NO_3^-	硝态氮
+4	NO_2	二氧化氮
+3	NO_2^-	亚硝态氮
+2	NO	一氧化氮
+1	N_2O	一氧化二氮
0	N_2	氮气
-1	NH_4OH	氢氧化铵
-2	N_2H_4	联氨(肼)
-3	NH_3 或 NH_4^+	氨氮或铵态氮

土壤中氮表现出复杂的物理、化学和生物过程。土壤中无机氮主要以铵态氮(NH_4^+)和硝态氮(NO_3^-)两种形式存在。土壤中的有机氮则通常以三种形式存在:与土壤中植物残留和微生物的生物量有关的新鲜有机氮,与土壤腐殖质有关的活性有机氮和稳定性有机氮。而与土壤腐殖质有关的活性有机氮和稳定性有机氮的划分依据是其矿化的能力。土壤中各种形态氮之间的转化形式如图 4.10 所示。

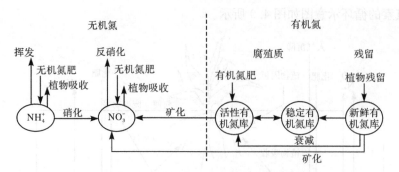

图 4.10　土壤中有机氮和无机氮的转化

4.3.4　土壤中氮素的物理、化学和生物过程

1. 分解、矿化和固持

分解表示土壤中的新鲜有机残留分解为简单的有机化合物的过程。矿化是通过微生物将不能被植物吸收的有机氮转化为能够被植物吸收的无机氮的过程。固持与矿化相反,是土壤中能被植物吸收的无机氮在微生物的作用下转化为不能被植物吸收的有机氮的过程。

土壤中的细菌分解有机物以获得能量用于其生长过程。植物残留首先被分解为葡萄糖,葡萄糖再转化为 CO_2 和水,在这一过程中释放出的能量用于细菌的生长,其中包括蛋白质的合成,而蛋白质的合成则需要氮,如果葡萄糖所来源的植物残留中有足够的氮,细菌将使用这些氮用于蛋白质的合成。如果植物残留中的氮很少,不足以满足蛋白质合成的需求,则细菌吸收土壤溶液中的铵态氮和硝态氮用于蛋白质的合成,而在植物残留的氮超过蛋白质合成需求的情况下,细菌将以铵态氮的形式向土壤溶液中释放出多余的氮。矿化和固持作用的通用碳氮比(C∶N)关系如下:

(1) C∶N>30∶1,发生固持作用,土壤中的铵态氮和硝态氮数量减少。

(2) 20∶1≤C∶N≤30∶1,矿化和固持作用相平衡,土壤中无机氮不发生明显变化。

(3) C∶N<20∶1,发生矿化作用,土壤中的铵态氮和硝态氮数量增加。

2. 氨氮的硝化和挥发

土壤中的细菌将 NH_4^+ 氧化为 NO_3^- 的过程为硝化过程,包括两个步骤。

步骤 1　将 NH_4^+ 氧化为亚硝态氮:

$$2NH_4^+ + 3O_2 \longrightarrow 2NO_2^- + 2H_2O + 4H^+$$

步骤 2 将亚硝态氮进一步氧化为硝态氮：

$$2NO_2^- + O_2 \longrightarrow 2NO_3^-$$

氨氮的挥发为 NH_3 以气态的形式发生的损失,发生在 NH_4^+ 被施用于石灰性的土壤表面时,或者在土壤表面施用尿素时,在任何性质的土壤表面施用尿素都会造成 NH_3 的挥发。无论哪一种情况,NH_3 的挥发都包括以下两个步骤:

(1) 氨氮添加到石灰性的土壤表面的挥发。

步骤 1

$$CaCO_3 + 2NH_4^+ X \Longleftrightarrow (NH_4)_2CO_3 + CaX_2$$

步骤 2

$$(NH_4)_2CO_3 \Longleftrightarrow 2NH_3 \uparrow + CO_2 \uparrow + H_2O$$

(2) 添加到任何一种土壤中的尿素的挥发。

步骤 1

$$(NH_2)_2CO + 2H_2O \Longleftrightarrow (NH_4)_2CO_3$$

步骤 2

$$(NH_4)_2CO_3 \Longleftrightarrow 2NH_3 \uparrow + CO_2 \uparrow + H_2O$$

3. 反硝化

反硝化是指细菌将硝酸盐(NO_3^-)中的氮(N)通过一系列中间产物(NO_2^-、NO、N_2O)还原为氮气(N_2)的生物化学过程。参与这一过程的细菌称为反硝化细菌。土壤中的反硝化包括四个过程。

(1) 硝酸盐(NO_3^-)还原为亚硝酸盐(NO_2^-)

$$2NO_3^- + 4H^+ + 4e^- \longrightarrow 2NO_2^- + 2H_2O$$

(2) 亚硝酸盐(NO_2^-)还原为一氧化氮(NO)

$$2NO_2^- + 4H^+ + 2e^- \longrightarrow 2NO \uparrow + 2H_2O$$

(3) 一氧化氮(NO)还原为一氧化二氮(N_2O)

$$2NO^- + 2H^+ \longrightarrow N_2O \uparrow + H_2O$$

(4) 一氧化二氮(N_2O)还原为氮气(N_2)。

$$N_2O + 2H^+ + 2e^- \longrightarrow N_2 \uparrow + H_2O$$

4. 大气沉降

大气中的氮元素以 NH_x(包括 NH_3、RNH_2 和 NH_4^+)和 NO_x 的形式降落到陆地和水体的过程称为氮沉降。

根据降落方式不同氮沉降可分为大气氮干沉降和大气氮湿沉降。大气氮干沉降通过降尘的方式、大气氮湿沉降通过降水的方式使氮返回陆地和水体。随着矿物燃料燃烧、化学氮肥的生产和使用以及畜牧业的迅猛发展等人类活动向大气中排放的活性氮化合物激增,大气氮素沉降也呈迅猛增加的趋势。人为干扰下的大气氮沉降已成为全球氮素生物化学循环的一个重要组成部分。作为营养源和酸源,大气氮沉降数量的急剧增加将严重影响陆地及水生生态系统的生产力和稳定性。大气氮沉降对土壤和水体环境、农业和森林生态系统以及生物多样性等方面都会造成影响。雨水中以 NH_4^+、NO_3^- 和 NO_2^- 的形式发生沉降,此外,由闪电造成的 NO_3^- 占土壤中硝酸盐的 $10\%\sim20\%$。表 4.4 为 20 世纪后半叶空气中氮的来源以及沉降量,来自生物源的氮在总的大气沉降中的氮占 20%。

表 4.4　20 世纪后半叶空气中氮的来源以及沉降量

生物源	沉降量/(10^6t/a)	非生物源	沉降量/(10^6t/a)
农业	—	工业	70
豆类植物	35	燃烧	$61\sim251$
水稻	4	大气沉降	$131\sim321$
草地	45	—	—
其他作物	5	—	—
森林	40	—	—
其他	10	—	—
合计	139	—	$262\sim642$

5. 淋失

淋失通常是指土壤中的营养元素(污染物)通过非饱和区进入地下水的过程。土壤中的 NH_4^+ 带有正电荷,能被土壤吸附,且具有与其他带有正电荷的离子进行交换的能力,由于大部分土壤具有离子交换能力,NH_4^+ 通常被土壤离子所吸附而难以迁移,因而由于淋失所形成的 NH_4^+ 损失较小。与 NH_4^+ 相反,NO_3^- 则由于本身具有负电荷,与土壤颗粒相互排斥,不易被土壤吸附,在土壤中的迁移能力较强,因而进入地下水的潜势也比较大,而 NO_3^- 进入地下水,不仅会造成土壤中肥料的流失、作物的减产,更重要的是,NO_3^- 进入地下水也会造成严重的环境风险:在降水强度较大、灌溉较为频繁及砂性质地土壤的条件下,NO_3^- 更容易发生淋失进入地下水。

4.3.5　土壤中磷的形态

尽管植物对于磷的需求量小于氮,然而磷是植物生长中各项重要功能所不可缺少的元素。磷在植物对能量的储存和转化过程中起到了重要作用,植物通过光合作用所获得的能量以化合物的形式储存起来,并用于随后的生长和生殖过程。

土壤中的磷主要以以下三种形式存在:与腐殖质有关的有机磷、不能溶解的无机磷以及溶于土壤水溶液能够被植物直接吸收的无机磷。与氮相同,土壤中的磷由于磷肥、粪便的施入,以及植物残留的分解而增加,由于植物吸收以及土壤侵蚀等而减少。图 4.11 为土壤中磷的循环。

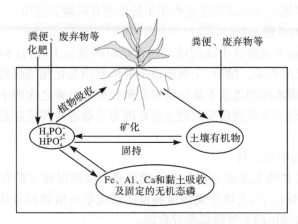

图 4.11　土壤中磷的循环

磷在土壤中的可迁移性远小于氮;此外,在大多数土壤中磷的溶解性受到限制。磷与其他离子形成不能溶解的化合物后,从土壤溶液中析出,这些性质使磷易于在土壤表层聚集,并且随地表径流发生迁移。

有机磷和无机磷可以进一步划分为 6 种形态。与氮相同,有机磷可以进一步分为与植物残留和微生物生物量有关的有机磷,以及与土壤腐殖质有关的活动态有机磷和稳定态有机磷,而活动态和稳定态的划分标准与氮相同,取决于有机磷是否易于转化为无机磷。土壤中的无机磷有可溶性无机磷、活动态无机磷和稳定态无机磷三种形式。图 4.12 显示了各种形式无机磷之间的转化。土壤中可溶解无机磷很快与活动性无机磷达到平衡状态,而活动态和稳定态无机磷之间的平衡则要慢得多。

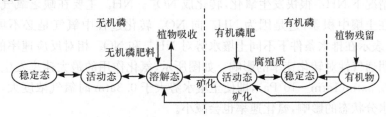

图 4.12　土壤中各种形态的有机磷和无机磷的转化

4.3.6　土壤中磷的转化

1) 磷的矿化、分解与固持

磷的分解是有机物残留分解为简单有机物的过程。矿化作用则是将有机磷通过生物作用转化为可供植物吸收的无机磷的过程。固持与矿化相反,是土壤中可被植物吸收利用的无机磷在生物作用下转化为有机磷的过程。

2) 无机磷的吸附

磷肥施用后,土壤溶液中磷的浓度通常随时间迅速下降,这种浓度的下降与磷和土壤发生反应有关。随后,土壤溶液中磷浓度的变化相当缓慢。一些研究认为,开始情况下磷浓度的迅速下降是溶解态磷和活动态磷之间的平衡过程较快所造成的,而随后磷浓度的缓慢变化则主要是因为活动态磷和稳定态磷之间的均衡过程比较缓慢。

3) 磷在土壤中的迁移

土壤中磷迁移的主要动力是由于土壤溶液中磷浓度梯度的存在而形成的扩散作用;而通常情况下,土壤中磷浓度梯度的形成是由植物根系从土壤溶液中吸收磷后造成根系周围磷浓度降低所导致的。

4.3.7　土壤中氮、磷的迁移转化影响因素

土壤中大多数氮及沉积物是以有机物形式存在的,只有少部分是以无机物形式存在的。经过土壤中一系列的生物化学及物理化学反应,氮由一种形式转化成另一种形式。土壤中的无机氮主要以 NH_4^+、NO_3^-、NO_2^-、N_2 及 N_2O 的形式存在,这些存在形式均是生物化学反应过程的最终产物。土壤中几个主要的微生物转化过程包括有机氮转化为 NH_4^+(氨化作用)、$NH_4^+ \rightarrow NO_2^- \rightarrow NO_3^-$(硝化作用)、$NO_3^- \rightarrow N_2O \rightarrow N_2$(反硝化作用)、$NO_3^- \rightarrow NH_4^+$(同化作用消耗 NO_3^-)、$N_2 \rightarrow$ 有机氮(生物固氮)、$NH_4^+ \rightarrow NH_3$(挥发)。

无论土壤通气性如何,有机氮都会转化为 NH_4^+,但是土壤通气性不同转化速率也不同。在良好的通气环境下,土壤中很少甚至不发生 NH_4^+ 的积累,因为氧气充足的情况下 NH_4^+ 很快发生氧化,转化成 NO_3^-。NH_4^+ 主要在缺乏氧气的情况下才会在土壤中积累,这是因为 NH_4^+ 向 NO_3^- 转化过程中氧气是必不可少的。图 4.13 表示在排水条件下不同土壤水势对 NH_4^+ 和 NO_3^- 相对反应速率的影响,间接表明通气性对转化速率的影响。如图所示,氨化作用的最大速率发生在土壤水势为 0.3atm(1atm=10^5Pa),即使土壤水势大于 0.3atm 时氧气浓度大,由于受到土壤水分状态的影响,氨化速率也会减小。

另外,当土壤水势<0.3atm 时,土壤中氧气含量是限制因素,这时土壤孔隙大部分充满水分。NH_4^+ 的硝化反应与其在土壤中的浓度相关,所以在缺氧环境土

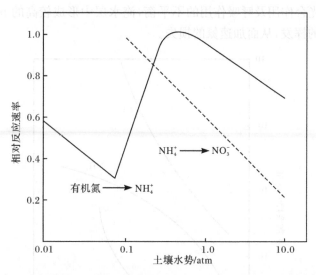

图 4.13　在排水条件下不同土壤水势对 NH_4^+ 和 NO_3^- 相对反应速率的影响

壤中硝化反应因为 NH_4^+ 浓度的增加而加速。由于 NH_4^+ 在黏土层发生固氮,增加的 NH_4^+ 浓度也会加速固氮反应。

　　另一种常见方式是植物及微生物对 NO_3^- 的同化作用,有限的通气状况使 NO_3^- 在兼性厌氧菌的作用下发生异化作用,并且异化作用占优势。在氧气不足的情况下,随着氧气的消耗,NO_3^- 是土壤中首先消失的氧化还原产物。在排水性较差的土壤中,反应速率主要受 O_2 占据的土壤有效孔隙率及土壤中的能量影响。在好氧带及厌氧带,反硝化反应速率主要取决于土壤好氧孔隙向厌氧区的扩散作用,这一过程尚没有得到试验证实。

　　上述讨论的氮的转化过程决定了排水区、排水不良区及淹水土壤中的 NH_4^+ 及 NO_3^- 的浓度。这些离子间的电子转移主要与土壤通气性有关。明显地,NH_4^+ 的扩散随着土壤水分含量的增加而增加(图 4.14),随着土壤水分含量的增加,液体逐渐连通,降低了扩散通道的弯曲性。在缺氧土壤中,一方面由于 NH_4^+ 浓度增大;另一方面大部分 NH_4^+ 存在于孔隙水中,而不是吸附于交换复合体上,均使 NH_4^+ 的迁移加快。第二种效应的产生是由于交换复合体被反应过程中产生的其他阳离子置换。例如,在排水不良的土壤及淹水土壤中,随着反应的发生及与 NH_4^+ 和其他可交换阳离子的竞争,Mn^{2+} 及 Fe^{2+} 浓度会增加,这样也会导致 NH_4^+ 与交换复合体发生置换反应,这样会增加 NH_4^+ 的吸附性,并加快 NH_4^+ 的迁移。在淹水土壤中,大部分 NH_4^+ 由于扩散到上覆含氧水层及表面好氧层而减少。NH_4^+ 扩散到土壤表面或者水中可以加速氧化生成 NO_3^- 或者挥发成 NH_3。这样以硝酸根形式扩散到下层厌氧区,并在反硝化作用下消耗掉。在被淹的土壤及沉积物中,由于光合作用及呼吸作用的不平衡,淹水层中形成较高的 pH 环境,这样有利于 NH_3 的挥发,从而加速氮的损失。

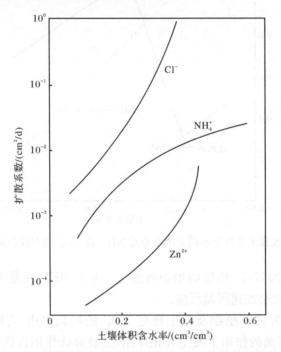

图 4.14　土壤体积含水率对 Cl^-、NH_4^+ 和 Zn^{2+} 扩散系数的影响

　　硝酸根的扩散同样受土壤水分含量、土壤氧气含量以及土壤反硝化作用的影响。硝酸根的扩散速率随着土壤中水分含量的增加而增大;砂土中硝酸根离子的迁移比在壤土中快。土壤中氧气浓度低的区域或厌氧区对电子受体的大量需求,都会加快硝酸根从好氧区向厌氧区扩散,随后在反硝化作用下损失。

　　图 4.15 为淹水条件下的 O_2 扩散、NH_3 气化以及溶质扩散示意图。对于受淹的土壤及沉积物,淹水中及表层氧化带中硝酸根的来源主要有以下几个方面:①氧化带或者淹水层中的硝化反应;②外部环境的输入(排水设施、污水处理)。在土壤系统中,硝酸根从上层淹水层扩散到下层好氧沉积物中,下层沉积物主要发生反硝化反应。已经证明在碳素充足的淹水区很少或者几乎不发生反硝化反应,在这种环境中,淹水中硝酸根的移除主要取决于硝酸根向沉积厌氧层的扩散。淹水层中硝酸根的通量主要取决于通过沉积物-水层交界面的浓度梯度、淹水深度、温度和混合度及通气性。

　　土壤中的磷也主要以有机体和无机体两种形式存在。在矿物土壤中,无机磷更重要些,主要因为有机磷的可利用性比较低。然而,在有机土壤及有机体含量较高的矿物土中,有机磷矿物在释放可溶性无机磷中发挥主要作用。磷元素的转

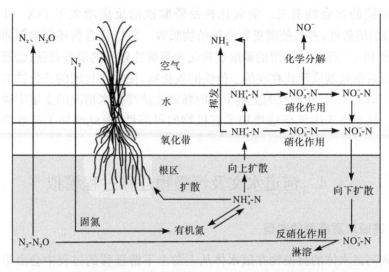

图 4.15　淹水条件下的 O_2 扩散、NH_3 汽化以及溶质扩散示意图

移主要是以无机磷的形式,在特定条件下,也会以可溶性有机磷的形式迁移。土壤中的无机磷主要有四种形式:过磷酸钙、正磷酸钙、正磷酸铁和正磷酸铝,从前三种形式下提取出水溶性还原磷。后两种形式的无机磷在通气性良好的土壤中不是主要的肥料,但是在排水不良及淹水土壤中发挥了很重要的作用。

　　虽然在土壤的生化反应中磷本身并不是常规的生化产物,但是磷在反应过程中也发挥很重要的作用(图 4.16)。土壤厌氧条件下大多数与磷反应的变化主要

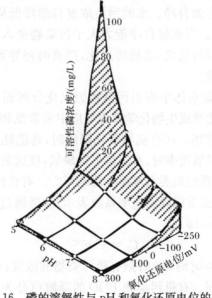

图 4.16　磷的溶解性与 pH 和氧化还原电位的关系

与土壤中铁的化合物有关。氢氧化铁及磷酸铁的反应增大了 PO_4^{3-}（HPO_4^{2-}、$H_2PO_4^-$）的溶解性，并且使磷更容易被植物吸收。Fe^{3+} 化合物还原溶剂通过两种方式释放 PO_4^{3-}：①将不可溶的磷酸铁转化为溶解性较大的磷酸亚铁；②通过溶解土壤中以磷酸盐基质形式存在的三价铁的氧化物，使之比封闭的三价铁的氧化物更活跃。研究表明，在淹没的土壤中磷的释放比持续排水情况的土壤中磷的释放更显著。这是由于厌氧环境增加了有机物的可溶性，因此增加了可溶性磷的有效性。

4.4　河道水文及污染物迁移过程模拟

4.4.1　流域水质模型的实现

进入河道水体的污染物在随水体从上游至下游迁移的过程中会由于发生物理、化学和生物反应而降解。构建河道水质模型首先需要解决水量边界条件的模拟、污染物与底泥的交互模拟以及水体发生物理、化学和生物反应的水体自净过程的模拟。部分污染物，特别是磷等，会与底泥发生交换作用再循环，枯水期大量污染物沉积至河道底泥，洪水期会有部分污染物从底泥中被冲起。污染物的迁移、降解、富集、相互作用，以及与泥沙的结合等都是需要解决的问题。

1. 水体自净过程

污染物进入水体后，在水文循环过程中不断发生演变，在迁移过程中自然地减少、消失或无害化，称为自净。水的污染浓度自然降低从而恢复到较清洁的能力，称为水的自净能力。当水体自净能力大于污染物进入水体的强度时，水质将不断得到改善，趋于良好；反之，水质将恶化，严重时将导致环境污染。水体自净是一个极其复杂的过程。

有机污染物降解是水体中有机污染物因氧化分解而发生的衰减变化过程。它是水体污染物发生化学或生物化学转化反应中最常见和最重要的一种，也是可为人们所利用的自净作用。在有机物氧化降解时，将消耗水体中的溶解氧，当水体中的耗氧速率大于供氧速率时，水体将出现缺氧，使厌氧微生物大量繁殖，水体中会生成甲烷等气体，致使鱼类乃至原生动物死亡。有机污染物的降解取决于该污染物的可降解特性（通常以降解速率系数表示）和降解过程所需要的时间，一般按一级反应动力学表示，即

$$C_t = C_0 e^{-kt} \tag{4.32}$$

式中，C_0 和 C_t 分别为 0 时刻和 t 时刻有机污染物的浓度；k 为有机污染物的降解速率系数；t 为降解时间。有机污染物 BOD 的降解可分为两个阶段：第一阶段以

CBOD 降解为主;第二阶段以 NBOD 硝化为主。

为简化计算,在水质模型中可将污染物在水环境中的物理降解、化学降解和生物降解概化为综合衰减系数。表 4.5 为全国主要大江大河河道水质降解系数的参考值。

表 4.5　全国主要大江大河河道水质降解系数的参考值

水质及水生态环境状况	水质降解系数/(1/d)	
	COD_{Mn}	NH_3
优(相应水质为 Ⅱ～Ⅲ类)	0.20～0.30	0.20～0.25
中(相应水质为 Ⅲ～Ⅳ类)	0.10～0.20	0.10～0.20
劣(相应水质为 Ⅴ类或劣 Ⅴ类)	0.05～0.10	0.05～0.10

2. 污染物在底泥中的沉积和释放

当水流速度增大时,如暴雨洪水、枯水时水库放水,河川沉积的底泥可能被冲刷而悬浮于水中,这时悬浮底泥的耗氧速度要比沉积状态大得多。

污染物在底泥中的沉积与污染物在水体中的自净作用一致,假设污染物以一定的速率沉积,污染物的沉积速率与河道水体在河道中的停留时间有关,停留时间越长,污染物的沉积量越高;停留时间越短,污染物的沉积量越少。

Sartor 和 Boyd 以及 Metcalf 公司等对城市地表污染物进行冲刷研究,认为河道水体与底泥污染负荷的相互作用也符合简单的一级动力学模型,即河道地表水体对底泥的冲刷速率与底泥中污染物的积累量成正比。

$$\frac{dY}{dt} = -kY \tag{4.33}$$

式中,k 为衰减系数,1/d;Y 为底泥污染物的积累量,g 或 g/m^2;t 为时间,d。

现假设衰减系数 k 与河道水深 r 成正比,则式(4.33)变为

$$\frac{dY}{dt} = -KrY \tag{4.34}$$

式中,Y 为底泥污染物的积累量,g 或 g/m^2;K 为冲刷系数,1/d;r 为河道水深。

对式(4.34)按微分方程求解,可得

$$Y_t = Y_0 e^{-K\int_0^t r dt} \tag{4.35}$$

式中,Y_0 为时段初底泥污染物的积累量,g 或 g/m^2;Y_t 为 t 时刻底泥污染物的积累量,g 或 g/m^2;由于 $\int_0^t r dt$ 表示 t 时刻后地表的河道水深,故可用水深 h 来表示,且 $t=0,h=0,Y_t=Y_0$,式(4.35)又可表示为

$$Y_t = Y_0 e^{-Kh} \tag{4.36}$$

式(4.36)表明,底泥中累积的污染物在河道冲刷的过程中随河道水深的增加而降

低。该时段中被河道水体冲刷迁移的污染物的积累量 Y_c 为

$$Y_c = Y_0 - Y_t = Y_0(1 - \mathrm{e}^{-Kh}) \tag{4.37}$$

3. 污染物在河道中的迁移转化方程

非稳态是指流量、污染浓度不稳定,均随时间而变化的情况。反之,流量、浓度不随时间变化,则称为稳态情况。后者实际上是前者的一种特例。但是,非稳态情况常可以通过一定的简化,使之近似为稳态,例如,在枯水期,当计算时段不长时,可由该时段流量和污染浓度的平均值代表该时段流量和污染浓度的变化,从而使计算简化。

对于流域(小流域)的长时间尺度水质模型,在空间上将研究区域划分为了若干子流域。由于模型时间尺度较长(旬、月),在一个小的子流域内用河段单元零维方程可以基本描述水质过程。当流域范围较大时,需要划分为很多小的子流域,各子流域河段长度、河底坡降及曼宁糙率变化很大,为考虑流域下垫面及河道特性差异,需要采用一维河道水质方程,对其简化后,描述污染物在河道中的衰减和与底泥的交换等过程。

相对零维水质模型,一维水质模型各个单元的降解系数需要根据水流条件相应变化。推求方法如下。

忽略弥散项的一维稳态对流扩散方程为

$$u\frac{\partial C}{\partial x} = -kC \tag{4.38}$$

解得

$$C(x) = C_0 \exp(-kx/u) \tag{4.39}$$

式中,$C(x)$ 为控制断面污染物浓度,mg/L;C_0 为起始断面污染物浓度,mg/L;k 为污染物综合自净系数,$1/\mathrm{d}$;x 为排污口下游断面距控制断面的纵向距离,m;u 为设计流量下岸边污染带的平均流速,m/s;

假设某河道断面流量为 Q,则在时段 Δt 内通过断面的污染物负荷量为

$$W_0 = Q\Delta t C_0 \tag{4.40}$$

若该断面至下游断面 x 处无支流汇入,无污染负荷输入,则河道上、中、下断面流量相等,则时段内河道下游通过的污染物负荷量为

$$W_x = Q\Delta t C(x) = Q\Delta t C_0 \exp(-kx/u) = W_0 \exp(-kx/u) \tag{4.41}$$

则污染物在河道中的衰减量可以表示为

$$\Delta W = W_0 - W_x = W_0[1 - \exp(-kx/u)] \tag{4.42}$$

定义河道水体衰减系数 $k_a = 1 - \exp(-kx/u)$,此时河道水体的综合衰减系数随子流域河道长度、流速等因子的变化而变化,从而更加客观地描述河道水质迁移转化过程。

同样,对于污染物在河道和底泥之间的交换,也应考虑由于流速、河长不同,污染物在河道中的停留时间不同,从而影响底泥的沉积和释放能力。

4.4.2　河网水环境系统模拟基本方程

污染物入河过程是联系污染物的陆域产生过程与污染河道产生过程的纽带,三个过程分别与水循环的产流、坡面汇流、河道汇流过程紧密联系,污染物入河过程与水文模型耦合关系如图 4.17 所示。

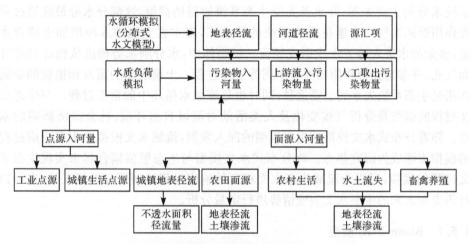

图 4.17　污染物入河过程与水文模型耦合关系

1) 河网水动力模型方程

应用圣维南方程组描述河流水体流动的形态,其基本方程如下:

连续方程

$$B\frac{\partial z}{\partial t}+\frac{\partial Q}{\partial s}=q \tag{4.43}$$

动量方程

$$g\frac{\partial z}{\partial s}+\frac{\partial}{\partial t}\left(\frac{Q}{A}\right)+\frac{Q}{A}\frac{\partial}{\partial s}\left(\frac{Q}{A}\right)+g\frac{|Q|Q}{AC^2R}=0 \tag{4.44}$$

2) 河网水质模型方程

基于均衡域的离散方程,仍然符合一维水质控制方程的表达形式,其基本方程为

$$\frac{\partial C}{\partial t}+u\frac{\partial C}{\partial x}=\frac{\partial}{\partial x}\left(E\frac{\partial C}{\partial x}\right)+\sum S_i \tag{4.45}$$

在考虑多个水质变量的综合水质模型中,方程的时变项、迁移项和扩散项基本相同。因此,在考虑多个水质变量之间的相互关系时,各个变量之间的物理、化

学和生物的影响关系反映在源汇项中。

4.5　植被生态过程模拟物理基础

20 世纪 90 年代以来,生态水文学作为一门边缘学科逐渐兴起,该学科注重研究生态学和水文学的交叉领域,描述生态格局和生态过程水文学机制。流域的生态过程和水文过程在各个环节上相互影响和制约。例如,降水是大多数陆地生态系统水分的主要来源,降水首先受生态系统冠层的截留,这部分水分最终通过蒸发作用返回大气。土壤是生态系统的储水库,降水在土壤中入渗增加土壤含水量,多余的水进入地下水或形成径流。植物体中,水分顺水势梯度从根部到达叶面气孔,并参与光合作用和呼吸作用等生理过程。土壤表面的蒸发和植物的蒸腾作用是生态系统失水的主要途径,同时也是流域水循环中的重要过程。对生态水文过程的研究是分析气候变化及人类活动对流域自然环境、社会经济影响的基础。随着分布式水文模型和生态模型的深入发展,流域水文模拟中生态响应过程的模拟逐渐成为研究热点。将分布式水文模型与生态模型耦合起来实现生态水文过程的模拟,可以为流域生态水文相互的响应过程机理研究提供工具,也可以对历史和未来的生态水文演变情势进行定量分析。

4.5.1　Biome-BGC 模型

Biome-BGC 模型结构如图 4.18 所示,该模型用于模拟陆地生态系统植被和土壤中的能量、水、碳、氮的流动和存储的生物地球化学循环,以气候、土壤和植被类型作为输入变量,模拟生态系统光合作用、呼吸作用和土壤微生物分解过程,计算植物、土壤、大气之间碳和养分循环以及温室气体交换通量,主要对碳、水和营养物质三个关键循环进行模拟,Biome-BGC 碳和氮通量示意图如图 4.19 所示。

Biome-BGC 包括逐日和逐年两个子过程模块。输入项主要包括研究区数据和气象数据,模拟碳和水的流动。模型包括 34 个生理学参数:植物代谢和死亡参数,植物干物质生长分配比例,植物体中易分解成分、纤维素、木质素成分比例参数,碳氮比(C:N),叶片中核酮糖-1,5-二磷酸加氧羧化酶中氮含量,叶形态学参数,叶片传导速率和限制因子,树冠对水的截取和光的逃逸参数等。这些详细的参数使 Biome-BGC 模型可以利用气象信息和研究区域条件,在 1m 到全球范围尺度上对主要的生物群区的碳、水和氮通量以及状态进行模拟。

Biome-BGC 模型计算输出包括:年最大叶面积指数(m^2/m^2)、年总蒸散量(mm/a)、年径流量(mm/a)、年净初级生产力[$gC/(m^2 \cdot a)$]等植被生长和碳循环信息。

每年子模块中包括游离态碳的存储和分配。碳的分配包括碳在叶、茎、粗根

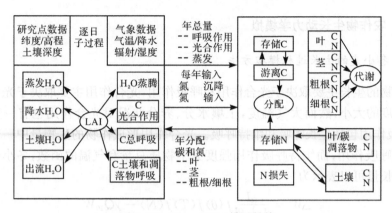

图 4.18　Biome-BGC 模型结构

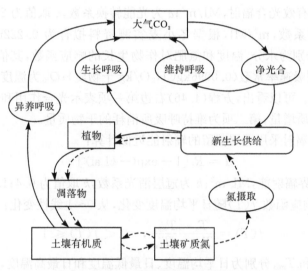

图 4.19　Biome-BGC 碳和氮通量示意图
实线表示碳通量；虚线表示氮通量

和细根中的分配和代谢过程。每年子模块的另一个组成部分是游离态氮的分配和损失，游离态氮主要分配于土壤和叶/根凋落物中，氮的损失主要来自凋落物的分解和水的淋溶。

模型将自然植被分为常绿阔叶林、常绿针叶林、落叶阔叶林、灌木林、C3 草地和 C4 草地等六种类型。分别对每一种类型进行单独模拟。

4.5.2 农作物生长动力学模拟

1. 冬小麦的生长过程模拟方法

作物的生长主要取决于光合作用和呼吸作用,光合作用主要取决于光合有效辐射强度的大小,然而大气温度,土壤水分,养分状况对光合作用也有一定的影响,呼吸作用包括生长呼吸和维持呼吸。光合作用形成作物的生物量中一部分用于生长呼吸作用,而维持呼吸作用强度为干物质总量和气温的函数,冬小麦干物质日增长量可以表示为

$$\Delta W = \frac{\alpha I}{1 + \beta I} f(\theta) f(T) f(N) - \gamma Q_{10} W \tag{4.46}$$

式中,ΔW 为干物质日增长量,kg/hm^2;W 为计算时刻干物质量,kg/hm^2;I 为作物冠层接收到的有效光合辐射,MJ/m^2;α 为光能转换系数,α 取值为 $2.0kg/MJ$;β 为光饱和点控制系数,m^2/MJ,根据冬小麦实测资料拟合为 $0.222m^2/MJ$;$f(\theta)$、$f(T)$、$f(N)$ 分别为水分、温度和氮肥对作物生长的响应函数,其值均在 $0\sim1$ 变化;γ 为维持呼吸速率常数($0.0096kgCH_2O/kg$ 干物质);Q_{10} 为温度对维持呼吸作用的影响因子。可以看出,方程(4.46)右边第一项表示光合作用和生长呼吸作用所产生的干物质增量,第二项为维持呼吸所消耗的干物质量。

有效光合辐射采用冠层截留的辐射能近似计算:

$$I = R_n [1 - \exp(-k\text{Lai})] \tag{4.47}$$

式中,R_n 为外界辐射能,MJ/m^2;k 为冠层消光系数,k 取值为 0.4;Lai 为冠层叶面积指数;温度响应函数 $f(T)$ 随日平均温度变化,从 $0\sim1$ 线性变化:

$$f(T) = \frac{T_a - T_{min}}{T_{max} - T_{min}}, \quad 0 < f(T) \leqslant 1 \tag{4.48}$$

式中,T_a、T_{min} 和 T_{max} 分别为日平均温度、日最低温度和日最高温度,℃。水分修正函数 $f(\theta)$ 等于实际腾发量(T)与潜在腾发量(T_p)的比值:

$$f(\theta) = \frac{T}{T_p}, \quad 0 < f(\theta) \leqslant 1 \tag{4.49}$$

实际蒸腾量与潜在蒸腾量的比值可以近似表示为

$$\frac{T}{T_p} = \frac{\theta - \theta_w}{\theta_f - \theta_w} \tag{4.50}$$

式中,θ 为根系层平均含水量,cm^3/cm^3;θ_f 为田间持水率,cm^3/cm^3;θ_w 为凋萎点含水率,cm^3/cm^3。氮素响应函数为

$$f(N) = \frac{1 + N_{hlf}}{1 + N_{hlf}/R_{tpyN}(t)} \tag{4.51}$$

式中

$$R_{\text{tpyN}}(t) = \min[1, P_N(t)/P_{\text{crtN}}(W)]$$

式中，N_{hlf} 近似取为常数 0.6；$P_N(t)$ 为 t 时刻作物单位干物质含氮量，%；$P_{\text{crtN}}(W)$ 为临界含氮量，即作物生长不受氮素胁迫所要求的最低含氮量，%：

$$P_{\text{crtN}}(W) = 1.35(1 + 3e^{-0.26W^*}) \tag{4.52}$$

式中

$$W^* = \max[1, W]$$

其中，W 为计算时刻干物质量，t/hm^2。温度对维持呼吸的影响因子为

$$Q_{10} = 2^{(T_a - T_c)/10} \tag{4.53}$$

其中，T_a 为日平均温度，℃；T_c 为冬小麦理想的生长温度，25℃。

植物的生物量分为根(W_r)、茎(W_s)、叶(W_1)和谷粒(W_g)四个部分，四个部分对所吸收生物量的分配取决于谷粒的发育，当一个控制指数的日累计数量(i_v)为 1 时，谷粒开始从其他组织吸收物质(i_v 作为谷粒开始发育的"开关")：

$$i_v = \sum_{t=t_0}^{t} c_0[1 - e^{c_1(T_a - c_2)}][1 - e^{c_3(D - c_4)}] \tag{4.54}$$

式中，D 为每日的白昼长度，h；c_0、c_1、c_2、c_3、c_4 为系数，分别为 0.0252、-0.153、3.51、-0.301 和 9.154。在谷粒发育的情况下($i_v \geq 1$)，谷粒的生物量(W_g)的日增加值为其他组织生物量的函数 b_g，对于冬小麦，根、茎、叶转移到谷粒中的干物质系数可近似取为 0.02d^{-1}：

$$\Delta W_g = b_g(W_1 + W_s + W_r), \quad \text{如果 } i_v < 1, \text{则 } b_g = 0 \tag{4.55}$$

根系干物质增量 ΔW_r 为日生物量增量 $\Delta W_t(\text{in})$ 的一部分(b_r)与根系转移到谷粒中生物量之差：

$$\Delta W_r = b_r \Delta W_t(\text{in}) - b_g W_r, \quad \text{如果 } i_v < 1, \text{则 } b_g = 0 \tag{4.56}$$

式中，W_r 为根系生物量；b_r 为生物量增量分配到根系的比例，与叶片的含氮浓度(n_1)有关，在叶片含氮浓度为最大值($n_{1\max}$)时有最小值[$b_{r0}(0.15)$]，并随着 n_1 的减小而增加。

$$b_r = b_{r0} + 1 - \left[1 - \left(\frac{n_{1\max} - n_1}{n_{1\max}}\right)^2\right]^{0.5} \tag{4.57}$$

生物量日总增长量的剩余部分分配到地上部分，$\Delta W_{\text{ta}} = \Delta W_1 + \Delta W_s + \Delta W_g$

$$\Delta W_{\text{ta}} = (1 - b_r)\Delta W_t \tag{4.58}$$

根据叶面积指数的发育(ΔLai)和叶面积比[叶面积和地上部分干物质量的比例 a_{ls}(冬小麦近似取为 0.022m^2/g)]，将地上部分生物量日增量 ΔW_{ta} 在叶和茎中进行分配，且叶面积指数 Lai 和生物量 W_{ta} 中存在一种平衡，可以用一个比例($b_i = \text{Lai}/W_{\text{ta}}$)来表示，该比例随着作物干物质的增加而减小($b_i = b_{i0} - b_{i1} \ln W_{\text{ta}}$)，$\Delta \text{Lai}$ 由式(4.59)计算

$$\Delta \text{Lai} = \Delta W_{\text{ta}}[b_{i0} - b_{i1}(1 + \ln W_{\text{ta}})], \quad \Delta \text{Lai} > 0 \tag{4.59}$$

式中，b_{i0} 和 b_{i1} 为系数，分别取值为 0.048 和 0.0064。然而对 ΔLai 进行限制是有必要的，必须满足条件 $\Delta\text{Lai}\leqslant a_{ls}W_{ta}'$。叶的生物量增量 ΔW_1 为日生物量增量分配给叶的部分 $\Delta W_1(\text{in})$ 与转移到谷粒中生物量之差：

$$\Delta W_1 = \Delta W_1(\text{in}) - b_g W_1, \quad \text{如果 } i_v < 1,\text{则 } b_g = 0 \tag{4.60}$$

式中

$$\Delta W_1(\text{in}) = \frac{\Delta\text{Lai}}{a_{ls}} \tag{4.61}$$

茎的生长量（ΔW_s）为地上部分生物量日增量的剩余部分减去转移到谷粒中的生物量：

$$\Delta W_s = \Delta W_{ta} - \Delta W_1(\text{in}) - b_g W_s, \quad \text{如果 } i_v < 1,\text{则 } b_g = 0 \tag{4.62}$$

根系发育深度 z_r 由根的干物质量 W_r 确定：

$$z_r = p_{zroot}\left(\frac{W_r}{W_r + p_{zroot}/p_{incroot}}\right) \tag{4.63}$$

根系总长度 L_{zr} 由根系干物质量估算：

$$L_{zr} = \frac{W_r}{p_{rlsp}} \tag{4.64}$$

式中，p_{zroot}、$p_{incroot}$ 和 p_{rlsp} 为系数。

2. 夏玉米的生长动力学模拟方法

夏玉米生物量的增长主要取决于光合作用对二氧化碳同化作用和呼吸作用产生消耗之差。单位叶面积光合作用速率 P_i 可表示为

$$P_i = P_{imin} + (P_{imax} - P_{imin})g_1(R_{np})g_2(\psi_l)g_3(D)g_4(N_c) \tag{4.65}$$

式中，P_{imin} 为光合作用的最小速率，$4.6\,\mu\text{mol}/(\text{m}^2 \cdot \text{s})$；$P_{imax}$ 为光合作用最大速率，$38.04\,\mu\text{mol}/(\text{m}^2 \cdot \text{s})$；$g_1(R_{np})$ 为冠层接收到的光能通量对光合作用速率的修正；$g_2(\psi_l)$ 为叶水势对光合作用速率所产生的修正；$g_3(D)$ 为大气饱和差对光合作用速率的修正；$g_4(N_c)$ 为作物含氮量对光合作用速率的修正。外界光能、叶水势以及饱和差修正因子可表示为

$$g_1(R_{np}) = 1 - \text{e}^{-R_{np}/K_{Par}^g} \tag{4.66}$$

$$g_2(\psi_l) = [1 + (\psi_l/\psi_{l/2}^g) K_{\psi}^g]^{-1} \tag{4.67}$$

$$g_3(D) = 1 - (D/K_d^g) \tag{4.68}$$

式中，K_{Par}^g、K_{ψ}^g、$\psi_{l/2}^g$ 和 K_d^g 为经验参数，分别为 $18.46\text{MJ}/\text{m}^2$、0.1、$-650\text{kPa}$ 和 84kPa。含氮量对于夏玉米光合作用的影响可表示为

$$g_4(N_c) = c_0\left[\frac{c_1}{1 + \text{e}^{-c_2(N_c - c_3)}} - 1\right] \tag{4.69}$$

式中，c_0、c_1、c_2 和 c_3 为经验系数，分别取值为 1.29、1.97、0.27 和 5.0；N_c 为作物氮含量，%。以上各式中，一些参数，如冠层截留辐射能 R_{np}，空气饱和差 D 可以通

过常规气象观测资料获得,而叶水势和氮含量则通过模拟计算求得。作物蒸腾量可采用式(4.70)计算:

$$LT = \frac{\Delta R_{np} + \rho C_p [e_s(T_a) - e_a]/r_a}{\Delta + \gamma(1 + r_{st}/r_a)} \tag{4.70}$$

式中,L 为能量和质量转化系数,即将单位质量的液态水转化为气态水所消耗的能量,mm/MJ;T 为作物蒸腾速率,mm/d;ρ 为空气密度,kg/m³;C_p 为定压比热,J/(kg·K);e_s 和 e_a 分别为大气温度 T_a 对应的饱和水汽压和实际水汽压,Pa;r_a 和 r_{st} 分别为大气边界层阻力和叶片气孔阻力,s/m;Δ 为饱和水汽压-温度曲线斜率,Pa/K;γ 为湿度计常数,Pa/K。SPAC 系统中,水分运动的基本规律是从势能高的地方向势能低的地方运动,流动速度与水势梯度成正比,与水流阻力成反比,蒸腾速率(日蒸腾量)可以表示为

$$T = \frac{\psi_s - \psi_l}{R_s + R_p} \tag{4.71}$$

式中,ψ_s 为土壤基质势,Pa;ψ_l 为植物根系水势;R_s 为水从土壤流到根表面的阻力,s/m;R_p 为从根表面流到叶片的阻力,s/m。

叶片传导度 g_s(m/s)是外界辐射和叶水势的函数,表示为

$$g_s = g_{min} + g_{max} \frac{f_s(R_{np})}{f(\psi_l)} \tag{4.72}$$

式中,g_{min} 和 g_{max} 分别为 g_s 的最小值和最大值,g_{min} 可近似取为 0;$f_s(R_{np})$ 为外界辐射能对叶片传导度的修正;$f(\psi_l)$ 为叶水势对叶片传导度的修正。

$$f_s(R_{np}) = 1 - e^{-R_{np}/c} \tag{4.73}$$

$$f(\psi_l) = 1 + b_1\psi_l + b_2(\psi_c - \psi_l)\delta_\psi, \quad \psi_l > \psi_c,则 \delta_\psi = 0; \quad \psi_l < \psi_c,则 \delta_\psi = 1 \tag{4.74}$$

式中,c、b_1、b_2 为经验系数,取值分别为 50MJ/hm²、-2×10^{-3} s/(m·MPa)和 40s/(m·MPa);ψ_c 为临界叶水势,取值为 -1.4MPa。将式(4.73)和式(4.74)代入式(4.72),得

$$g_s = \frac{g_{max}f_s(R_{np})}{1 + b_1\psi_l + b_2(\psi_c - \psi_l)\delta_\psi} \tag{4.75}$$

叶片阻力为叶片传导度的倒数:

$$r_{st} = 1/g_s \tag{4.76}$$

得

$$\frac{\psi_s - \psi_l}{R_s + R_p} = \frac{\Delta R_{np} + \rho C_p [e_s(T_a) - e_a]/r_a}{L[\Delta + \gamma(1 + r_{st}/r_a)]} \tag{4.77}$$

可对式(4.77)进行迭代计算叶水势 ψ_l,土壤阻力 R_s 用 Gardner-Cowan 公式计算:

$$R_s = 125(\psi_s/\psi_{ms})^{2.57} \tag{4.78}$$

式中，ψ_s 为土壤基质势；ψ_{ms} 为土壤饱和时相应进气值时的基质势；R_p 为水流经根、茎到达叶片气孔的植物阻力。研究表明，植物阻力中水流通过根系的阻力是最大的，其他部分对水流所产生的阻力较根系阻力而言可以忽略。

呼吸作用采用 Dierckx 等（1988）提出的公式计算：

$$R_m = \sum_{i=1}^{4} (CG_i \cdot R_{oi} \cdot CT_i) \tag{4.79}$$

式中，R_m 为呼吸作用速率，$kg/(hm^2 \cdot d)$；CG_i 为根、茎、叶和果实器官的干物质量，kg/hm^2；R_{oi} 为参考温度下相应器官的维持呼吸系数，对于根、茎、叶和果实器官分别为 0.01、0.15、0.03 和 0.01（李会昌，1997）。CT_i 为温度对呼吸作用的影响因子，计算如下：

$$CT_i = 2^{(T_a - T_c)/10} \tag{4.80}$$

式中，T_a 为作物实际温度，℃，可根据冠层能量平衡方程推算；T_c 为参考温度，取值为 25℃。

日干物质增量是光合作用和呼吸作用的最终结果：

$$\Delta W_i = \left(\int_{LA} P_i dLA - R_m \right) \cdot C_{vf} \tag{4.81}$$

式中，ΔW_i 为日干物质增量，$kg/(hm^2 \cdot d)$；LA 为叶面积，hm^2；C_{vf} 为基本光合产物成为干物质的转化效率。

$$C_{vf} = [0.72F_{lv} + 0.69F_{st} + 0.72(1 - F_{lv} - F_{st})]F_{sh} + 0.72(1 - F_{sh}) \tag{4.82}$$

式中，F_{lv}、F_{st} 和 F_{sh} 分别为干物质分配给叶、茎和地上部分的比例，是生育期的函数，如图 4.20 所示。根（ΔW_r）、茎（ΔW_s）、叶（ΔW_l）和果实器官（ΔW_g）的日干物质增长量，分别用式（4.83）～式（4.86）计算：

$$\Delta W_r = \Delta W(1 - F_{sh}) \tag{4.83}$$

$$\Delta W_s = \Delta W F_{sh} F_{st} \tag{4.84}$$

$$\Delta W_l = \Delta W F_{sh} F_{lv} \tag{4.85}$$

$$\Delta W_g = \Delta W F_{sh}(1 - F_{st} - F_{lv}) \tag{4.86}$$

叶面积指数采用式（4.87）计算：

$$Lai_t = W_{lt}/P_{lsp} \tag{4.87}$$

$$W_{lt} = W_{l(t-1)} + \Delta W_t - RDR \cdot W_{t-1} \tag{4.88}$$

式中，P_{lsp} 为叶面积比，kg/hm^2；W_{lt} 为 t 时刻叶片质量，kg/hm^2；RDR 为叶片相对死亡率。

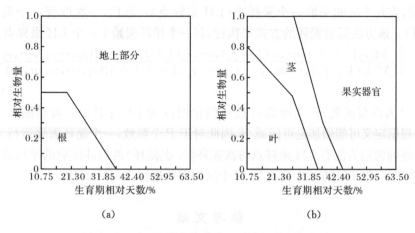

图 4.20　夏玉米同化物质分配比值与生育期的关系

4.6　参数敏感性分析

SWAT 模型相关参数变化所引起的模型响应即为参数的敏感性分析,为模型参数不确定分析的重要内容之一,也是研发和评价模型不可缺少的重要环节,同时有助于深入理解模型的特性和改进模型结构的稳定性。目前分布式水文模型常用的参数敏感性分析方法包括传统的扰动分析法、区域化敏感性分析法(regionalized sensitivity analysis,RSA)、极大似然不确定性估计方法(generalized likelihood uncertainty estimation,GLUE)以及拉丁超立方抽样法(Latin hypercube sampling,LHS)。

在 AVSWAT-X 中采用单次单因素拉丁超立方抽样(Latin hypercube-one-factor-at-a-time,LH-OAT)敏感性分析方法,该方法结合拉丁超立方抽样法和单次单因素的方法,其优点是确保所有参数在其取值范围内均被采样,并且明确地确定任一参数改变了模型的输出,减少了需要调整的参数数目,提高了计算效率。

拉丁超立方抽样法如下:首先,将每个参数分布空间等分成 N 个,且每个值域范围出现的可能性都为 $1/N$;其次,生成参数的随机值,并确保任一值域范围仅抽样一次;最后,参数随机组合,模型运行 N 次,其结果进行多元线性回归分析。

单次单因素敏感性分析方法:模型每运行一次,只有一个参数值存在变化,因此可以清楚地将输出结果的变化明确地归因于某一特定输入参数的变化。考虑存在 P 个参数,模型将会运行 $P+1$ 次,以获得每个参数的局部影响。鉴于某一特定输入参数的灵敏度大小可能依赖于模型其他参数值的选取,模型需要以若干组输入参数重复运行。最终灵敏度由一组局部灵敏度的平均值计算得到。

LH-OAT 先执行 LH 采样,然后执行 OAT 采样。首先,每个参数划分为 N

个区间,在每个区间采取一个采样点(LH 采样点)。然后,一次改变一个采样点(OAT)。该方法通过循环的方式来执行,每一个循环起始于一个 LH 采样点。

$$S_{i,j} = \left| \frac{M[e_1(1+f_1),\cdots,e_i(1+f_i),\cdots,e_p(1+f_p)] - M(e_1,\cdots,e_i,\cdots,e_p)}{[M[e_1(1+f_1),\cdots,e_i(1+f_i),\cdots,e_p(1+f_p)] + M(e_1,\cdots,e_i,\cdots,e_p)]/2} \right|$$

$$(4.89)$$

式中,M 为模型函数;f_i 为参数 e_i 改变的比例;j 为 LH 采样点。参数随着 f_i 而改变,根据定义可能增加也可能减小,因此对于 P 个参数,一个循环需要运行 $P+1$ 次,最终的影响为所有 LH 采样点每次循环(N 次循环)的局部影响的平均值。该方法效率高,在 LH 方法中定义的 N 个区间需要进行 $N(P+1)$ 次。

参 考 文 献

李会昌. 1997. SPAC 系统中水分运移与作物生长动态模拟及其在灌溉预报中的应用研究. 武汉:武汉水利电力大学博士学位论文.

Arnold J G, Williams J R, Maidment D R. 1995. Continuous-time water and sediment-routing model for large basins. Journal of Hydraulic Engineering, 121:171-183.

Bagnold R A. 1977. Bed load transport by natural rivers. Water Resources Research, 13(13):303-312.

Brown L C, Barnwell T O. 1987. The enhanced stream water quality models QUAL2E and QUAL2E-UNCAS:Documentation and user manual. Athens:Environmental Research Laboratory.

Dierckx J, Gilly J R, Feyen J. 1988. Simulation of soil water dynamics and corn yield under deficient irrigation. Irrigation Science, 9(2):105-125.

Hargreaves G H, Samani Z A. 1985. Reference crop evapotranspiration from temperature. Applied Engineering in Agriculture, 1:96-99.

Green W H, Ampt G A. 1911. Studies on soil physics. 1. The flow of air and water through soils. Journal of Agricultural Science, 4:11-24.

Monteith J L. 1965. Evaporation and the environment // The State and Movement of Water in Living Organisms. Swansea:Cambridge University Press.

Priestley C H B, Taylor R J. 1972. On the assessment of surface heat flux and evaporation using large-scale parameters. Monthly Weather Review, 100(2):81-92.

Soil Conservation Service. 1972. Hdrology in National Engineering Handbook. Washington DC: Soil Conservation Service.

Williams J R. 1980. SPNM, A model for predicting sediment, phosphorus, and nitrogen yields from agricultural basins. Journal of the American Water Resources Association, 16(5):843-848.

Williams J R. 1995. Chapter 25:The EPIC model // Singh V P. Computer Models of Watershed Hydrology. Highlands Ranch:Water Resources Publication.

第5章 釜溪河流域面源污染特性及模拟

5.1 釜溪河流域概况

5.1.1 地质地貌

自贡市地质构造属四川台坳的自贡凹陷,褶皱平缓,岩层倾角小,褶皱轴线多呈北东—南西向,走向断层较多。自贡市除釜溪河、越溪河等河谷地带有四纪河流堆积物外,其余均属中生代地层,尤以侏罗系和白垩系的红层分布最广。

自贡市属低山丘陵河谷地貌类型,其基本特点是丘陵密布,沟谷纵横。丘陵占全市面积的80%以上,缓丘平坝仅占9.2%,低山占7.1%。地势为西高东低,西部为低山深丘区,海拔一般为500~900m,占全市面积的7.1%;中部为中丘区,海拔300~400m,占全市面积的80%以上;东部为浅丘坝区,约占全市面积的9.2%,全市最大相对高度差为661m。

5.1.2 河流及水文特征

自贡市河流分属岷江和沱江两大水系,按流域面积划分:流域面积5km² 以上的河流共有142条,其中流域面积50km² 以上的17条,10~50km² 的87条,5~10km² 的38条。按河流长度划分:河流长度在5km以上的共有152条,其中10km以上的73条,50km以上的7条。

沱江是长江的一级支流,是四川省最重要的水系之一,沱江下游由北向东南流经自贡市大安区、沿滩区和富顺县,河道弯曲,河床开阔,滩涂相间,谷坡较缓。据富顺县李家湾水文站资料,沱江多年平均流量为519m³/s,年径流总量为131.2亿m³,其所属一、二级支流在自贡市的有釜溪河、威远河、旭水河、中溪河、长滩河等。

釜溪河是沱江的一级支流,由西源旭水河和北源威远河在双河口处汇成干流(图5.1),下游有长滩河和镇溪河汇入,在富顺李家湾汇入沱江,干流长73.2km,从旭水河源头算起,釜溪河在自贡市长190km。河道迂回曲折,弯曲系数2.21,平均比降0.27‰。据自贡水文站资料,釜溪河多年平均天然流量42.25m³/s,实测流量19.26m³/s,平均年径流总量5.88亿m³,径流时空分布不均,58%的径流量分配在7月和8月,而长达半年的枯水期径流总量仅占全年的8%左右。流域总面积 3490km² 。

旭水河是釜溪河重要的一级支流,发源于东兴大尖山,流经荣县县城、龙潭镇、桥头镇、贡井城区,在自流井区城区上游双河口汇入釜溪河,全长 118km,多年平均天然流量 12.83m³/s,实测流量 7.84m³/s,河道平均比降 0.68%,流域面积 1022km² 。旭水河有 10 多座堰闸,担负着自贡市水源调节以及提供工业用水、农业用水、城镇生活用水及环境用水的重要功能,上游双溪水库也是自贡市重要的饮用水水源地,承担自贡市 40% 的用水量。

威远河是釜溪河的另一条重要支流,全长 123km,流域面积 969km² 。威远河在自贡市内长为 22km,流域面积为 85km。上游有长葫水库,是自贡市和威远县的主要饮用水源,自贡市 60% 的用水来自长葫水库。

釜溪河中游的长滩河发源于内江市资中县,全长 84.7km,在自贡市长约为 30km,年平均流量 5.84m³/s,在自贡市姚家坝汇入釜溪河。流域面积 515km²,在自贡市流域面积约 190km²,长滩河的支流李伯河是自贡市大山铺镇、何市镇等部分城镇的生活用水水源,也是流域内的主要农业用水水源,基本无工业用水。

镇溪河是釜溪河下游的一条重要支流,全长 53.8km,年平均流量 6.12m³/s,发源于自贡市自流井区仲权镇,流域面积 429km²,在入沱江前汇入釜溪河,上游木桥沟水库是富顺县的主要饮用水源,担负着富顺县工业及生活用水。

(a) 釜溪河流域位置

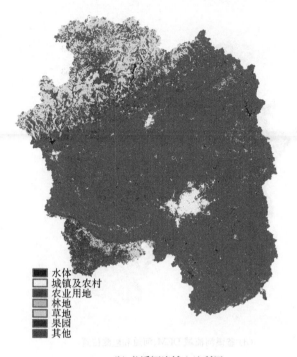

图例

■ 水体
□ 城镇及农村
■ 农业用地
■ 林地
■ 草地
■ 果园
■ 其他

(b) 釜溪河流域土地利用

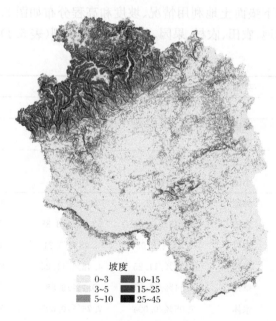

坡度

0~3　　10~15
3~5　　15~25
5~10　　25~45

(c) 釜溪河流域坡度

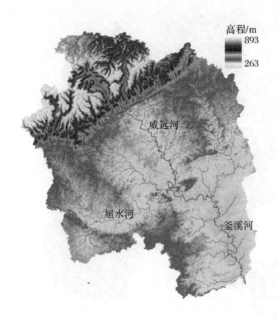

(d) 釜溪河流域 DEM、河道和监测位置

图 5.1　釜溪河流域基本情况

　　釜溪河流域地形下垫面土地利用情况、坡度和高程分布如图 5.1 所示,流域土地利用主要分为林地、农田、农村、果园、草地、水体等类型(表 5.1)。

表 5.1　釜溪河流域基本情况

项目	类型	旭水河	威远河	釜溪河
面积/km²	—	1022	969	3490
人口/(人/km²)	城镇	338.3	332.1	338.2
	农村	362.4	378.8	367.9
畜禽养殖/[头(只)/km²]	大型	1844.6	1634.7	1700.9
	小型	14048.5	10876.2	11836.2
土地利用(面积比/坡度)	林地	20.2%/12.3	24.1%/10.8	10.2%/12.01
	农田	62.23%/4.30	58.44%/3.88	75.4%/4.80
	农村	3.44%/2.03	5.08%/3.21	5.34%/4.48
	果园	6.34%/11.25	4.42%/11.25	2.80%/10.91
	草地	0.44%/11.81	0.1%/9.88	0.7%/9.66
	水体	7.05%/0.094	7.76%/0.095	5.36%/0.048
	其他	0.3%/7.46	0.1%/6.84	0.2%/6.87

5.1.3　气候特征

釜溪河流域属亚热带湿润季风气候,四季分明,气温、气压、降水、湿度等气象要素均具有明显的季节变化。主要气候特点是:冬无严寒,夏无酷暑,无霜期长,雨热同步,日照少,湿度大,风力小。年平均气温 17.6~18.0℃,最冷月(1 月)平均气温 7.4~7.7℃,极端最低气温−2.8℃;最热月(7 月)平均气温 26.6~27.1℃,极端最高气温 40.1℃。

根据自贡市长期气象资料,自贡市的气候具有以下特征:

自贡市多年平均降水量为 1023mm,降水量年际变化大,年平均降水量最高为1478mm,最低为 721mm。四季中夏季(6~8 月)降水量最多,平均值为 578mm,占全年降水量的56.5%;冬季(12~2 月)降水量最少,平均值仅为 46mm,占全年的 4.5%;春季(3~5 月)181mm,占全年的 17.7%;秋季(9~11 月)218mm,占全年的 21.3%。

自贡市多静风,风力微弱。风向一般以偏北风为主,多年平均风速 1.4m/s,多年静风频率34%。风速小,静风频率高,不利于大气污染物的稀释扩散。自贡市多年平均气压为 973hPa,年内以 1 月、12 月最高,月平均气压为 982hPa,7 月月平均气压为全年最低,仅为 962hPa。

多阴天,日照少。多年平均日照时数为 1106.7h,占可照时数的 24%。

5.1.4　经济和社会概况

2010 年自贡市地区生产总值达到 1312.07 亿元,规模以上工业企业总产值1708.37 亿元,同比增长 17.4%。全社会固定资产投资 832.24 亿元,同比增长17.2%。社会消费品零售总额完成 624.04 亿元,同比增长 12.3%。城镇居民人均可支配收入 14380 元,同比增长 9.0%。自贡市经济发展实现了平稳较快增长。

自贡市现辖自流井区、贡井区、大安区、沿滩区及荣县、富顺县。2010 年人口总数为 325.9 万,比"十五"末增加 5.95 万人,其中城镇人口 105.4 万人,全市人口密度为 745 人/km²,远远高于全省平均水平,人口分布极为不均,城市区域人口密度大,达到 13603 人/km²,为四川省之最。

5.1.5　釜溪河流域水质

1. 旭水河水质

旭水河荣县城区上游双溪水库以上水质较好,能达到Ⅲ类水质要求;荣县城区以下的复兴堰由于接纳了城市生活污水及工业废水,水质较差,为劣Ⅴ类;经过约 30km 自净后,玉章码头断面水质有所好转,水质达到Ⅳ类标准,NH$_3$-N 仅超标 0.26 倍;一直到长土艾叶堰水质基本稳定在Ⅲ类和Ⅳ类之间;进入贡井城区由于受城市生活污水及工业废水的影响,在接纳金鱼河的污水后,污染严重,水质为劣Ⅴ类。2008~2010 年旭水河水质状况见表 5.2。

表 5.2　2008~2010 年旭水河水质状况

断面及类别	监测时间	指标	溶解氧	高锰酸盐指数	生化需氧量	氨氮	石油类	化学需氧量	水质评价
长土Ⅲ	2008 年	平均值/(mg/L)	5.70	8.60	6.70	1.80	0.014	15.9	Ⅴ类
		月超标率/%	33.3	16.7	41.7	41.7	0	66.7	
	2009 年	平均值/(mg/L)	7.60	6.70	3.60	0.55	0.040	18.8	Ⅳ类
		月超标率/%	8.3	58.4	33.3	8.3	33.3	33.3	
	2010 年	平均值/(mg/L)	5.60	6.88	5.12	0.46	0.031	23.0	Ⅳ类
		月超标率/%	50.0	58.3	41.7	8.3	0	58.3	
雷公滩Ⅲ	2008 年	平均值/(mg/L)	5.10	7.60	4.50	1.60	0.080	15.0	Ⅴ类
		月超标率/%	50.0	75	91.7	91.7	66.7	44.4	
	2009 年	平均值/(mg/L)	5.30	7.90	4.30	4.50	0.040	26.9	劣Ⅴ类
		月超标率/%	41.7	91.7	33.3	83.3	0	75.0	
	2010 年	平均值/(mg/L)	3.29	9.45	8.01	5.11	0.057	28.3	劣Ⅴ类
		月超标率/%	75.0	91.7	100	100	41.7	66.7	
大龙滩Ⅲ	2008 年	平均值/(mg/L)	8.02	6.24	9.36	2.48	0.040	—	劣Ⅴ类
		月超标率/%	40.0	40	100	60	20		
	2009 年	平均值/(mg/L)	6.76	7.64	4.77	2.78	0.040	37.1	劣Ⅴ类
		月超标率/%	20.0	100	80	60	20	100	
	2010 年	平均值/(mg/L)	5.10	5.82	5.44	3.08	0.040	25.1	劣Ⅴ类
		月超标率/%	80.0	40	60	40	0	60	
叶家滩Ⅲ	2008 年	平均值/(mg/L)	7.52	5.17	3.68	1.76	—	17.8	Ⅲ类
		月超标率/%	0	20	20	20		20	
	2009 年	平均值/(mg/L)	7.32	4.63	3.51	0.74	—	22.8	Ⅳ类
		月超标率/%	0	0	0	40		40	
	2010 年	平均值/(mg/L)	7.54	6.74	3.17	0.19	—	40.1	劣Ⅴ类
		月超标率/%	0	60	0	60		60	

2. 威远河水质

威远河进入自贡市的廖家堰断面属省控断面,水域功能为Ⅲ或Ⅳ类,2008 年~

2010 年监测结果见表 5.3。

表 5.3　2008~2010 年威远河水质状况

断面及类别	监测时间	指标	溶解氧	高锰酸盐指数	生化需氧量	氨氮	石油类	化学需氧量	氟化物	水质评价
廖家堰 Ⅲ或Ⅳ	2008 年	平均值/(mg/L)	4.80	9.10	7.10	6.10	0.05	31.80	1.78	劣Ⅴ类
		月超标率/%	66.7	83.3	83.3	75.0	16.7	58.3	66.7	
	2009 年	平均值/(mg/L)	4.97	7.82	5.49	5.13	0.08	24.20	1.62	劣Ⅴ类
		月超标率/%	66.7	75.0	58.3	91.7	0	75.0	75.0	
	2010 年	平均值/(mg/L)	4.17	8.00	6.46	4.88	0.06	25.25	1.85	劣Ⅴ类
		月超标率/%	66.7	50	75	83.3	66.7	50	91.7	

由表 5.3 可以看出,威远河水质较差,常年为劣Ⅴ类水质,超标项主要是溶解氧、高锰酸盐指数、生化需氧量、NH₃、氟化物、COD。

3. 釜溪河干流水质

釜溪河干流设双河口、碳研所和入沱把口处三个监测断面,2008~2010 年监测结果见表 5.4。釜溪河双河口断面、碳研所断面水质未达到水环境功能区标准要求,多年来均为劣Ⅴ类;入沱把口处 2008~2010 年按照污染物浓度平均值评价达到了Ⅳ类水质(水质评价按浓度平均值计算),达标率分别是 67%、75%和 91%。

表 5.4　2008~2010 年釜溪河干流水质状况

断面及类别	监测时间	指标	溶解氧	高锰酸盐指数	生化需氧量	氨氮	化学需氧量	氟化物	水质评价
双河口 Ⅳ	2008 年	平均值/(mg/L)	5.60	7.70	5.50	2.70	26.80	2.58	劣Ⅴ类
		月超标率/%	0	0	33.3	66.7	16.7	33.3	
	2009 年	平均值/(mg/L)	7.10	7.80	5.40	3.15	23.70	3.92	劣Ⅴ类
		月超标率/%	0	8.3	41.7	58.3	25	41.7	
	2010 年	平均值/(mg/L)	4.43	8.14	6.41	3.76	27.42	1.86	劣Ⅴ类
		月超标率/%	16.7	25	33.3	58.3	41.7	58.3	
碳研所 Ⅳ	2008 年	平均值/(mg/L)	3.80	7.50	5.80	8.40	29.70	1.77	劣Ⅴ类
		月超标率/%	66.7	41.7	25.0	100	41.7	33.3	
	2009 年	平均值/(mg/L)	3.70	7.10	4.90	11.70	26.60	1.76	劣Ⅴ类
		月超标率/%	33.3	8.3	16.7	100	41.7	66.7	
	2010 年	平均值/(mg/L)	3.21	8.71	8.65	9.27	28.67	3.92	劣Ⅴ类
		月超标率/%	50	41.7	91.7	91.7	41.7	75	

续表

断面及类别	监测时间	指标	溶解氧	高锰酸盐指数	生化需氧量	氨氮	化学需氧量	氟化物	水质评价
入沱把口处 Ⅳ	2008年	平均值/(mg/L)	5.80	4.80	4.00	1.10	18.10	0.91	Ⅳ类
		月超标率/%	0	0	8.3	16.7	8.3	0	
	2009年	平均值/(mg/L)	5.80	4.20	1.40	0.80	11.80	0.94	Ⅲ类
		月超标率/%	0	0	0	8.3	0	8.3	
	2010年	平均值/(mg/L)	5.3	5.01	3.23	0.99	16.83	1.31	Ⅳ类
		月超标率/%	0	0	0	0	8.3	8.3	

旭水河流域荣县起水站至长土段主要受到沿河城镇生活污水的影响,溶解氧、高锰酸盐指数、生化需氧量、NH_3、COD超标严重,长土至雷公滩河段,由于贡井区城镇生活及工业的影响,开始出现石油类超标;威远河受上游威远县城镇生活污水和工业废水的影响,溶解氧、高锰酸盐指数、生化需氧量、氨氮、石油类、氟化物、化学需氧量严重超标;釜溪河城区段因旭水河流域和威远河流域的影响,以及城区生活污水及工业废水的汇入,超标因子主要为溶解氧、高锰酸盐指数、生化需氧量、氨氮、氟化物、化学需氧量;经自然削减,到入沱把口处还有氨氮、氟化物和化学需氧量超标。

5.2　釜溪河流域水环境质量评价

5.2.1　评价因子及评价标准

自贡市各水质监测断面超标因子共11个,分别是总氮、氨氮、总磷、石油类、高锰酸盐指数、五日生化需氧量、阴离子表面活性剂、溶解氧、粪大肠菌群、化学需氧量、氟化物。按照《地表水环境质量标准》(GB 3838—2002)规定,总氮只对湖库水体控制,对河流暂不控制,而且总氮和氨氮性质相同,所以评价因子不选总氮。另外,溶解氧浓度不是污染物,不便于定量模式评价计算,也不参与评价,选取除总氮和溶解氧以外的9个因子作为评价因子。按照《地表水环境质量标准》(GB 3838—2002)相应水域功能区类别标准限值执行,见表5.5。

表5.5　水质评价标准表

河流	水域功能类别	氨氮/(mg/L)	化学需氧量/(mg/L)	总磷/(mg/L)	石油类/(mg/L)	氟化物/(mg/L)	高锰酸盐指数/(mg/L)	五日生化需氧量/(mg/L)	阴离子表面活性剂/(mg/L)	粪大肠菌群/(个/L)
沱江自贡段	Ⅲ类	1.0	20	0.2	0.05	1.0	6	4	0.2	10000

河流	水域功能类别	氨氮/(mg/L)	化学需氧量/(mg/L)	总磷/(mg/L)	石油类/(mg/L)	氟化物/(mg/L)	高锰酸盐指数/(mg/L)	五日生化需氧量/(mg/L)	阴离子表面活性剂/(mg/L)	粪大肠菌群/(个/L)
威远河旭水河	Ⅲ类	1.0	20	0.2	0.05	1.0	6	4	0.2	10000
釜溪河干流	Ⅳ类	1.5	30	0.3	0.5	1.5	10	6	0.3	20000
岷江越溪河	Ⅲ类	1.0	20	0.2	0.05	1.0	6	4	0.2	10000

5.2.2　评价方法

按照《环境质量报告书编写技术规范》(HJ 641—2012)，采用综合污染指数法评价。

1) 综合污染指数模式

$$P_j = \sum_{i=1}^n P_{ij} \tag{5.1}$$

式中

$$P_{ij} = \frac{C_{ij}}{S_{io}} \tag{5.2}$$

式中，P_j 为 j 断面水质综合污染指数；P_{ij} 为 j 断面第 i 项污染参数的污染指数；C_{ij} 为 j 断面第 i 项污染参数的年平均值；S_{io} 为第 i 项污染参数的评价标准限值；n 为参与评价的污染参数的项数，$n=9$。

2) 污染分担率 K_i 模式

$$K_i = \frac{P_{ij}}{\sum_{i=1}^n P_{ij}} \times 100\% \tag{5.3}$$

式中，K_i 为 i 项目污染物在 j 断面 n 项污染参数中的污染分担率。

3) 污染负荷比 K_j

$$K_j = \frac{P_j}{\sum_{j=1}^m P_j} \times 100\% \tag{5.4}$$

式中，K_j 为第 j 断面在评价河流段 m 个断面中的污染负荷比；m 为参与评价的断面数。

5.2.3 评价结果及分析

1. 沱江自贡段水质评价结果及分析

沱江自贡段水质评价结果见表 5.6。总磷在所有断面 P_i 值都大于 1，全部超标，属主要污染物；按各断面污染负荷比 K_j 值排序，污染负荷从大到小依次为怀德＞李家湾＞釜沱口前＞脚仙村，说明沱江经自贡市后污染略有加重。

表 5.6 沱江自贡段水质评价结果

监测断面	评价结果	评价参数									P_j	K_j/% 名次
		氨氮	化学需氧量	总磷	石油类	氟化物	高锰酸盐指数	五日生化需氧量	阴离子表面活性剂	粪大肠菌群		
脚仙村	污染指数 P_{ij}	0.39	0.43	1.50	0.80	0.36	0.55	0.35	0.15	0.87	5.40	16.14 第4名
	污染分担率 K_i/%	7.22	7.96	27.78	14.81	6.67	10.19	6.48	2.78	16.11		
釜沱口前	污染指数 P_{ij}	0.53	0.50	1.41	0.68	0.45	0.63	0.35	0.24	1.11	5.90	17.63 第3名
	污染分担率 K_i/%	8.98	8.47	23.90	11.53	7.63	10.68	5.93	4.07	18.81		
李家湾	污染指数 P_{ij}	0.58	0.56	1.38	0.60	0.52	0.65	0.36	0.25	1.01	5.91	17.66 第2名
	污染分担率 K_i/%	9.81	9.48	23.35	10.15	8.80	11.00	6.09	4.23	17.09		
怀德	污染指数 P_{ij}	0.58	0.42	1.30	0.66	0.55	0.63	0.25	0.30	11.56	16.25	48.57 第1名
	污染分担率 K_i/%	3.57	2.58	8.00	4.06	3.38	3.88	1.54	1.85	71.14		

2. 釜溪河干流水质评价结果及分析

釜溪河干流各断面水质评价结果见表 5.7。由表可以看出，粪大肠菌群、氨氮及总磷在釜溪河所有断面的 P_i 值均大于 1，超过Ⅳ类水域标准限值，为主要污染物；其中氨氮在碳研院断面超标最多 $P_{ij}=4.87$，是由于该断面距离氮肥企业——鸿鹤化工厂下游不远。按断面污染负荷比 K_i 值排序，碳研院＞邓关＞双河口＞入沱把口处，说明釜溪河自贡城区段污染最严重，上游比下游污染严重，入沱把口处各项污染物都得到较好的削减,评价因子在该断面的 P_{ij} 值都小于或接近 1。

表 5.7 釜溪河干流各断面水质评价结果

监测断面	评价结果	评价参数										
		氨氮	化学需氧量	总磷	石油类	氟化物	高锰酸盐指数	五日生化需氧量	阴离子表面活性剂	粪大肠菌群	P_j	K_i/% 名次
双河口	污染指数 P_{ij}	2.02	0.93	2.40	0.10	1.59	0.73	0.76	0.43	1.04	10.00	19.97 第3名
	污染分担率 K_i/%	20.20	9.30	24.00	1.00	15.90	7.30	7.60	4.30	10.40		
邓关	污染指数 P_{ij}	2.82	0.80	2.34	0.10	1.59	0.74	0.84	0.44	5.06	14.73	29.42 第2名
	污染分担率 K_i/%	19.14	5.43	15.89	0.68	10.79	5.02	5.70	2.99	34.35		
碳研院	污染指数 P_{ij}	4.87	1.15	3.13	0.14	1.64	0.73	1.12	0.97	5.18	18.93	37.81 第1名
	污染分担率 K_i/%	25.73	6.08	16.53	0.74	8.66	3.86	5.92	5.12	27.36		
入沱把口处	污染指数 P_{ij}	1.34	0.54	1.33	0.06	0.73	0.56	0.46	0.26	1.13	6.41	12.80 第4名
	污染分担率 K_i/%	20.90	8.42	20.75	0.94	11.39	8.74	7.18	4.06	17.63		

3. 威远河和旭水河水质评价结果及分析

威远河和旭水河水质评价结果见表 5.8。由表可以看出,釜溪河干流的入口断面廖家堰断面有五项评价因子超标,自贡市所有监测断面中廖家堰断面 P_j 值最大,因此是污染程度最严重的断面。

表 5.8 威远河和旭水河水质评价结果

河流	监测断面	评价结果	评价参数										
			氨氮	化学需氧量	总磷	石油类	氟化物	高锰酸盐指数	五日生化需氧量	阴离子表面活性剂	粪大肠菌群	P_j	K_j/% 名次
威远河	廖家堰	污染指数 P_{ij}	3.97	1.88	6.70	0.80	0.99	1.14	1.30	0.70	2.34	19.82	—
		污染分担率 K_i/%	20.03	9.49	33.80	4.04	4.99	5.75	6.56	3.53	11.81		—

河流	监测断面	评价结果	评价参数									P_j	$K_j/\%$ 名次
			氨氮	化学需氧量	总磷	石油类	氟化物	高锰酸盐指数	五日生化需氧量	阴离子表面活性剂	粪大肠菌群		
威远河	麻柳湾	污染指数 P_{ij}	1.95	2.40	—	0.60	0.94	1.20	0.76	—	—		—
		污染分担率 $K_i/\%$	—	—	—	—	—	—	—	—	—		—
旭水河	长土河	污染指数 P_{ij}	1.26	0.99	2.46	0.80	0.50	1.21	0.96	0.32	1.98	10.48	—
		污染分担率 $K_i/\%$	12.02	9.45	23.47	7.63	4.77	11.55	9.16	3.05	18.89		—
	雷公滩	污染指数 P_{ij}	4.20	2.08	—	0.60	3.17	1.55	1.53	—	—		—
		污染分担率 $K_i/\%$	—	—	—	—	—	—	—	—	—		—

注:麻柳湾、雷公滩两个断面,评价因子数据不全,因此不能计算 K_i、P_j 和 K_j 值。

5.3 城市集中式饮用水源地水质评价

按自贡市集中式饮用水源地水质监测方案要求,2012 年自贡市环境监测站共获得城市集中式饮用水源水质监测数据 2708 个,根据监测结果进行的水质评价如下。

5.3.1 评价方法

自贡市常用城市集中式饮用水源地属于湖库型,因此评价方法采用单因子评价法和综合营养状态指数法共同评价。但 2012 年由于双溪水库水量不足,1~4 月、7 月从双溪水库和长土河(备用水源地)共同取水,5~6 月仅从长土河取水,8~12 月仅从双溪水库取水。备用水源地长土河属于河流型地表水水源地,因此评价方法采用单因子评价法。

1. 单因子评价法

评价模式选用标准指数计算式,计算公式如下:

$$S_{ij} = \frac{C_{ij}}{C_{si}} \tag{5.5}$$

式中,S_{ij} 为 i 污染物在监测点 j 的标准指数;C_{ij} 为 i 污染物在监测点 j 的地表水浓度,mg/L;C_{si} 为 i 污染物的地表水环境质量标准值,mg/L。

pH 的标准指数公式为

$$P_{pH} = \frac{7.0 - pH_i}{7.0 - pH_{sd}}, \quad pH_i \leqslant 7.0 \tag{5.6a}$$

$$P_{pH} = \frac{pH_i - 7.0}{pH_{su} - 7.0}, \quad pH_i > 7.0 \tag{5.6b}$$

式中，P_{pH} 为 pH 的单项指数；pH_i 为 pH 监测值；pH_{su} 为水质标准中 pH 上限；pH_{sd} 为水质标准中 pH 下限。

当单项标准指数>1 时，表示该水质参数所表征的污染物无法满足标准要求，水体已被污染；反之，则满足标准要求。

溶解氧的单项指数模式为

$$S_{Do,j} = \frac{|DO_f - DO_j|}{DO_f - DO_s}, \quad DO_j \geqslant DO_s \tag{5.7a}$$

$$S_{Do,j} = 10 - 9 \frac{DO_j}{DO_s}, \quad DO_j < DO_s \tag{5.7b}$$

$$DO_f = \frac{468}{31.6 + T} \tag{5.7c}$$

式中，DO_f 为某水温、气压下河水中的溶解氧饱和值，mg/L；DO_j 为监测点 j 的溶解氧浓度，mg/L；DO_s 为溶解氧的地表水水质标准临界浓度，mg/L；T 为水温，℃。

2. 富营养化评价

综合营养状态指数采用卡尔森指数方法，评估指标包括叶绿素 a(chl-a)、总磷(TP)、总氮(TN)、透明度(SD)、COD_{Mn} 五项，计算公式如下：

$$TLI = \sum_{j=1}^{m} W_j TLI(j) \tag{5.8}$$

式中，TLI 为综合营养状态指数；W_j 为第 j 种参数的营养状态指数的相关权重；$TLI(j)$ 为第 j 种参数的营养状态指数。

以 chl-a 作为基准参数，则第 j 种参数归一化的相关权重计算公式为

$$W_j = \frac{r_{ij}^2}{\sum\limits_{j=1}^{m} r_{ij}^2} \tag{5.9}$$

式中，r_{ij} 为第 j 种参数与基准参数 chl-a 的相关系数；m 为评价参数的个数。

我国湖泊(水库)的 chl-a 与其他参数之间的相关关系 r_{ij} 及 r_{ij}^2 见表 5.9。

表 5.9　我国湖泊(水库)部分参数与 chl-a 的相关关系 r_{ij} 及 r_{ij}^2 值

参数	chl-a	TP	TN	SD	COD_{Mn}
r_{ij}	1	0.84	0.82	−0.83	0.83
r_{ij}^2	1	0.7056	0.6724	0.6889	0.6889

营养状态指数计算公式为

$$TLI(chl\text{-}a)=10(2.5+1.086lnchl\text{-}a) \tag{5.10a}$$

$$TLI(TP)=10(9.436+1.624lnTP) \tag{5.10b}$$

$$TLI(TN)=10(5.453+1.694lnTN) \tag{5.10c}$$

$$TLI(SD)=10(5.118-1.94lnSD) \tag{5.10d}$$

$$TLI(COD_{Mn})=10(0.109+2.661lnCOD_{Mn}) \tag{5.10e}$$

采用 0～100 的一系列连续数字对湖泊营养状态进行分级,包括贫营养、中营养、轻度富营养、中度富营养和重度富营养,各类营养状态与污染程度关系见表 5.10。

表 5.10　各类营养状态与污染程度关系

营养状态分级	评分值 TLI	定性评价
贫营养	0<TLI≤30	优
中营养	30<TLI≤50	良好
轻度富营养	50<TLI≤60	轻度污染
中度富营养	60<TLI≤70	中度污染
重度富营养	TLI>70	重度污染

5.3.2　评价标准

自贡市常用集中式饮用水水源地均属于湖库型,按《地表水环境质量标准》(GB 3838—2002)进行评价,Ⅲ类水质指标为达标限值,仅粪大肠菌群超标时视为基本达标,最终以水质评价、营养状态评价结果综合评估达标状况,当仅总氮或(和)总磷超标,且总 TLI≤60 时,视为基本达标。备用水源地长土河属于河流型水源地,按《地表水环境质量标准》(GB 3838—2002)进行评价,Ⅲ类水质指标为达标限值,总氮不参评,仅粪大肠菌群超标时视为基本达标。

5.3.3　水质监测结果分析评价

1. 单因子和富营养化评价结果

2012 年自贡市集中式饮用水水源地水质及富营养化结果评价见表 5.11,富营养化结果见表 5.11。

表 5.11　自贡市集中式饮用水水源地及富营养化结果评价

饮用水水源地	chl-a 年均值 /(mg/m³)	TP 年均值 /(mg/L)	TN 年均值 /(mg/L)	SD 年均值 /m	COD_{Mn} 年均值 /(mg/L)	总 TLI	富营养状况
长葫水库	1.59	0.042	2.27	—	2.0	31.89	中营养
双溪水库	1.28	0.017	1.08	2.01	1.6	32.06	中营养
木桥沟水库	2.12	0.051	1.19	0.95	4.8	45.19	中营养

2. 综合评价

自贡市常用集中式饮用水水源地各监测断面水质均未检出重金属污染物,基本接近检出限。

自贡市城市集中式饮用水水源地每月监测中各监测断面水质均未检出《地表水环境质量标准》(GB 3838—2002)中特定项目前 35 项,每年一次的水质全分析中各监测断面水质均未检出《地表水环境质量标准》(GB 3838—2002)表 3 中特定项目 80 项。

长葫水库水源地的烈士堰水厂监测断面总氮超标率 100%,总磷仅一个月超标,其余各项指标达标率 100%,双溪水库水源地的长土水厂监测断面总氮超标率100%,荣县起水站监测断面各项指标达标率为 100%,桂林桥监测断面各项指标达标率为 100%,木桥沟水库水源地的富顺县高硐监测断面各项指标达标率为100%,备用水源地长土河水质较差。

5.4　釜溪河流域面源污染尺度特性分析

水文过程是面源污染迁移转化的直接驱动力和载体,不同的下垫面条件以及下垫面初始条件和状态差异导致径流显著的不确定性(Shen et al.,2012;Andréassian et al.,2001),与水流运动相比,污染物迁移转化过程受到下垫面特性及其空间变异性的影响更为显著,地表径流和土壤非饱和~饱和渗流过程中污染物浓度也发生明显的变化。由于污染源分布的分散性,陆面水文过程中污染物迁移转化的不确定性等,在不同的尺度上,面源污染源强、入河量、负荷(通量)表现出不同的时间和空间变化特性(Alam et al.,2012;Ongley et al.,2010;Wickham et al.,2006,Ongley,1987)。对面源污染源强、入河量以及负荷(通量)进行估计,均需要考虑流域的尺度特性。

分布式水文及面源污染模型是流域尺度模拟水文及污染物通量的方法,以SWAT 模型(Neitsch et al.,2005;Arnold et al.,1995)为例,模型将流域划分为子流域,子流域进一步根据下垫面的差异划分为水文区,在各个水文区根据下垫面条件(土地利用类型、土壤类型等),采用具有明确物理意义的模型计算水文及面源污染通量。然而不同的下垫面条件对于降水过程敏感性也表现出显著的差异,进一步考虑这种敏感性对径流过程、渗流过程以及不同水文过程中污染物迁移转化的影响,则问题更为复杂(Arnaud et al.,2011;Lee et al.,2011;Machado et al.,2011)。此外,在大的尺度上,特别是流域尺度上,对于污染物的迁移转化过程的详细观测是非常困难的,尽管陆面水文过程中污染物迁移转化过程复杂,然而现有的监测体系主要是在流域出口位置设置断面,监测河道水文过程中的通量和污染物浓度,在通常情况下监测断面汇流区内包括多个土地利用、自然条件以及土壤信息完全不同的子流域以及水文区,而河道流量以及污染通量是控制汇流区内各因素综合作用的结果(Shen et al.,2008)。因此了解下垫面信息和污染物通量之间的关系,以及这种关系随着流域尺度的变化,对研究分布式水文及面源污染模拟模型具有重要意义。

不同尺度的流域污染物所表现出的差异,以及分析这种差异和下垫面信息之间的关系,对研究不同尺度流域水文和面源污染通量所具有的不确定性,以及不同尺度影响通量不确定性的原因,都是十分重要的。

5.4.1　不同尺度的污染物差异性分析

以釜溪河流域中釜溪河的两个一级子流域旭水河和威远河流域作为研究对象,分析不同尺度流域面源污染所表现出的通量特性。对于每一个流域,以单位面积的农村人口数量、城镇人口数量,单位面积的大型畜禽数量和小型畜禽数量,流域内主要土地利用类型的坡度以及面积比例等指标,计算釜溪河流域与旭水河流域、釜溪河流域与威远河流域、威远河流域与旭水河流域的欧式距离,作为衡量流域下垫面差异的指标。

$$d = \sum_{i=1}^{n} \frac{x_i - y_i}{(x_i + y_i)/2} \tag{5.11}$$

式中,i 为进行比较的下垫面参数(表 5.1)。x、y 表示进行比较的流域。

图 5.2 为 2013~2015 年釜溪河邓关断面、旭水河贡井断面和威远河大安断面的主要面源污染物 NH_4^+、TN、TP 和高锰酸盐指数(I_{Mn})单位面积通量过程的比较见表 5.12。

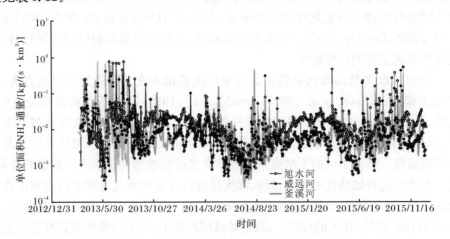

(a) NH_4^+

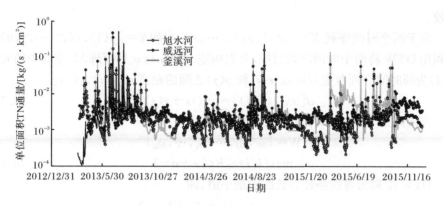

(b) TN

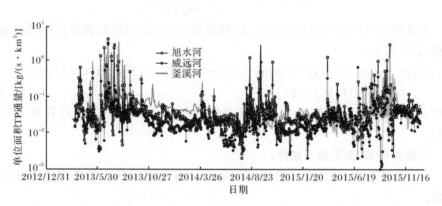

(c) TP

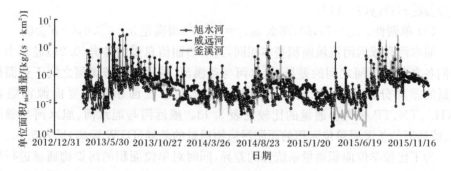

(d) 高锰酸盐指数

图 5.2　2013～2015 年旭水河、威远河和釜溪河来源于面源
的 NH$_4^+$、TN、TP 和高锰酸盐指数通量过程的比较

考虑到流域面积差异对污染物峰量过程的影响,采用动态时间规整(dynamic time warping,DTW)方法对不同尺度流域出口位置的污染物通量差异性进行

比较。

对于两个时间序列 $X=[x(1),x(2),\cdots,x(n)]$ 和 $Y=[y(1),y(2),\cdots,y(n)]$，为利用DTW将两个时间序列对准，首先构造一个 n 行 n 列矩阵 M，矩阵中的元素 (i,j) 为两时间序列数据对应点 $x(i)$ 和 $y(j)$ 之间的距离 $d[x(i),y(j)]$。

$$d[x(i),y(j)]=[x(i)-y(j)]^2 \tag{5.12}$$

弯曲路径 W 是矩阵中邻近元素的集合：

$$W=\{\omega_1,\omega_2,\cdots,\omega_k,\cdots,\omega_K\}$$

$$\max(i,j)\leqslant K\leqslant n+n-1 \tag{5.13}$$

DTW距离为弯曲路径总长度的最小值，即

$$d_{\text{DTW}}(X,Y)=\min\left[\sqrt{\sum_{k=1}^{K}\omega_k}\right] \tag{5.14}$$

最佳路径可以由时间起始点 $(1,1)$ 到终点 (n,n) 之间的局部最优解通过递归获得，公式如下：

$$\gamma(i,j)=d[x(i),y(j)]+\min\{\gamma[x(i-1),y(j-1)],\gamma[x(i-1),y(j)],$$
$$\gamma[x(i),y(j-1)]\} \tag{5.15}$$

式中，$\gamma(i,j)$ 为累加距离，由当前对准点的距离和相邻点的累加DTW距离计算得到。

弯曲路径 W 满足如下条件：

(1) 边界条件。$\omega_1=(1,1)$，$\omega_k=(n,n)$。弯曲路径从左下角出发终止于右上角。

(2) 连续条件。点 $[x(i),y(j)]$ 的前驱点为 $[x(i-1),y(j-1)]$、$[x(i-1),y(j)]$ 或 $[x(i),y(j-1)]$。

(3) 单调性。$\omega_k=(a,b)$，那么 $\omega_{k-1}=(a',b')$ 须满足 $a-a'\geqslant0,b-b'\geqslant0$。

旭水河和威远河流域面积基本相同，其下垫面信息量的差异 (0.21) 显著小于他们各自与釜溪河之间的差异，旭水河与釜溪河、威远河与釜溪河之间下垫面信息量的差异分别为 1.32 和 1.47。不同水文期单位面积的主要面源污染物 (NH_4^+、TN、TP 和 I_{Mn}) 通量的比较见表5.13。威远河与旭水河、旭水河与釜溪河、威远河与釜溪河单位面积的面源污染物通量的差异 (DTW距离) 见表5.14。

为了比较单位面积通量系统性的差异，同时对单位面积的污染物通量进行标准化(测量值−平均值)，利用测量值和标准化后测量值的差异，对不同尺度流域的系统性差异进行分析。可以看出，与非汛期通量的差异相比，在汛期，无论子流域之间，还是子流域和流域尺度之间的通量差异，都是显著增加的，采用标准化后的时间序列的比较表明，在汛期和非汛期，不同流域尺度之间单位面积的通量并不存在系统性差异。由整体偏移所造成的系统性差异，在枯水期仅为 $0.01\sim$

表 5.12　旭水河、威远河和釜溪河单位面积的平均面源污染通量的比较

流域	NH_4^+ 负荷/[kg/(d·km²)]		TN 负荷/[kg/(d·km²)]		TP 负荷/[kg/(d·km²)]		I_{Mn} 负荷/[kg/(d·km²)]	
	平均值±标准差	最大值/最小值	平均值±标准差	最大值/最小值	平均值±标准差	最大值/最小值	平均值±标准差	最大值/最小值
旭水河	0.0305±0.1540	4.25/0.0002	0.0722±0.248	4.282/0.0006	0.00516±0.0213	0.497/0.0005	0.234±3.324	4.298/0.005
威远河	0.0139±0.0568	1.10/0.0002	0.0445±0.153	3.064/0.0011	0.00322±0.0093	0.170/0.0002	0.092±0.246	3.856/0.001
釜溪河	0.0156±0.0457	0.76/0.0002	0.0603±0.364	2.816/0.0015	0.00611±0.0361	0.291/0.0001	0.111±1.088	3.269/0.001

表 5.13　水文期(汛期和枯水期)单位面积污染物通量的比较

水文期	流域	NH_4^+ 负荷/[10⁻²kg/(d·hm²)]		TN 负荷/[10⁻¹kg/(d·hm²)]		TP 负荷/[10⁻³kg/(d·hm²)]		I_{Mn} 负荷/[10⁻¹kg/(d·hm²)]	
		平均值±标准差	最大值/最小值	平均值±标准差	最大值/最小值	平均值±标准差	最大值/最小值	平均值±标准差	最大值/最小值
汛期	旭水河	2.93±9.89	40.8/0.72	9.90±32.9	228.2/1.61	9.24±31.1	197.1/0.54	4.08±9.41	104.6/0.17
	威远河	1.48±5.86	27.8/0.44	8.26±21.6	197.6/1.06	8.88±13.4	165.1/0.21	3.26±13.4	137.4/0.28
	釜溪河	1.17±2.36	17.0/0.16	8.13±18.6	179.7/0.42	8.03±10.9	170.3/0.4	3.06±10.7	94.4/0.11
枯水期	旭水河	0.23±0.49	0.895/0.03	1.50±2.49	30.5/0.19	0.85±1.24	18.7/0.9	0.89±0.56	17.0/0.053
	威远河	0.15±0.59	1.07/0.02	2.10±3.12	35.5/0.22	0.79±1.39	17.5/0.2	0.53±0.49	6.68/0.06
	釜溪河	0.21±0.69	0.772/0.02	1.54±1.74	29.65/0.27	0.73±1.76	15.94/0.1	0.59±0.42	1.73/0.02

表 5.14 不同尺度流域的污染物通量的比较

污染物	枯水期			汛期		
	DTW 距离					
	X-W	X-F	W-F	X-W	X-F	W-F
流量	0.098/0.093	0.030/0.029	0.071/0.067	0.353/0.351	0.112/0.108	0.246/0.236
NH_4^+	1.703/1.684	1.055/1.025	1.275/1.272	4.319/4.287	4.433/4.414	1.382/1.377
TN	3.387/3.346	2.234/2.232	1.786/1.678	4.628/4.565	7.581/7.538	7.810/7.654
TP	0.119/0.113	0.574/0.573	0.658/0.623	0.504/0.495	0.878/0.856	0.838/0.810
I_{Mn}	2.667/2.537	1.949/1.770	1.904/1.881	10.468/10.449	7.154/6.937	3.435/3.345

注:X、W、F 分别代表旭水河、威远河和釜溪河;"/"前后分别为直接距离和时间序列标准化后的距离。

0.051,在汛期仅为 0.002~0.041。釜溪河流域污染物的衰减系数见表 5.15。流域内,污染物 NH_4^+、TN、TP、I_{Mn} 在河道中发生的衰减量分别为 0.107、0.031、0.076 和 0.123,结果表明,不同尺度下河道内污染物的衰减对于不同流域尺度污染物差异的影响非常小。

非汛期子流域之间污染物通量的差异和下垫面信息的差异无关。对于 TN 和 TP,在汛期,子流域和流域之间的差异小于子流域和流域之间的差异,这与下垫面信息的差异是一致的,由于高锰酸盐指数主要受农村生活和畜禽养殖排污影响,其流域和子流域之间负荷的差异在两个水文期一致。

表 5.15　釜溪河流域污染物的衰减系数

河道	干流河道				支流河道			
污染物	NH_4^+	TN	TP	I_{Mn}	NH_4^+	TP	TN	I_{Mn}
衰减系数	0.104	0.047	0.042	0.112	0.0998	0.039	0.042	0.104

2013~2015 年釜溪河流域共 123 次降水过程所形成的单位面积污染物通量与降水量关系如图 5.3 所示。由图可以看出,在降水量小于 40mm 的情况下,单位面积污染物通量表现出增加的趋势,超过 40mm 以后,污染物通量不再显著增加。其原因在于:在降水量比较小的情况下,仅仅是靠近河道或坡度较大的部分区域的污染物随径流进入河道,而随着降水量的增加,更大区域内的污染物随径流进入河道,因此,总体上四种污染物通量表现出增加的趋势,随着降水量的进一步增加,当降水量超过 40mm 之后,整个流域的污染物都随径流进入河道,面积不再增大,因此,污染物通量也不再增加。由于受降水过程和下垫面降水前的状态(如土壤在降水前的含水率)差异等因素影响,即使降水量相同,形成的污染物通量也会表现出较大的差异。

图 5.4 为单位面积、单位降水量下面源污染通量的概率分布,随着汇流面积的增加,NH_4^+、TN、TP 和 I_{Mn} 四种污染物在单位面积和单位降水量情况下概率分

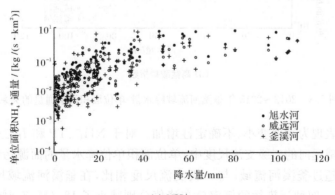

(a) NH_4^+

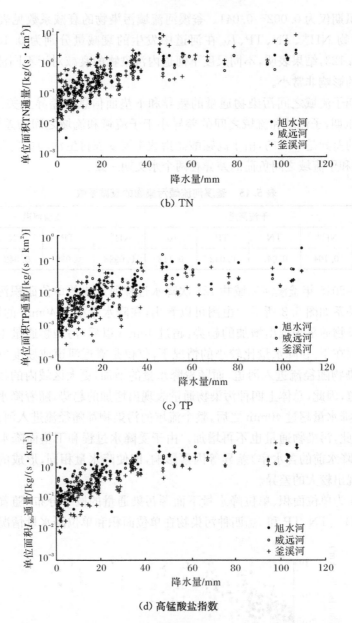

(b) TN

(c) TP

(d) 高锰酸盐指数

图 5.3　2013~2015 年釜溪河流域降水量-单位面积污染通量的关系

布趋势总体表现为峰值变小、不确定性增加。对于 NH_4^+、TP 和 I_{Mn} 三种污染物,在旭水河和威远河的二级支流尺度中,单位面积单位降水量的面源污染通量的集中程度显著超过釜溪河流域,与一级支流尺度相比,在釜溪河流域尺度,NH_4^+、TN、TP 和 I_{Mn} 四种污染物的概率分布峰值分别减小了 18.4%、7.3%、36.2% 和

16.3%,其中 TP 的降幅最为显著。

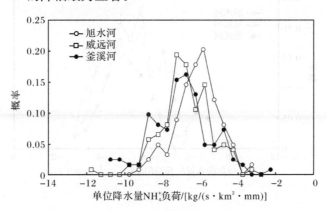

(a) NH₄⁺

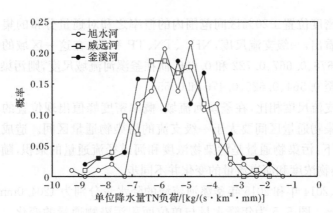

(b) TN

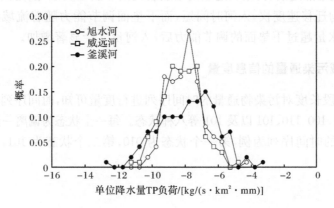

(c) TP

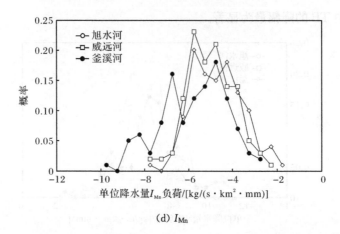

(d) I_{Mn}

图 5.4   单位面积和单位降水量下 NH_4^+、TN、TP 和高锰酸盐指数通量的概率分布

以最大密度位置±20％区间范围内的概率之和对通量分布的集中程度进行度量。可以看出，一级支流尺度，NH_4^+、TN、TP 和 I_{Mn} 在这一区域的分布概率之和分别为 0.676、0.667、0.722 和 0.686，而在釜溪河流域尺度，则污染物的分布概率之和下降至 0.564、0.625、0.476 和 0.557。

与一级支流尺度相比，在釜溪河流域，概率密度峰值出现位置的单位面积单位降水的污染物通量区间要大于一级支流的污染物通量区间。造成这种现象的直接原因如下：污染物通量是污染物浓度和河道径流通量的乘积，随着研究尺度的增加，污染物浓度和河道流量的变化并不同步。

2013 年、2014 年和 2015 年釜溪河流域的降水量分别为 1204.0mm、1087.0mm 和 1000.5mm。图 5.5 为年降水量与单位面积污染物通量的变化。由图可以看出，年降水量增加之后，污染物通量的增加表现出非线性关系，这是因为小尺度条件下，污染物迁移速度快，入河时间短，而下垫面调节能力随着流域尺度的增加而增大，降水量超过下垫面的调节能力后，入河量才会显著增加。

5.4.2   流域污染通量的信息度量

采用时段长度对污染物通量的时间序列进行度量可知，时间序列存在着 000、001、011、111、100、110、101 以及 101 等八种状态。每一个状态为偏离一天的状态，以图 5.6 所示的时间序列为例，第一个状态为 010，第二个状态为 101，第三个状态为 010。

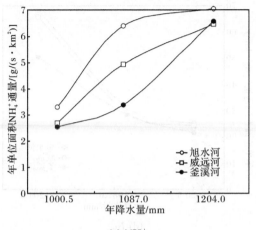

(a) NH₄⁺

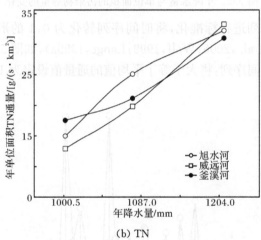

(b) TN

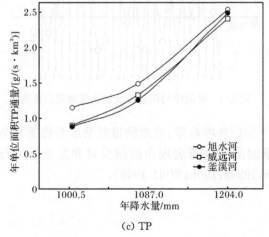

(c) TP

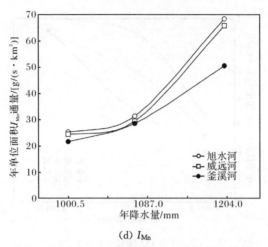

(d) I_{Mn}

图 5.5　年降水量与单位面积的污染物通量的变化

　　首先对时间序列进行标准化,将时间序列转化为 0,1 的形式(Wang et al.,2009;Pachepsky et al.,2006;Wolf,1999;Lange,1999a),如图 5.6 所示,对于每一个污染物通量的时间序列,将大于等于平均值的通量值设定为 1,将小于平均值的通量值设定为 0。

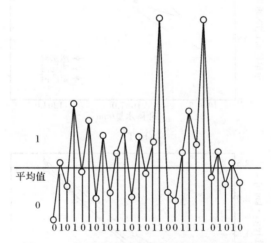

图 5.6　时间序列信息量及复杂度测定示意图

　　采用信息熵、平均信息增益量、有效测量复杂度和涨落复杂度等 4 个测度对不同面源污染通量时间序列所表现出的信息量和复杂性进行度量(Pachepsky et al.,2006;Lange,1999a;199b;Wolf,1999)。

　　信息熵为

$$E(L) = -\sum_{i=1}^{2^L} p_{L,i} \log_2(p_{L,i}) \tag{5.16}$$

式中，L 为时段长度；$p_{L,i}$ 为各种信息状态的概率。基质熵是信息量与最大熵的比值，为 $0 \sim 1$。

平均信息增益量为

$$T(L) = -\sum_{i,j=1}^{2^L} p_{L,ij} \log_2(p_{L,i\to j}) \tag{5.17}$$

式中，$p_{L,ij}$ 为 i 状态转移到 j 状态的概率；$p_{L,i\to j}$ 为当前状态为 i，下一个状态为 j 的概率。

涨落复杂度（Bates et al.，1993）为

$$\sigma_\Gamma^2 = \sum_{i,j=1}^{2^L} p_{L,ij} \left[\log_2\left(\frac{p_{L,i}}{p_{L,j}}\right) \right]^2 \tag{5.18}$$

有效测量复杂度（Grassberger，1986）为

$$C_{EM} = \sum_{i,j=1}^{2^L} p_{L,ij} \log_2\left(\frac{p_{L,i\to j}}{p_{L,i}}\right) \tag{5.19}$$

污染物通量之所以存在尺度特性，主要因为信息的不确定性。表 5.16 为旭水河、威远河与釜溪河四种面源污染物信息量和复杂度的比较。由表可以看出，四种面源污染物都表现出流域尺度增加后，信息量测度值减小，而复杂度测度值增加的情况。这一结果表明，在更大的尺度上，污染物通量的不确定性是减小的，但是由于复杂度的增加，其预测难度也是增加的。

与 Lange（1999a；1999b）的研究结果进行比较发现，在以信息量为横坐标，复杂度为纵坐标的情况下，两个子流域的污染物通量分布是一致的，而在釜溪河流域，分布区域要比子流域大很多，如图 5.7 所示。Lange 认为，在下垫面系统更为复杂的情况下，其产生的径流过程在信息度-复杂度分布区间中占据了更大的区域，我们的研究结果也证明了这一点。更重要的是，由于随着尺度的增加，信息量降低而复杂度增加，导致在更大的尺度上，污染物通量复杂度的变化量要显著超过信息量的变化。

表 5.16　2013～2015 年旭水河、威远河和釜溪河逐日面源污染通量过程的信息量和复杂度

指标	流域	信息熵	基质熵	平均信息增益量	有效测量复杂度	涨落复杂度
	旭水河	1.597	0.526	0.261	0.794	1.299
流量	威远河	1.592	0.524	0.271	0.763	1.269
	釜溪河	1.468	0.501	0.259	0.814	1.288

指标	流域	信息熵	基质熵	平均信息增益量	有效测量复杂度	涨落复杂度
	旭水河	2.040	0.680	0.483	0.591	1.425
NH_4^+	威远河	1.059	0.353	0.029	0.471	0.415
	釜溪河	2.183	0.728	0.556	0.613	1.284
	旭水河	2.107	0.702	0.534	0.509	1.484
TN	威远河	1.941	0.647	0.455	0.571	1.560
	釜溪河	1.850	0.617	0.405	0.634	1.548
	旭水河	2.333	0.778	0.638	0.418	1.239
TP	威远河	1.931	0.644	0.444	0.599	1.659
	釜溪河	1.616	0.539	0.286	0.760	1.468
	旭水河	1.957	0.652	0.458	0.585	1.477
I_{Mn}	威远河	1.870	0.623	0.420	0.612	1.630
	釜溪河	1.727	0.576	0.337	0.717	1.526

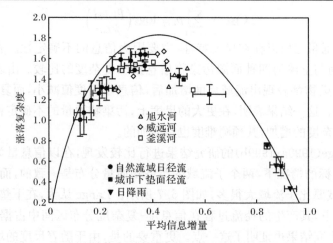

图 5.7　不同流域信息测度分布的比较(Lange,1999a;1999b)

5.5　釜溪河流域水文及污染过程模拟

5.5.1　参数敏感性分析

在 SWAT2009 中可以用于敏感性分析的参数共有 41 个,其中包括径流参数 26 个,泥沙参数 6 个,水质参数 9 个,见表 5.17。设定拉丁超立方采样间隔为 10,单次单因子的每次变化范围为 0.05,最后输出各参数敏感性的平均指标值和等级,见表 5.17。各参数敏感性指标值如图 5.8 所示,数值越大越敏感。

对影响产水量和泥沙沉积量的参数敏感性比较发现：

（1）土壤可利用水量 SOL_AWC 与流域产流产沙以及污染负荷为负相关关系，该参数越大，表明土壤蓄水能力越强，从而造成流域产流量降低，产沙量减少，各非点源污染物的负荷量降低；其余各参数对产水量、泥沙量和污染物负荷均产生正效应影响。

（2）纵向比较分析：对产水量影响较为显著的是 CN_2、ESCO、SOL_AWC、GW_REVAP、RCHRG DP、GWQMN、SLOPE 等；对泥沙沉积量影响较为显著的是 CN_2、BIOMIX、SOL_AWC、SLOPE、SPCON、ESCO 等；对总的 N 负荷影响较为显著的是 CN_2、BIOMIX、ESCO、CH_K_2、SOL_ORGN、TIMP、NPERCO 等；对总的 P 负荷影响较为显著的是 CN_2、BIOMIX、ESCO、CH_K_2、SOL_ORGP、CANMX、PPERCO、PHOSKD 等。

（3）横向比较分析：SCS 径流曲线系数 CN_2 对四个输出量都有很大影响，是最敏感因子；土壤蒸发补偿系数 ESCO、土壤可利用水量 SOL_AWC 等也对四个输出量都有较大影响；浅层地下水径流系数 GWQMN 等对径流影响较大，而对产沙产污的影响并不显著；生物混合效率系数 BIOMIX 和平均坡长 SLSUBBSN 等主要影响产沙量以及 N、P 负荷的模拟结果，对径流的影响不大。

表 5.17　可用于模型敏感性分析的参数

变量	定义	变量	定义
ALPHA_BF	基流 α 系数	ESCO	土壤蒸发补偿系数
GW_DELAY	地下水滞后系数	EPCO	植物蒸腾补偿系数
GW_REVAP	地下水再蒸发系数	SPCON	泥沙输移线性系数
RCHRG_DP	深蓄水层渗透系数	SPEXP	泥沙输移指数系数
REVAPMN	浅层地下水再蒸发系数	SURLAG	地表径流滞后时间
GWQMN	浅层地下水径流系数	SMFMX	6 月 21 日雪融系数
CANMX	最大冠层蓄水量	SMFMN	12 月 31 日雪融系数
$GWNO_3$	地下水的硝酸盐浓度	SFTMP	降雪气温
CN_2	SCS 径流曲线系数	SMTMP	雪融最低气温
SOL_K	饱和水力传导系数	TIMP	结冰气温滞后系数
SOL_Z	土壤深度	NPERCO	氮渗透系数
SOL_AWC	土壤可利用水量	PPERCO	磷渗透系数
SOL_LABP	土壤易分解磷的起始浓度	PHOSKD	土壤磷分配系数
SOL_ORGN	土壤有机氮的起始浓度	CH_EROD	河道冲刷系数
SOL_ORGP	土壤有机磷的起始浓度	CH_N	主河道曼宁系数值
SOL_NO_3	土壤 NO_3 的起始浓度	TLAPS	气温递减率

变量	定义	变量	定义
SOL_ALB	潮湿土壤反照率	CH_COV	河道覆盖系数
SLOPE	平均坡度	CH_K$_2$	河道有效水力传导系数
SLSUBBSN	平均坡长	USLE_C	植物覆盖因子最小值
BIOMIX	生物混合效率系数	BLAI	最大潜在叶面积指数
USLE_P	USLE 水土保持措施因子		

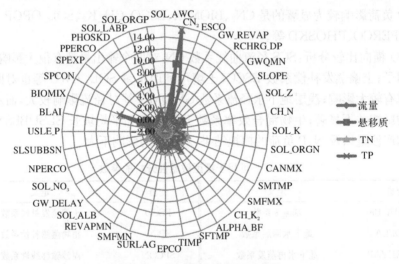

图 5.8　参数敏感性分布玫瑰图

5.5.2　釜溪河流域污染通量过程模拟分析

采用 2005～2012 年流量和污染物浓度监测资料,以汇流区为单位,对 SWAT 模型进行参数率定,参数率定的选择考虑监测值与计算值的误差以及参数的物理性两个方面,目标函数为

$$\Phi([b]) = \sum_{j=1}^{m_q} v_j \sum_{i=1}^{n_{qj}} \{g_j^*(x,t_i) - g_j(x,t_i,[b])\}^2 + \sum_{k=1}^{m_p} \bar{v}_j \sum_{i=1}^{n_{qj}} (p_k^* - p_k([b]))^2$$

(5.20)

式中,m_q 为河道监测变量数目;n_{qj} 为第 q 个变量的总监测数;$g_j^*(x,t_i)$ 为在 t_i 时刻,第 i 个监测位置对第 q 个变量的监测值;$g_j(x,t_i,[b])$ 为采用优化参数 $[b]$ 在对应时刻、对应位置的模拟计算结果;v_j 为变量 j 所占的权重,用于降低不同变量的量级以及监测不同数量对计算结果的影响。p_k^* 和 $p_k([b])$ 分别为河道以外的监

测值和计算值。

参数的空间变异性是分布式模型参数率定所面临的最为关键的问题。需要通过分析高精度的流域下垫面基础数据、获取流域内下垫面径流过程显著的不同汇流区的长时间序列气象、水文和污染物浓度监测数据,并结合汇流区产汇流特性及其影响因子的物理机制,才能有效地对分布式模型的高度空间变异性参数进行率定。

2013~2015 年釜溪河流域 NH_4^+、TN、TP 和 I_{Mn} 的模拟结果和实测结果的比较如图 5.9(威远河大安站)、图 5.10(旭水河贡井站)和图 5.11(釜溪河邓关站)所示。采用 Nash-Sutcliffe 系数 E、相对均方根误差 R_E、相对偏差 F_B 和相对总误差 F_E 等四个指标对模拟误差进行评价。

$$E = 1 - \frac{\sum\limits_{t=1}^{n}(O_t - P_t)^2}{\sum\limits_{t=1}^{n}(O_t - \overline{O})^2} \tag{5.21}$$

$$R_E = \sqrt{\frac{1}{n}\sum\limits_{t=1}^{n}\left(\frac{P_t - O_t}{O_t}\right)^2} \tag{5.22}$$

$$F_B = \frac{1}{n}\sum\limits_{t=1}^{n}\frac{P_t - O_t}{(P_t + O_t)/2} \tag{5.23}$$

$$F_E = \frac{1}{n}\sum\limits_{t=1}^{n}\frac{|P_t - O_t|}{(P_t + O_t)/2} \tag{5.24}$$

式中,O_t 和 P_t 分别为 t 时刻的监测值和计算值;$\overline{O}$ 为监测值的平均值;n 为观测点数目。Nash-Sutcliffe 系数 E 和相对均方根误差 R_E 的理想值分别为 1 和 0。F_B 用于描述计算值和模拟值之间的系统误差,设 $\bar{\alpha}$ 为测量平均值 $\overline{P}$ 和计算平均值 $\overline{O}$ 之间的比例,即

$$\overline{P} = \alpha\,\overline{O} \tag{5.25}$$

则式(5.22)可表示为

$$F_B = \frac{\bar{\alpha} - 1}{(\bar{\alpha} + 1)/2} \tag{5.26}$$

即

$$\bar{\alpha} = \frac{2 + F_B}{2 - F_B} \tag{5.27}$$

表 5.18 为示范区三个控制断面四种主要污染物模拟精度的分析。由表可以看出,模型在试验区有效地模拟了主要污染物的迁移转化过程。

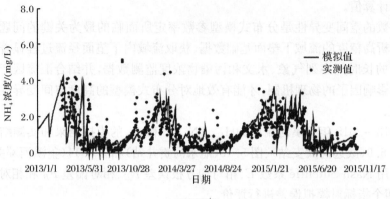

(a) NH₄⁺

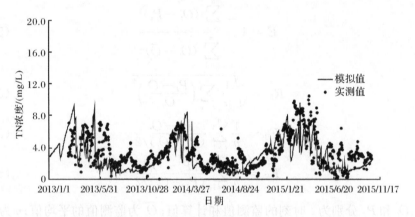

(b) TN

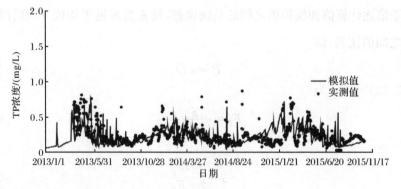

(c) TP

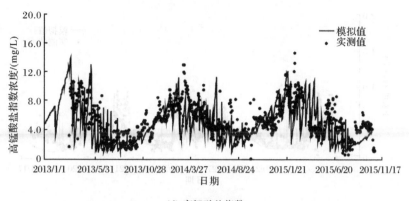

(d) 高锰酸盐指数

图 5.9　威远河大安站 NH_4^+、TN、TP 和高锰酸盐指数模拟值与实测值比较

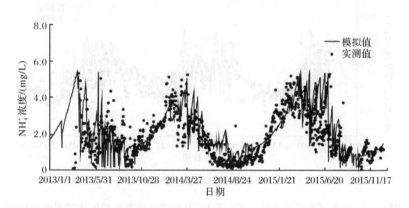

(a) NH_4^+

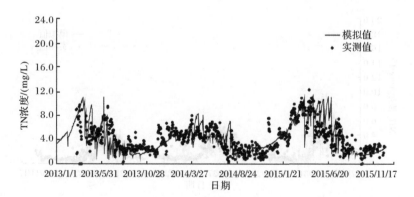

(b) TN

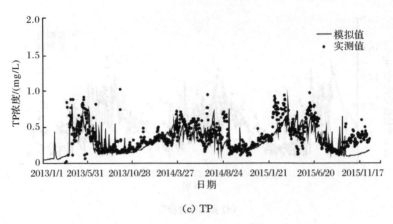

（c）TP

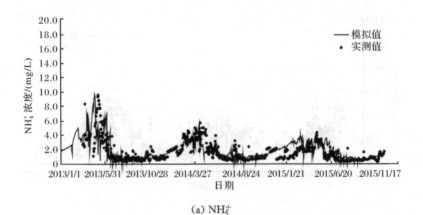

（d）高锰酸盐指数

图 5.10　旭水河贡井站 NH_4^+、TN、TP 和高锰酸盐指数模拟值和实测值的比较

（a）NH_4^+

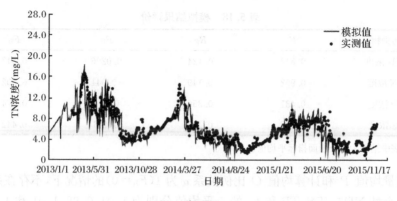

(b) TN

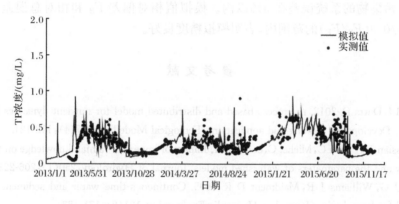

(c) TP

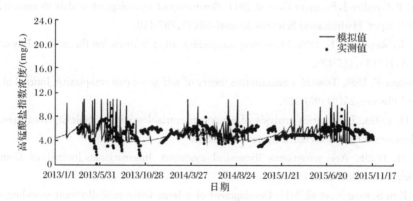

(d) 高锰酸盐指数

图 5.11　釜溪河邓关站 NH_4^+、TN、TP 和高锰酸盐指数模拟值与实测值的比较

表 5.18　模拟结果评价

污染物	E	R_E	F_E	F_B
NH_3 浓度	0.847	0.124	0.0296	0.847
TN 浓度	0.902	0.149	−0.0415	0.902
TP 浓度	0.431	0.356	0.256	0.774
I_{Mn} 浓度	0.442	0.409	0.446	0.442

注:表中结果为三个断面指标平均值。

　　测量均值 $\overline{P}$ 和计算均值 $\overline{O}$ 比例关系 α 为 1(F_B＝0)的情况下,不存在系统误差。三个站 NH_4^+、TN、TP 和 I_{Mn} 的 $\overline{\alpha}$ 平均值分别为 1.04、0.98、1.01 和 1.05,主要面源污染物的系统误差在 5% 以内。模拟值相对偏差 F_B 和相对总误差 F_E 在 ±0.15/0.3(F_B/F_E)的范围内,表明模拟精度良好。

参 考 文 献

Alam M J, Dutta D. 2012. A process-based and distributed model for nutrient dynamics in river basin: Development, testing and applications. Ecological Modelling, 247(4):112-124.

Andréassian V, Perrin C, Michel C, et al. 2001. Impact of imperfect rainfall knowledge on the efficiency and the parameters of watershed models. Journal of Hydrology, 250(1):206-223.

Arnold J G, Williams J R, Maidment D R. 1995. Continuous-time water and sediment-routing model for large basins. Journal of Hydraulic Engineering, 121(2):171-183.

Arnaud P, Lavabre J, Fouchier C, et al. 2011. Sensitivity of hydrological models to uncertainty of rainfall input. Hydrological Sciences Journal, 56(3):397-410.

Bates J E, Shepard H K. 1993. Measuring complexity using information fluctuation. Physics Letters A, 172(6):416-425.

Grassberger P. 1986. Toward a quantitative theory of self-generated complexity. Journal of Theoretical Physics, 25(9):907-938.

Lange H. 1999a. Time series analysis of ecosystem variables with complexity measures. Cambridge: New England Complex Systems Institute.

Lange H. 1999b. Are ecosystems dynamical systems? International Journal of Computing Anticipatory Systems, 3:169-186.

Lee G, Kim S, Jung K, et al. 2011. Development of a large basin rainfall-runoff modeling system using the object-oriented hydrologic modeling system (OHyMoS). KSCE Journal of Civil Engineering, 15(3):595-606.

Machado F, Mine M, Kaviski E, et al. 2011. Monthly rainfall-runoff modeling using artificial neural networks. Hydrological Sciences Journal, 56(3):349-361.

Neitsch S L, Arnold J G, Kiniry J R, et al. 2005. Soil and Water Assessment Tool, Theoretical

Documentation, Version 2005. Temple: Agricultural Research Service.

Ongley E D. 1987. Scale effects in fluvial sediment-associated chemical data. Hydrological Processes, 1: 171-179.

Ongley E D, Zhang X, Yu T. 2010. Current status of agricultural and rural non-point source pollution assessment in China. Environmental Pollution, 158(5): 1159-1168.

Pachepsky Y, Guber A, Jacques D, et al. 2006. Information content and complexity of simulated soil water fluxes. Geoderma, 134(3): 253-266.

Shen Z, Chen L, Liao Q, et al. 2012. Impact of spatial rainfall variability on hydrology and nonpoint source pollution modeling. Journal of Hydrology, 472-473(24): 205-215.

Shen Z, Hong Q, Yu H, et al. 2008. Parameter uncertainty analysis of the non-point source pollution in the Daning River Watershed of the Three Gorges Reservoir Region, China. Science of the Total Environment, 405(1-3): 195-205.

Tsinaslanidis P E, Kugiumtzis D. 2014. A prediction scheme using perceptually important points and dynamic time warp. Expert Systems with Applications, 41(15): 6848-6860.

Wang K, Lin Z, Zhang R. 2016. Impact of phosphate mining and separation of mined materials on the hydrology and water environment of the Huangbai River basin, China. Science of the Total Environment, 543: 347-356.

Wang K, Zhang R, Yasuda H. 2009. Characterizing heterogeneous soil water flow and solute transport using information measures. Journal of Hydrology, 370(1-4): 109-121.

Wickham J D, Jones K B, Wade T G, et al. 2006. Uncertainty in scaling nutrient export coefficients// Wu K, Jones K B, Li H, et al. Scaling and Uncertainty Analysis in Ecology. New York: Springer.

Wolf F. 1999. Berechnung von information und komplexität von zeitreihen-analyse des wasserhaushaltes von bewaldeten einzugsgebieten. Bayreuther Forum Ökologie, 65: 164S.

第6章　磷矿开采和农业面源对黄柏河流域水质影响

6.1　黄柏河流域概况

6.1.1　地理位置

宜昌市位于湖北省西部,长江中上游结合部,地处鄂西山区与江汉平原交汇过渡地带。素有"三峡门户"和"川鄂咽喉"之称。其地理位置为东经110°15′~112°04′,北纬29°56′~31°34′。东西174km,南北180km,面积21338km²,其中山区占69%,丘陵占21%,平原占10%。东邻荆州市和荆门市,南抵湖南省石门县,西接恩施土家族苗族自治州,北靠神农架林区和襄阳市。黄柏河位于宜昌市城区西北部,发源于夷陵区黑良山,地处东经111°04′~111°30′,北纬30°43′~31°29′,流经保康县店垭镇,远安县荷花镇,夷陵区黄花镇、分乡镇、小溪塔镇、樟村坪镇、雾渡河镇。分为东西两支,在夷陵区的两河口汇合,于葛洲坝水利枢纽大坝上游注入长江。

6.1.2　河流特征

黄柏河流域集水面积1902km²,河长162km。西北部高,东南部低,为一狭长流域,河道平均坡降3.76‰,多年平均径流量8.95亿m³,年产水模数47.1万m³/km²,在宜昌市集水面积为1861km²,占流域面积的97.8%。

黄柏河流域分东、西两条支流。东支发源于夷陵区黑良山,河长130km,集雨面积1165km²,河道平均坡降6‰。西支发源于夷陵区曹家山,河长78km,集雨面积566km²,河道平均坡降10‰。东、西两条支流在夷陵区黄花镇两河口处汇合为干流,干流长32km,集雨面积171km²,河道平均坡降1.9‰。流域地势为北高南低,北部海拔1300~1900m,中部海拔1000~1200m,南部海拔200~800m。流域南北长约88km,东西宽约22km。

流域内山势陡峻,河谷深切,洪水涨落迅猛,为典型的山溪型河流,河谷形态多呈梯形或U形,河床部分均有砂卵石覆盖。

6.1.3　水文气象

黄柏河流域位于湖北省鄂西山区,是全省雨量较丰沛的地区,也是灾害暴雨出现机会较多的地区。流域内雨量丰沛,多年平均降水量 1138mm,多年平均蒸发量 1332mm,多年平均径流量约 8.95 亿 m³,多年平均流量 28.35m³/s。据多年观测资料统计,多年平均气温 19.2℃,极端最低温度－8.4℃,最高温度 41.4℃。年平均地温 17.2℃。最大风速 18m/s。

6.1.4　地形地貌

黄柏河流域范围内山峰耸立,险峻陡峭,遍布深沟幽谷,曲折迂回。山脉走向多为东北或东西向,海拔 800～1200m 的山峰 58 座,1200～1500m 的山峰 13 座,大于 1500m 的山峰 7 座。海拔 1200m 以上的高山地带的面积约 244km²,占黄柏河流域总面积的 12.6%;800～1200m 的中山地区有 729km,占流域总面积的 37.8%,低于 800m 的低山丘陵区有 958.5km²,占流域总面积的 49.6%。形成以低、中山为主的山区地貌景观。

河流河谷宽广,河谷两岸零星分布有一级阶地和小型漫滩,两岸谷坡冲沟较发育,河谷多为 U 形谷。工程区上游两岸有基岩出露,以沉积岩风化剥蚀山地及河溪水流下切沟谷为主要地貌形态,在河流及沟谷两岸局部存有重力堆积地貌。

6.1.5　地质

黄柏河流域地处鄂西大巴山和荆山山脉支脉,处于黄陵背斜的东异地层,以前震旦系到第四系都有分布出露。东支尚家河以上广布寒武系灰岩和中下奥陶系泥质灰岩颊岩,志留系泥质岩广泛分布于东支左岸。西支在七里峡及秦家河以上为黑云层、斜长片麻岩、花网岩片、麻岩等,秦家河至张家口为震旦系砂岩及陡山沱组灰岩夹页岩,张家口至两河口广布寒武系灰岩。干流在汤渡河以下的下坪至河口段为白垩系砾岩和砂岩,河口为第四系全新统河床,河幔冲积物及砂质黏土。东支主要是碳酸盐含水岩(中等含水)及碳酸盐夹碎屑岩,有四个下降泉。西支七里峡以上主要是变质岩含水岩,有两个下降泉。七里峡以下主要为碳酸盐含水岩。

6.1.6　土壤

黄柏河流域特殊的地形、地质条件、海拔高程和耕作条件的差异,形成了多种土壤类型,具有明显的地带性。从高到低分布着山地棕壤、黄棕壤、黄壤;在石灰岩地区,钙、镁不断流失,又从母质中补充,因此形成石灰土;低山丘陵的溪河两岸漫滩,冲积母质发育而成为潮土,还有一定面积的经水耕熟化发育而成的水稻土。黄柏河东支尚家河以上为碳酸盐黄棕壤和泥质黄棕壤土,还有少量的棕色石灰土。尚家河至两河口为碳酸盐黄棕壤和潴育型水稻土。西支雾渡河以上大部分为酸性结晶岩山地黄棕壤,雾渡河以下大部分为碳酸盐黄壤、棕色石灰土和少量潴育型水稻土。两河口以下主要为紫色土和少量碳酸盐山地黄棕壤及棕色石灰土。

6.1.7　植被

受气候带影响,黄柏河流域植被类型复杂,具有多样性、古稀性和垂直性的特点。从低山河谷地带到高山山顶,植被呈梯级分布。海拔 600m 以下,以樟科、壳斗科为主组成常绿阔叶林带;海拔 600~1200m 为以松、杉、栎为主的落叶阔叶、暖性针叶林带;海拔 1200m 以上为阔叶林、落叶阔叶林、温性针叶林带。

黄柏河流域森林植物资源极其丰富,主要乔灌木树种 77 科、201 属、486 种。其中乔木树种 301 种,灌木树种 156 种,竹类 7 种,藤本 13 种。经济林木 49 科 89 种,以柑橘、板栗、油桐、乌桕、桑、茶为主;深山区保留珍贵树种有珙桐、连香树、鹅掌楸、天师栗、银杏等;近年来引进的水杉、柳杉、池杉、日本落叶松、油松、华山松、楠木等都生长良好;经济林木中的干鲜、浆果类,如核桃、梨、李、柿及野生浆果中华猕猴桃有较多分布。

黄柏河东支玄庙观以上森林植被覆盖率较好,多为硬阔林和幼松林。右岸黄鳝迹地较多,森林植被较差。西北口至分乡荒山迹地很多,森林植被较差。分乡至两河口荒山迹地较多,森林植被一般。西支岔路口以上森林植被优良,多为马尾松,岔路口至两河口荒山迹地出露较多,森林植被较差。两河口至黄柏河口荒山迹地较少,森林植被较少。

6.1.8　土地资源

黄柏河流域的荷花、分乡、黄花、樟村坪、雾渡河、小溪塔六个乡镇土地总面积 1931.5km²,水土保持规划总面积 1935.6km²,其中属于夷陵区的面积 1612.7km²,属于远安县的面积 322.9km²。

黄柏河流域总面积 290.34 万亩,其中耕地面积 23.01 万亩,占总面积的 7.92%,耕地面积中水田面积 7.4 万亩,占耕地面积的 32.16%;旱地面积 15.61 万亩,占 67.84%;经济林木 2.97 万亩,占 1.02%。林草面积 189.38 万亩,占 65.23%。荒山荒地 33.05 万亩,占 11.38%。水域 7.11 万亩,占 2.45%。裸岩 6.26 万亩,占 2.16%。居民用地 2.64 万亩,占 0.91%。道路 5.71 万亩,占 1.97%;其他用地 20.21 万亩,占 6.96%。流域内人均土地 14.1 亩,人均耕地 1.1 亩,农业人均基本农田 0.6 亩。耕地面积占地比例小,山地比例大,人均土地比较多,开发利用的潜力很大。整个土地资源构成"八山、一田、一村(道路及其他)"的格局。以山地为主,各地林草地较多,农牧业用地较少。在占据较大比例的林草用地中,灌木林、薪炭林、疏林面积达 94.04 万亩,占林草用地总面积的 49.66%,这些森林、林地林相稀疏,又屡遭破坏,利用价值低,是中、强度水土流失的主要策源地。

6.1.9　矿产资源

黄柏河流域已探明的矿种 60 多个,以磷、硫铁、煤、硅石、石灰石、含钾页岩、黏土、石墨等最为重要。其中非金属矿有磷、煤、碘、石墨、白方石、大理石、蝗纹石、透辉石、市晶石、石榴石、硅石、板石、滑石、蛭石、石英、长石、黄铁矿、黏土、玛瑙、页石、含钾页岩等,已知的金属矿有赤铁矿、磁铁矿、铭铁矿、镍钼矿、金、铜、锗、锰、铅、锌、银、矾等 12 种。

全流域已探明磷矿储量 11.37 亿 t,主要分布于夷陵区殷家坪、樟村坪、桃坪河、丁家沟、晓峰和远安县望家、苟家垭等矿区,均产于震旦系的大型沉积矿床,含 P_2O_5 为 20%～30%,品位多为Ⅰ、Ⅱ级,是全国特大型磷矿床之一。

含钾页岩分布于樟村坪、丁家沟两矿区,产于震旦系中的大型沉积矿床,储量为 1.24 亿 t,平均品位为 9.5%。

黄铁矿产于崆岭群的脉状低温热液小型矿床,储量 150 万 t,品位 23.5%。

碘分布于樟村坪、丁家沟两矿区,储量 2500t,碘的品位为 0.00175%。

石墨主要分布于三岔垭矿区,储量 642 万 t,含量为 10.4%,产于前震旦系崆岭群,矿层为石墨片岩,矿体埋藏浅。

煤矿分布于百里荒,储量为 112.9 万 t,产于二叠系中,为小型沉积矿床。

6.1.10　行政区划及人口

黄柏河流域包括夷陵区五个乡镇,即樟村坪、雾渡河、分乡、黄花、小溪塔,远安县一个乡镇,即荷花镇。根据《宜昌市 2011 年国民经济和社会发展统计公报》和《远安县年鉴 2011》,流域内各乡镇的人口情况见表 6.1。

表 6.1　2011 年黄柏河流域乡镇人口情况

地区	总户数/户	年末总人口/人
小溪塔街道	56909	141226
樟村坪镇	8093	22228
雾渡河镇	11383	32149
分乡镇	13533	38554
黄花乡	13591	36092
荷花镇	—	28269
合计	—	298518

黄柏河流域属于宜昌市西北山区,森林树种繁多,资源丰富。四十多年来,基地造林、林场造林和集体、个人造林,初步形成了一些林业基地和森工基地。

低山丘陵适宜柑橘栽植,中山区适宜茶叶种植;海拔 1200m 以下山区盛产油桐、乌桕、棕片、麻类、木耳、板栗、桑树、猕猴桃等;海拔 1200m 以上的山区适合各种药材、生漆生长。黄柏河流域内有香樟、猕、鲵、石鸡、飞虎等稀有动物。

草场资源丰富,小片人工草场多,食草动物多,养牛 20254 头,养山羊 9478 只。畜牧业以猪为主,存栏 139341 头,还有养蜂、养蚕、养兔等副业生产。黄柏河水资源丰富,盛产优良"黄骨头"鱼,水库、塘堰养成鱼种类多、数量大。

黄柏河流域内农业主要分布在远安县和夷陵区的 6 个乡镇。夷陵区内 5 个乡镇主要种植水稻、小麦和油菜等,粮食产量为 154981t,油料产量为 19984t。远安县荷花镇主要种植水稻、小麦,另有少量棉花和油料。由于水田、平田少,坡耕地多,陡坡耕地比例大,且坡耕地土层薄、肥力低,加之暴雨频繁,冲刷严重,有效耕作层日趋减少,部分耕地甚至是在风化母质层中耕作,流域内农业生产水平普遍较低,严重制约了当地农村经济的发展。

6.2　黄柏河流域污染特征及其问题

随着宜昌市社会经济的快速发展和宜昌市城区人口的快速增长,水资源短缺问题日渐突显,城乡居民生活用水、工业用水的增长对水资源量与质的要求越来越高,作为宜昌市城区和宜东地区的主要水源,如何有效利用和配置好黄柏河流域有限的水资源对于保障宜昌市的社会经济发展具有十分重要的战略意义。另外,由于磷矿矿山、交通和涉水工程的开发利用,磷矿企业的不合理布局,农药、化肥的大量使用,不当养殖和村镇垃圾、污水的直接入河排放,黄柏河流域水资源污染状况日趋严重,水体自净纳污能力日趋饱和。2012 年和 2013 年,玄庙观和天福庙水库相继发生不同程度的水华,表明黄柏河东支上游两级水库水体已经开始富营养化,水质状况逐渐恶化。如果任其发展,库区水环境将进一步恶化,富营养化程度会不断加深,一旦优势藻类演化为能够释放毒素的蓝藻,宜昌市必将面临失去黄柏河东支这一优良地表水源地的不利局面。

由于黄柏河流域上游地区发现大型磷矿,远安、夷陵等区县为发展当地经济,改善民生,要求开发磷矿的呼声越来越强烈,如果任其无序开采,必将给黄柏河流域的水环境带来灾难性后果,如何协调好流域经济发展,特别是上游地区磷矿的开采与流域水环境保护的矛盾,已成为宜昌市面临的紧迫任务。

因此,分析黄柏河流域磷矿开采点源污染和农业面源污染对于黄柏河流域东支水质以及水环境容量的影响,分析造成水体富营养化的原因,为下一步严格控制污染源排放,依法查处破坏水生态环境的行为,有目的、有针对性地制定黄柏河流域开发治理保护政策及措施提供依据意义重大。

6.3　黄柏河流域点源、面源污染

6.3.1　磷矿排污调查

黄柏河流域东支磷矿采选企业以及水质水量监测位置如图 6.1 所示。2009～2011 年,夷陵区和远安县部分磷矿排污口污染物入河浓度监测结果见表 6.2 和表 6.3。

表 6.2　夷陵区排污口监测结果

年份	排污口名称	监测结果				
		pH	COD /(mg/L)	氨氮 /(mg/L)	悬浮物 /(mg/L)	总磷 /(mg/L)
2009	华西矿业 652 平硐	7.06	15.3	—	18	0.132
	明珠磷化 864 平硐	7.14	14.8	—	13	0.028
	杉树垭矿业 710 平硐	7.03	10.3	—	42	0.169
	中孚化工 736 平硐	6.88	16.4	—	33	0.113
2010	华西矿业 652 平硐	7.06	13.2	—	16	0.119
	明珠磷化 864 平硐	7.09	14.9	—	18	0.035
	杉树垭矿业 710 平硐	7.12	13.8	—	36	0.215
	中孚化工 736 平硐	6.95	17.5	—	34	0.112
2011	夷陵区污水处理厂	7.26	36.0	3.86	20	0.136
	丁家坝污水处理厂	7.35	40.0	5.92	26	0.454
	华西矿业 652 平硐	7.24	14.2	0.623	18	0.125
	明珠磷化 864 平硐	7.15	15.4	0.451	24	0.065
	杉树垭矿业 710 平硐	7.20	12.9	0.453	29	0.198
	中孚化工 736 平硐	7.14	16.4	0.752	31	0.154

表 6.3　远安县段排污口水质监测数据

序号	排污口名称	所属企业	水量水质监测数据			
			废水排放量 /(t/d)	COD /(mg/L)	氨氮 /(mg/L)	悬浮物 /(mg/L)	磷酸盐 /(mg/L)
1	九女磷矿	宜昌东圣九女矿业有限公司	88.5	56	8.2	65	0.32
2	金香磷矿		570	52	7.5	48	0.25
3	金沟磷矿		372	48	6.5	65	0.33
4	谢家坡磷矿		65	62	5.8	48	0.22

| 序号 | 排污口名称 | 所属企业 | 水量水质监测数据 | | | | |
			废水排放量 /(t/d)	COD /(mg/L)	氨氮 /(mg/L)	悬浮物 /(mg/L)	磷酸盐 /(mg/L)
5	恒顺磷矿	湖北恒顺矿	203	55	5.2	42	0.27
6	盐池河磷矿	业有限公司	68	62	4.8	56	0.25
7	晒旗河磷矿	东达矿业 有限公司	1000	45	5.1	48	0.24
8	苏家坡磷矿	远安县燎原 矿业有限公司	6230	22	2.8	62	0.26
9	柳山沟磷矿		83	45	6.1	70	0.44
10	花庙坡磷矿	湖北广原化	841	38	5.2	62	0.21
11	猴子口磷矿	工集团有限	34	52	4.8	42	0.18
12	黄家台磷矿	公司	34	57	7.2	66	0.25
13	响水槽磷矿	东扬矿业 有限公司	800	42	6.5	62	0.19
14	砦门磷矿	远安县昌盛 矿业有限公司	358	48	4.5	68	0.22
15	神农磷矿	宜化集团 矿业公司	682	38	5.6	57	0.27
16	白岩坡磷矿		225	55	5.3	58	0.32
17	吉安磷矿	远安县远大	165	45	7.2	49	0.34
18	榨屋磷矿	矿业有限公司	286	46	5.5	59	0.28
19	孔住湾磷矿		552	57	4.6	58	0.26
20	金北磷矿	远安县昌盛 矿业有限公司	256	45	3.2	55	0.21
21	恒发磷矿	远安恒发矿 业有限公司	385	52	2.5	56	0.24
22	郑家坪磷矿	远安县宜洲 矿业有限公司	446	60	4.5	62	0.30

　　根据 2011 年对黄柏河流域远安县段 19 家排污口的调查监测,排污口排放废水约 4619.62t/a,其中氨氮排放量为 19.76t/a,悬浮物排放量为 274.52 t/a,磷酸盐排放量为 1.18t/a。根据监测数据可知,各排污口废水主要污染物排放浓度均达到《污水综合排放标准》(GB 8978—1996)的一级 B 标准。但矿山开采产生的废

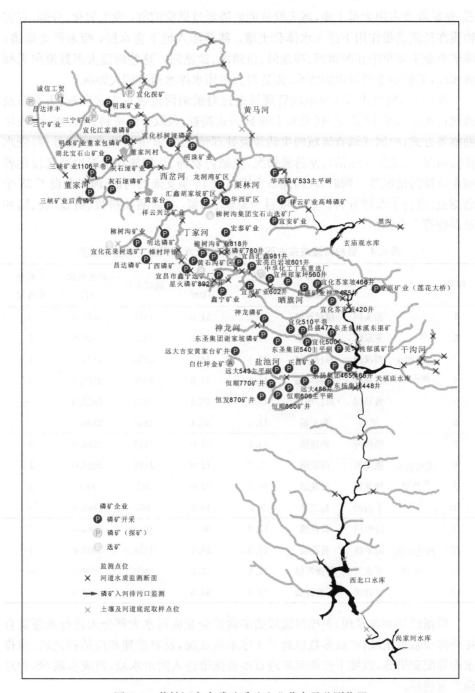

图 6.1　黄柏河东支磷矿采选企业分布及监测位置

石、尾矿堆放占用大量土地,露天堆放的矿渣经过风吹雨淋,发生氧化、分解,有害物质在径流携带作用下进入水体和土壤,甚至渗入地下含水层,带来严重危害;磷矿企业主要集中在晒旗河、神龙河、鱼鳞溪、盐池河。这些河流大多数流向天福庙水库,工矿企业所排放的废水、废渣对天福庙水库水质有较大影响。

2013 年,宜昌市黄柏河流域管理局通过对黄柏河流域东支玄庙观、天福庙及西北口水库入库 14 条支流(表 6.4)全覆盖式调查,采取查阅资料、广泛咨询、现场勘察等方式,拉网式调查流域内生活垃圾处理情况,工矿企业生产废渣处理、废水排放情况,企业员工生活污水排放情况,流域内农药、化肥施用情况以及规模化养殖企业排污情况等。同时,在西北口水库以上 14 条支流的河源、河口布设了 28 个监测点,进行了取样分析。监测项目为总磷、总氮、高锰酸盐指数、氨氮、铁、锰和悬浮物等 7 个指标。

表 6.4　黄柏河流域东支西北口水库以上水质调查支流基本情况

序号	水库	支流	所在行政区	河长/km	流域面积/km²	流域人口	耕地面积/亩	工矿企业数量
1		源头河	樟村坪镇	27.0	51.0	1411	3887.6	5
2		董家河	樟村坪镇	11.0	35.5	1625	2450.0	2
3	玄庙观水库库区	西汉河	樟村坪镇	15.4	34.8	2658	7449.0	4
4		栗林河	樟村坪镇	17.8	63.9	2980	8136.5	9
5		黄马河	樟村坪镇	25.6	47.3	1539	5653.0	—
6		黑沟	荷花镇	11.5	36.4	1857	2150.0	—
7		晒旗河	荷花镇	13.5	37.0	1203	2286.0	9
8	天福庙水库库区	桃郁河	荷花镇	7.7	12.0	1425	3695.0	1
9		神龙河	荷花镇	10.0	62.0	481	50.0	8
10		干沟河	荷花镇	9.3	49.0	560	1460.0	—
11		盐池河	荷花镇	12.8	30.5	1675	2995.0	7
12	西北口水库库区	淹伞溪	荷花镇	11.3	36.6	4419	5308.0	1
13		考成河	雾渡河镇	12.1	42.0	3600	7500.0	—
14		玉林溪	雾渡河镇	13.0	36.5	440	3300.0	—

根据现场调查发现,黄柏河流域诸多磷矿企业废污水大部分未进行处理就直接外排至临近水域;矿渣多数也处于无序堆放状况,没有修建相应的挡渣墙、截排水沟等配套措施,致使下雨期间矿渣直接被携带进入附近水域,造成水域 SS 和总磷严重超标。

董家河是黄柏河东支的重要支流,所在子流域董家河村是樟村坪镇近几年以及未来矿产开采的重点区域。根据实地调查及查阅相关资料,流域流经的羊角山村和董家河村地处夷陵区樟村坪镇西北山区,地域较偏,平均海拔较高。人口较少,分布较散,无集中式生活排污口。羊角山村有一家规模化养殖场,排污采用集中排放、天然发酵方式,因此对董家河污染影响较小。董家河的磷矿采矿厂有明珠公司董家包磷矿、柳树沟集团宝石山矿业公司、宜昌三峡矿业等。

　　表 6.5 是董家河各监测断面的水质情况。由表可以看出,董家河源头水质可达Ⅱ类标准。但其余断面总氮、总磷均超过Ⅱ类标准(注:地表水Ⅱ类标准中无总氮指标,总氮参照湖泊Ⅱ类水标准,下同),特别是总氮已超过Ⅴ类标准,董家河桥上游 500m 处的总磷也超过Ⅴ类标准。

表 6.5　董家河监测断面一览表

监测断面	高锰酸盐指数	氨氮 /(mg/L)	硝态氮 /(mg/L)	总氮 /(mg/L)	总磷 /(mg/L)
董家河源头	1.0	0.055	0.30	0.36	0.05
董家河上游断面	1.5	0.065	2.30	2.58	0.14
董家河中游断面	1.4	0.065	2.97	3.21	0.19
董家河桥上游 500m	1.7	<0.025	3.59	3.87	0.43
地表水环境质量标准(Ⅱ类)	4.0	0.5		0.50	0.10

　　总氮由氨氮、硝态氮、亚硝酸盐和有机氮组成。从表 6.5 可以看出,董家河全河段氨氮均满足Ⅱ类水质标准,表明面源污染对其水质影响较小。而硝态氮含量则接近总氮含量,说明硝态氮是总氮超标的主要原因。

　　硝态氮是含氮有机物氧化分解的最终产物,主要来源于本地区的磷矿开采所使用的 TNT 炸药和运输汽车的柴油尾气排放。根据相关资料,每吨 TNT 炸药可产生 8kg 氮氧化物气体(以 NO_2 计),按 70% 水雾降尘捕捉、60% 转化为 NO_3^- 计,即可产生 4.53kg/t 炸药硝态氮。引用《第一次全国污染源普查工业污染源产排污系数手册》中的指标,采场动力尾气产生的氮氧化物约为 44.4g/L 柴油,按 60% 转化为 NO_3^-,10% 随降水汇入黄柏河计,即可产生 2.66g/L 柴油硝态氮。随着磷矿开采的大型化、规模化,硝态氮和总氮浓度还会呈大幅增长趋势。

　　此外,磷矿运输汽车的尾气排放也是污染源之一,降水后,由于炸药爆炸产生的氮氧化物、磷的气体和粉尘,以及汽车尾气排放的氮氧化物随降水进入水体中,形成污染。表 6.6 为 2014 年黄柏河东支主要水库降水水质监测结果,由表中数据可知,水库及河道中的降水也会影响河道水体质量。

表 6.6　2014 年黄柏河东支主要水库降水水质监测结果

取样点	氨氮/(mg/L)	硝态氮/(mg/L)	磷酸根/(mg/L)
西北口水库	2.261	3.850	0.152

取样点	氨氮/(mg/L)	硝氮/(mg/L)	磷酸根/(mg/L)
玄庙观水库	5.134	3.661	0.122
天福庙水库	2.186	3.300	0.132

6.3.2　流域农村生活污水处理、排放及水质监测

　　黄柏河流域东支西北口水库以上14条支流调查区域内共有居民33735人,另有企业工人及管理人员约5000人。生活用水包括厨房用水、厕所用水、洗涤用水等,这些生活污水均未经处理直接排放到河沟或田地。

　　生活污水水质的影响因素有:地域差异、农村发展状况、农村人口总量、人口总量、人均综合生活污水量指标、不同区域的特征和地下水入渗等。同时,随着农村的发展和人民生活水平的日益提高,以及饮食方式、生活习惯和消费观念的不断改变,这些因素均会对农村生活污水水质指标的变化产生影响。调查区农村生活污染排放情况见表6.7。

表6.7　黄柏河流域东支河道汇流区农村生物污染排放量

水库	支流	SS /(t/a)	COD /(t/a)	BOD$_5$ /(t/a)	NH$_4^+$-N /(t/a)	TN /(t/a)	TP /(t/a)
玄庙观水库库区	源头河	2.78~5.56	2.78~8.34	1.67~4.17	0.56~2.22	1.11~2.78	0.06~0.19
	董家河	3.20~6.41	3.20~9.61	1.92~4.80	0.64~2.56	1.28~3.20	0.06~0.22
	西汉河	8.97~17.93	8.97~26.90	5.38~13.45	1.79~7.17	3.59~8.97	0.18~0.63
	栗林河	11.09~22.17	11.09~33.26	6.65~16.63	2.22~8.87	4.43~11.09	0.22~0.78
	黄马河	5.29~10.59	5.29~15.88	3.18~7.94	1.06~4.24	2.12~5.29	0.11~0.37
	黑沟	3.66~7.32	3.66~10.98	2.20~5.49	0.73~2.93	1.46~3.66	0.07~0.26
天福庙水库库区	晒旗河	2.37~4.74	2.37~7.11	1.42~3.56	0.47~1.90	0.95~2.37	0.05~0.17
	桃郁河	2.81~5.62	2.81~8.43	1.69~4.21	0.56~2.25	1.12~2.81	0.06~0.20
	神龙河	0.24~0.47	0.24~0.71	0.14~0.35	0.05~0.19	0.09~0.24	0.00~0.02
	干沟河	2.76~5.52	2.76~8.28	1.66~4.14	0.55~2.21	1.10~2.76	0.06~0.20
西北口水库库区	盐池河	3.30~6.60	3.30~9.90	1.98~4.95	0.66~2.64	1.32~3.30	0.07~0.23
	淹伞溪	8.71~17.42	8.71~26.13	5.23~13.06	1.74~6.97	3.48~8.71	0.17~2.37
	考成河	7.10~14.19	7.10~21.29	4.26~10.64	1.42~5.68	2.84~7.10	0.14~0.50
	玉林溪	0.87~1.73	0.87~2.60	0.52~1.30	0.17~0.69	0.35~0.87	0.02~0.06

续表

水库	支流	SS /(t/a)	COD /(t/a)	BOD$_5$ /(t/a)	NH$_4^+$-N /(t/a)	TN /(t/a)	TP /(t/a)
企业工人	—	9.9～19.7	9.9～29.6	5.9～14.9	1.97～7.88	3.9～9.86	0.20～0.69
年排放量		76.35～152.69	76.35～229.04	45.81～114.52	15.27～61.08	30.54～76.35	1.53～5.34

西北口水库上游城镇农民生活污水每年排放 SS 76.35～152.69t、COD 76.35～229.04t、BOD$_5$ 45.81～114.52t、NH$_4^+$-N 15.27～61.08t、TN 30.54～76.35t、TP 1.53～5.34t。

6.3.3　畜禽养殖、排泄物处理、沼气等开发利用及排污情况调查

黄柏河流域东支西北口水库上游区域内养殖企业共 21 家,规模化养猪场 8 家,年出栏生猪 2580 头;规模化养鸡场 5 家,年出栏鸡 61000 只;养羊 2 家,年出栏羊 90 只。有些养猪场修建了沼气池,猪粪、猪尿收集池,用作农家肥;6 家养猪场直接排放。养鸡场的鸡粪经混合干木粉后用作肥料。

根据调查统计资料和规模化畜禽养殖场畜禽饲养周期对畜禽排放粪便进行测算:一头猪每天排放粪便 2.0kg,尿液 3.3kg,按 150 天的饲养周期进行估算,黄柏河流域东支西北口水库上游规模化生猪养殖场(户)每年排放粪便 774t[2.0kg/(头·d)×2580 头×150d/1000＝774t],每年排放尿液 1277.1t[3.3kg/(头·d)×2580 头×150d/1000＝1277.1t],每年产生 COD 92.85t,氨氮 4.644t。一只肉鸡每天排放粪便 0.08kg,按 40 天的饲养周期估算,区域规模化肉鸡养殖场(户)每年排放粪便 195.2t[0.08kg/(只·d)×61000 只×40d/1000＝195.2t],每年产生 COD 27.11t,氨氮 1.22t。

6.3.4　生活垃圾回收、处理及排放情况调查

1) 荷花镇

窑河村、谭坪村、青峰村、西河村的垃圾统一焚烧、填埋;望家村(黑沟流域)生活垃圾堆积在黑沟河岸。荷花店村设置了约 30 个垃圾箱,4 个大清洁池,对于生活垃圾收集后集中填埋,部分偏远散户就地焚烧。西河村设置了垃圾收集箱,沿河村民的垃圾集中收集填埋,其余就地焚烧。盐池村的生活垃圾收集后集中填埋。

2) 樟村坪镇

羊角山村、董家河、砦沟村、桃坪村、黄马河村、古村生活垃圾集中收集后处理填埋。

3) 分乡镇

界岭村有 150 户的生活垃圾收集后集中填埋,其余就地焚烧。

6.3.5　黄柏河流域污染源强测定

针对黄柏河流域东支点源、面源污染贡献率,结合磷矿点源以及面源污染物入河特性,测定点源、面源污染排放源强。

1. 磷矿点源、面源污染入河排放量监测

基于质量平衡法以及磷矿开采所形成的特征污染物进行点源、面源污染入河排放量(水量以及污染物质量)测定。

在黄马河、源头河、董家河、西汊河、丁家河、栗林河等河道布设监测断面的同时,选择樟村坪镇、董家河村、黄马河村,在村镇上游和下游布设监测断面,并对沿河点源排放流量和浓度过程进行监测。通过断面流量和污染物浓度监测,在平衡计算的基础上确定点源、面源污染物入河量以及河道的污染负荷。玄庙观水库汇流区现场监测如图 6.2 所示,在西北口水库以上 17 个位置设置监测断面,现场进行流量测定以及断面水质取样,并沿河道进行磷矿开采点源以及面源的排污口水质取样。

监测方法如图 6.3 所示,在磷矿受纳河道的上游(1、3 位置)以及下游(2、4 位置)分别设定监测断面,现场测定上游入口和下游出口流量 Q_{in} 和 Q_{out}。出口流量和入口流量差为河道上、下游控制区段的所有磷矿点源排水以及面源排水入河量。需要指出的是,上、下游监测断面的入河水量包括以地表径流形式入河的磷矿和面源排水,以及来源于地下水、以地下渗流形式入河的水量,磷矿开采和面源也均会影响地下水质。

根据上、下游监测断面的差值确定的水量包括磷矿点源地表排水、面源污染地表排水、地下渗流排水:

$$Q_{out} - Q_{in} = Q_{ps} + Q_{ns} + Q_{pd} \tag{6.1}$$

式中,Q_{ps}、Q_{ns} 和 Q_{pd} 分别为磷矿点源地表排水量、面源污染地表排水量以及地下渗流排水量。

考虑到对于所有的地表排污口(包括面源和点源)进行水质及水量监测比较困难,而磷矿点源以及面源污染口的排放浓度监测点足够,浓度平均值能够代表监测区的一般情况,故通过质量平衡法以及磷矿开采特征污染物确定磷矿点源地表排水量、面源污染地表排水量以及地下渗流排水量 Q_{ps}、Q_{ns} 和 Q_{pd}。

NH_3 主要来源于磷矿地表排水和面源地表排水,地下渗流中 NH_3 浓度很小,可忽略,通过对磷矿和面源地表排水中 NH_3 浓度 C_{NH_3ps} 和 C_{NH_3ns},以及河段上游进口和下游出口断面 NH_3 浓度 C_{NH_3in} 和 C_{NH_3out} 进行测量,通过质量平衡方程,可建立

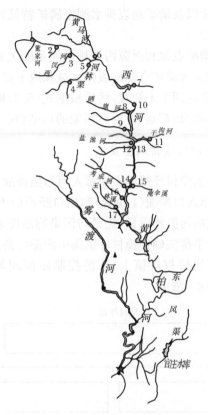

图 6.2　主要磷矿开采区监测位置

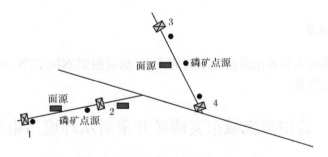

图 6.3　质量平衡法监测布置示意图

磷矿开采点源和面源地表排水流量关系：

$$Q_{out}C_{NH_3 out} - Q_{in}C_{NH_3 in} = Q_{ps}C_{NH_3 ps} + Q_{ns}C_{NH_3 ns} \tag{6.2}$$

同时，磷矿点源的特征污染物（氟化物）来源于地表径流和地下渗流，质量平衡方程为

$$Q_{out}C_{out} - Q_{in}C_{in} = Q_{ps}C_{ps} + Q_{pd}C_{pd} \tag{6.3}$$

上游断面、下游断面以及磷矿地表排水测定磷矿特征污染物（氟化物）浓度分别为 C_{out}、C_{in}、C_{ps} 和 C_{pd}。

根据式（6.2）确定磷矿点源和面源污染排放流量的关系。代入式（6.1）后，未知量由 Q_{ps}、Q_{ns} 和 Q_{pd} 减少为磷矿点源地表排水量和地下渗流排水量 Q_{ps} 和 Q_{pd}，则与式（6.3）联立求解确定这两个未知数，然后根据式（6.2）确定面源污染地表排水量 Q_{ns}。用相同的方法确定磷矿点源、面源污染的污染物（NH_3、TN、TP 浓度）。

2. 村镇集中面源入河污染排放量监测

通过质量平衡法监测樟村坪镇集中面源入河污染排放量。监测方法如图 6.4 所示，在丁寨河樟村坪镇入口断面（1 位置）和出口断面（2 位置）布设监测断面，在上游测定流入樟村坪镇的污染物质量（流量与污染物浓度乘积），在下游测定流出污染物质量。根据质量平衡法确定樟村坪镇集中面源污染入河排放量。

测定内容：在丁家河樟村坪镇上、下游控制断面现场测定流量，取样测定 NH_3、TN、NO_3^-、TP、PO_4^{3-} 浓度。

图 6.4　村镇集中面源入河污染排放量监测实际测量图

3. 大气沉降

在降水期间收集黄柏河流域东支的降水，然后测定 NH_3、TN、NO_3^- 浓度，最后测定大气沉降量。

6.4　黄柏河流域东支磷矿开采对水环境污染分析

6.4.1　磷矿开采工艺与污水排放

宜昌市黄柏河流域东支磷矿主要采用地下开采的形式，采矿流程如图 6.5 所示。以采用机械化程度较高、相对安全的锚杆预控顶盘区房柱采矿法的三宁矿业有限公司挑水河磷矿东部矿段为例，对磷矿开采工艺与污水排放进行说明。

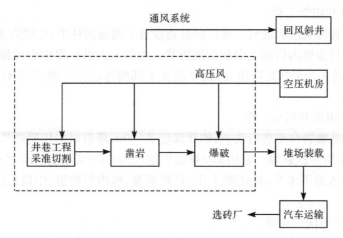

图 6.5　采矿流程

1. 基本概况

矿段已控制工业矿层(体)北西走向长 1000～1900m,北东倾向长 1500～2900m,矿体赋存标高 660～920m,埋深 81.67～383.99m。矿层总体倾向北东,倾角 4°～7°。

2. 开采顺序

(1) 沿矿体倾斜方向自上而下逐段进行开采。

(2) 中段内自两翼向石门溜井(或脉内斜坡道)后退式回采。

(3) 垂直方向上先开采 Ph_2 矿层,后开采 Ph_1^3 矿层,Ph_2 矿层的开采与 Ph_1^3 矿层之间保持一个中段的距离。

3. 回采工艺

1) 回采顺序

矿房在矿体倾斜方向沿切割上山自上而下回采,盘区内自盘区中心线向两侧脉内斜坡道回采。矿房之间各工作面保持不小于 15m 的超前距离。分采盘区矿房在垂直方向回采顺序为先上后下,即先切顶,再回采中富矿层,最后回采下贫矿层。

2) 矿块构成要素

盘区沿矿体走向布置,矿块走向长 250m,斜长 80～120m,平均值为 100m。盘区间留两条宽 10m 的连续矿柱,顶、底柱宽 3m,矿房内留设 4m×5m 的点柱。

3）采准和切割工程

采准工程为采区斜坡道。采区斜坡道设置于两条间柱中，宽度为 3.8m。

切割工程为脉内切割上山和切割横巷。切割上山沿矿房中心线掘进，宽度为 4m；切割横巷为开采初始自由面，设于盘区上部两排点柱中间，沿矿体走向布置，宽度为 4m。

4）劳动组织及回采工作

采用浅孔凿岩台车进行凿岩，炮孔深度 2～3m，爆破时采用硝铵炸药，人工装药，导爆管雷管一次起爆。采用 3m³ 柴油铲运机出矿，矿石通过铲运机或在采场内经铲运机装入地下卡车，经切割上山、切割横巷、脉内斜坡道、中段运输平巷倒运至溜井。

（1）采矿方法的选择。

矿区砂岩矿矿体呈较均匀层状，矿层稳定性好，倾角较小，而矿层顶板岩性较软，节理发育，易冒落。根据矿层的上述特点，该矿采用走向壁式崩落采矿法开采。该方法是我国大多数缓倾斜煤矿最常用的采矿方法，也是一种成熟的采矿方法。这种方法的优点主要是采准巷道布置简单，生产能力大，劳动生产率高，可以及时处理采空区，通风条件好，有利于实现机械化作业。缺点是支护工作强度较大，顶板管理比较复杂。

（2）回采工艺。

回采采用炮采工艺。其工序为准备—钻眼爆破—通风排烟—临时支护—擂矿—永久支护—移溜—回柱放顶（图 6.6）。

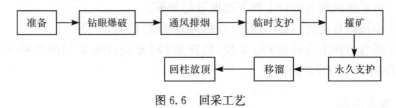

图 6.6　回采工艺

回采工作从切割上山开始，采矿工作面沿矿体倾斜方向布置，顺槽与中段平巷相连，采用凿岩机浅孔爆破落矿，沿切割上山由上而下回采，回采厚度 2.0m，一次采全高，计算矿块日生产能力 120t。安排 1 个工作面生产，采用电耙耙矿装车，装车后车辆经中段运输平巷、溜井石门主平硐后运至地面矿仓。

由于矿体顶板为泥质灰岩、灰质页岩和薄层状石灰岩，硬度较低，易破碎，在矿石爆破后易垮落，工作面顶板需支护。初定采用单体液压支柱和金属顶梁支护，以减少木材消耗。柱距 1m，排距 1m，控顶距最大 5.0m，最小 3.0m。为减小工作面顶板压力，随着工作面的推进，采用密集支柱（木支柱）切顶放顶，放顶距离 2m。采用 15kW 回柱绞车回撤液压支柱复用。

回采工作面由采区边界向通风行人井方向推进,工作面采用凿岩机打眼。

(1)落矿。采用浅眼落矿,炮眼布置采用梅花形,排孔间距 0.6~1m,边孔距顶板 0.1~0.25m,沿走向一次推进距离 0.8~1.5m,根据顶板稳固程度,可沿工作面全长一次落矿,但推进的距离应为实际采用支柱排距的整数值。

(2)工作面运输。工作面崩落下来的原矿利用铁板溜槽溜入下部的漏口闸门中,然后装入中段运输平巷的矿车中,经人力推车至溜井放矿。

(3)工作面长度。工作面长度根据年生产能力和顶板稳固情况而定。

(4)工作面顶板管理。采矿工作面支护材料为坑木,采用"一梁二柱"顺山压嘴棚支护,坑木直径不得小于 16cm,支护间距为 0.8m。顶板稳定性差时适当缩小柱距。工作面选用全部垮落法与部分充填法结合管理顶板,放顶前采用密集切顶,密集柱直径不小于 18cm,沿放顶线支设,每 8~10 根为一组,组与组间留设宽0.5m 的安全出口,密集柱间距 20~30mm。使用 JH-5 回柱绞车进行回收,按照"见五回二"或"三、五"控顶原则进行顶板管理,即最大控顶时五排支柱,最小控顶时三排支柱,工作面最大控顶距 4m,最小控顶距 2.4m,放顶步距 1.6m。

选矿流程方面,宜昌磷矿多为中低品位胶磷矿,普遍含 MgO 较高,磷矿物和脉石矿物共生紧密,嵌布粒度细,只有采用浮选法才能获得较好的分离效果。生产实践中用得较多的是正、反浮选工艺和重介质分选工艺。根据《宜昌市黄柏河流域水资源保护管理办法》要求:禁止新建或扩建电镀、制革、制浆造纸、酿造、漂染、炼硫、选矿以及生产化肥、农药等可能造成有毒污染或严重有机污染的工业企业。夷陵区禁止新建选矿厂,已建的选矿厂均采用污染较小的重介质选矿的方式。

地下开采主要污染物及产物环节如表 6.8 和图 6.7 所示。

表 6.8　地下开采及选矿流程主要污染

开采方式	水环境	声环境	大气环境	生态环境
地下开采	爆破造成涌水污染,生活污水破坏地下水的补给、径流与排泄条件及各含水层的水力联系	机械噪声 爆破噪声 运输噪声	爆破扬尘及废气 运输扬尘及尾气 堆场扬尘	地下的大量采空区造成地面塌陷及伴随而发生的地表水、浅层地下水的漏失现象,并诱发大量地质灾害矿区大量耕地损害与贫瘠,植被破坏,水土流失与土地沙漠化加剧,地下水位下降
选矿	选矿废水外排(含大量的 P、F 及 Fe 离子)生活污水	机械噪声 运输噪声	破碎粉尘 运输扬尘 堆场扬尘	排水对区域河流污染严重 尾矿侵占大量有益土地 有发生泥石流的隐患

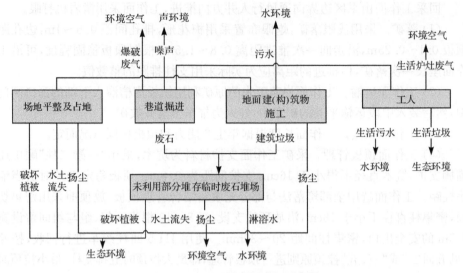

图 6.7　地下开采产污流程示意图

地下开采所造成的水污染如下：

1）施工期间废水

（1）施工生产废水。施工生产废水主要产生于石料冲洗、混凝土搅拌与养护过程，所含污染物主要为 SS，不含其他有毒有害物质。一般要求企业在施工场地设截留水沟和沉淀池，生产废水经沉淀后重复利用，不外排。

（2）施工人员生活污水。宜昌地区矿山开采基本都是以机械为主。施工期间，施工人员可多达 50～100 人，工业场地施工营地一般设置旱厕，生活污水主要来源于食堂，产生量约 4.0～8.0m³/d，主要污染物为 SS、BOD₅、CODcr 和油类，浓度分别为 200mg/L、100mg/L、150mg/L 和 15mg/L，设旱厕及隔油池集中收集后经化粪池处理用于周围耕地农肥，可不外排。

（3）建井期矿坑涌水。在进行井筒施工时，为便于施工，遇上含水层会预先采取堵水措施，因此排水量很小，随着井巷的延伸，岩层暴露面积逐步增大，矿井涌水量也会随之增大，难以定量，其主要污染物为 SS。处理后矿坑涌水用于搅拌砂浆、建设场地洒水、冲洗等。

除此之外，建设期掘进废石临时堆存于工业场地内废石堆场，遇雨产生的淋溶水需进行收集沉淀后方能外排。

2）生产期废水

地下开采采用平硐开拓方式，投产后，水污染源主要为矿井井下涌水和工业场地地面生产生活废水。

井下涌水主要污染物为 COD、SS、可溶性磷酸盐、F⁻，产生浓度分别为 40mg/L、

180mg/L、0.376mg/L、0.59mg/L,经沉淀池絮凝沉淀处理后矿井涌水 COD、SS、可溶性磷酸盐、F^-浓度可下降为 10mg/L、50mg/L、0.132mg/L、0.18mg/L,处理后矿井涌水对地表水环境影响较小。

工业场地地面生产生活污废水产生量约为 $0.072m^3/$(人·d),主要污染物为 COD、BOD_5、SS、NH_3-N,产生浓度分别为 120mg/L、80mg/L、150mg/L、20mg/L,经化粪池处理后,全部就近外排至相邻水域。

开采方式的不同对污染物的产生量影响不大。主要污染物的产生量由以下因素造成:工人人数;炸药用量;涌水量。

工人人数和炸药用量与开采规模及机械化程度有较直接的关联。开采规模大,工人人数、炸药用量随之增加,机械化程度高,工人人数、炸药用量随之减少。

涌水量影响因素较多,主要有:地质结构、风化、岩溶、断裂层的分布、地形、地下水水质等。总的趋势是:随着开采时间的延续,采空区不断扩大,涌水量呈几何倍数增长。

开掘、破碎、爆炸均涉及炸药的使用,炸药使用后 1~2h 内,涌水水质极度恶化,SS、总氮明显增加,单纯的絮凝沉淀工艺不能使水质处理达标外排。后续水质恢复常态,絮凝处理可使污水水质达标。

经宜昌市安全生产监督管理局统计,2012 年夷陵区炸药配送总量约为 3000t,可产生 13.59t 硝酸盐氮;夷陵区矿山拥有运输车辆 2000 余台,按每车 1L 柴油/10km,运输里程 1 万 km/(车·a)计,可产生 5.32t 硝酸盐氮,合计产生 18.91t 硝酸盐氮/a(表 6.9)。

表 6.9　2012 年各矿山硝酸盐氮产生量

矿山	2012 年磷矿开采量/万 t	硝酸盐氮产生量/(kg/a)
汇鑫磷化及三宁矿业鑫宁选矿厂	0	0
华西公司黄石沟矿区	9.77	225.7
柳树沟矿业丁西磷矿	86.80	2005.3
昌达公司昌达磷矿(宜昌樟村坪磷矿)	9.10	210.2
柳树沟集团宝石山选矿厂	0	0
鸿泰公司鸿泰矿区(南沟磷矿)	27.00	623.8
汇鑫工贸胡家坡矿区(胡家坡磷矿)	5.11	118.1
华西公司王家坪矿区(华兴磷矿)	30.23	698.4
宜昌龙洞湾矿业有限公司龙洞湾磷矿	10.00	231.0
明达公司明达矿业	0	0
宜化集团宜化矿业花果树选矿厂	0	0
祥云公司祥云兴达矿业(云霄垭磷矿)	9.35	216.0

矿山	2012年磷矿开采量/万 t	硝酸盐氮产生量/(kg/a)
湖北宜化神农磷矿	0	0
金香井口 540 主平硐、谢家坡矿洞、东圣九女矿业九女磷矿	59.22	1368.1
湖北宜化苏家坡磷矿 510 平巷	0	0
昌盛矿业 472 平硐(砟门磷矿)	15.05	347.7
湖北宜化苏家坡磷矿 500 工区	0	0
东圣鱼鳞溪东渠矿口	0	0
昊坤桃郁溪矿区	0	0
三宁矿业	0	0
湖北昌达洋丰磷化有限公司	0	0
诚信工贸孙家墩磷矿	0	0
宜化杨家墩磷矿	0	0
明珠公司董家包磷矿	33.14	765.6
柳树沟集团宝石山矿业公司(董家河磷矿)	5	115.5
宜昌三峡矿业 1106 平巷(未生产)(后湾磷矿)	15	346.5
宜昌三峡矿业有限公司后湾磷矿	0	0
杉树垭矿业有限公司杉树垭磷矿	153.78	3552.8
远安宏亮矿业白岩坡磷矿	0	0
东圣九女矿业九女磷矿 560 主平硐	59.22	1368.1
昌盛矿业砟门磷矿 486 主平硐、475 主平硐合排	15.05	347.7
中孚化工丁东磷矿	42.71	986.7
祥云矿业高峰磷矿	0	0
华西磷矿 533 主平洞	0	0
东圣化工集团东扬矿业有限公司(东圣斜井)	0	0
宜昌远大实业集团	0	0
湖北恒顺矿业有限责任公司(恒顺 770、660、606)	0	0
远安恒发矿业有限公司	0	0
远安正昌矿业有限责任公司	0	0
白竹坪金矿	3	69.3
合计	588.53	13596.5

　　根据《宜昌市夷陵区磷矿矿山地质环境综合评估分区评价》数据,宜昌市夷陵区矿业废水年产出 313.99 万 t,排放 253.14 万 t,均排入矿区各溪河中,地表水污染严重。

　　黄柏河流域东支的磷矿主要由胶磷矿和其他脉石矿物——石英、斜长石、岩屑、黏土以及少量碳酸岩、褐铁矿等组成。流域中的磷主要来自磷矿开采企业的坑道涌水、生产废水及坑道通风无组织排放携带的磷矿粉尘,这些粉尘最终会随降水汇入河流。

　　磷矿主要以碳氟磷灰石的形式出现,主要化学成分是$[Ca_5(PO_4)_3(F,Cl,OH)]$。以窑坡、董家河和水田坪为例对磷矿开采的磷平衡进行分析,2013 年这三个矿区分别开采磷矿石 85800t、63500t 和 190500t。根据空气浓度取样测定结果,三个矿区粉尘排放量为 0.55t、0.275t 和 0.825t,窑坡矿区出售磷矿石 4399.35t,堆场弃料和采空区填埋磷矿石 4399.45t;董家河矿区磷矿石破碎 60200t,堆场弃料和采空区填埋磷矿石 329.53t,水田坪矿区破碎磷矿石 180700t,堆场弃料和采空区填埋磷矿石 9799.18t,根据平衡计算结果估算,三个矿区随涌水入河排放磷矿石 4.196t。根据 2013 年对应河道的监测结果可知,当年汇流区河道出口年径流量为 $3.710^7 m^3$,河道中 SS 的浓度为 $(107\pm124)mg/L$(平均值±标准差),根据河道中平均浓度计算,2013 年排放量为 4.01t,根据质量平衡确定的磷矿开采固体污染物入河量的误差为 4.49%,根据质量平衡确定的磷矿开采固体污染物入河量的误差为 4.49%。

　　TP 则是以不溶解态磷和可溶解态磷两种方式入河,根据 21 个排污口 2009～2014 年的监测资料,TP 的排出浓度为 $(0.72\pm1.02)mg/L$(平均值±标准差),仅占 SS 很小的比例,可溶性磷的浓度为 $(0.268\pm0.061)mg/L$(平均值±标准差),可溶性磷在 TP 中所占的比例为 20.7%～32.6%。

6.4.2　磷矿开采排污节点及平衡分析

　　以杉树垭磷矿为例,分析磷矿开采过程中的物料平衡、P 平衡、水平衡和 F 平衡。杉树垭磷矿东部矿段位于湖北省宜昌市夷陵区樟村坪镇,东以 F26 断层为边界,西以 F12 断层为边界,南东至西汉河西岸矿层露头线,北达董家河。湖北杉树垭矿业有限公司开采杉树垭磷矿区东部矿段(简称杉树垭磷矿),划定矿区面积 $7.59km^2$。

　　杉树垭磷矿采用平硐+溜井+斜坡道开拓的开采方式,坑内运输的主要是矿石以及少量废石、材料、设备。坑内采用汽车运输,采场采出的矿石,采用铲运机装入坑内卡车运往各中段溜井,多坑口分散就近出矿。目前实际开采规模为 150 万 t/a,董家河工区和窑坡工区出矿均为 30 万 t/a,水田坪工区出矿为 90 万 t/a。根据出矿品位不同,杉树垭磷矿出产的磷矿石可以分为以下两种:产品①出矿品位 28.55%,30 万 t/a,商品原矿;产品②出矿品位 21.14%,120 万 t/a,送花果树重介质选矿厂入选(表 6.10)。

表 6.10　入选矿石多元素分析结果

分析项目	P_2O_5	SiO_2	R_2O_3	CaO	MgO	CO_2	F
比例/%	22.29	19.28	3.79	36.09	3.26	5.85	2.31

杉树垭磷矿开采流程及产污节点如图 6.8 所示。

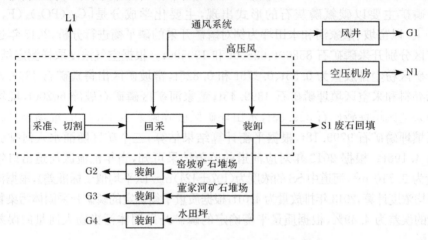

图 6.8　杉树垭磷矿开采流程及产污节点

G. 气源污染；L. 水源污染；N. 噪声污染；S. 固体废弃物污染

1. 土石方平衡分析

杉树垭磷矿土石方平衡分析见表 6.11。

表 6.11　杉树垭磷矿土石方平衡

工程	地点	挖方/万 m³	填方/万 m³	调出方		弃方	
				数量	去向	数量	去向
总开拓工程	场地	3.1	65.1	—	—	—	—
	井巷	67.0	0	—	—	5	废石堆场
	小计	70.1	65.1	—	—	5	
采矿工程*	窑坡工业场地	10.5	—	10	商品原矿外售	0.54	
	董家河工业场地	10.5	—	10	送至破碎	0.54	
场地开拓工程	水田坪工业场地	31.6	—	30	送至破碎	1.62	
	小计	52.7	—	50	—	2.7	采空区

注：＊采矿工程土石方量为每年产生的量。

　　磷矿石平均相对密度按 2.85 计。

2. 水平衡分析

杉树垭磷矿水平衡如图 6.9 所示。根据实际生产工况的调查，由于该矿区裂隙较发育，矿区地下水为裂隙承压水，矿体位于侵蚀基准面以上，水文地质条件简单,坑道涌水量为10000~15000m³/d。

杉树垭磷矿生活污水来自3个工业场地生产人员和管理人员的生活污水排放。井下生产用水量180m³/d,总生活用水量90m³/d,生活污水排放量按生活用水量的80%计,则矿区生活污水总排放量为72m³/d,其中窑坡工业场地排放量为33.6m³/d,水田坪工业场地排放量为14.4m³/d,董家河工业场地排放量约为24m³/d。

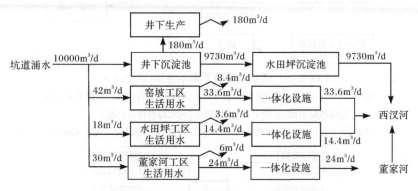

图6.9　杉树垭磷矿水平衡示意图

3. 磷元素平衡分析

杉树垭磷矿采取湿式凿岩,产生的粉尘量很小。爆破粉尘排放强度与炸药用量相关,一般为54.2kg/t炸药。现有项目年炸药使用量为480t(0.32kg/t矿石),则爆破粉尘产生量为26.0t/a。爆破后经喷雾、水幕可去除粉尘,去除率按60%计算,实际粉尘排放总量为10.4t/a。磷排放相关开拓工程量示意图如图6.10所示。结合土石方平衡及水平衡,磷平衡示意图如图6.11所示。

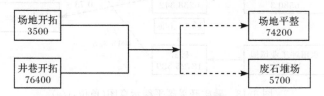

图6.10　磷排放相关开拓工程量示意图(单位:t/a)

4. 氟元素平衡分析

磷矿主要以碳氟磷灰石的形式出现,主要化学成分是[$Ca_5(PO_4)_3(F, Cl, OH)$]。氟化物是磷矿石主要的伴生元素。氟排放相关开拓工程量示意图如图6.12所示。结合磷元素平衡及矿石组成,氟元素平衡示意图如图6.13所示。

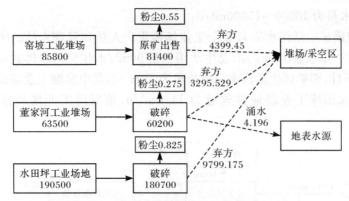

图 6.11　磷矿开采磷平衡示意图（单位：t/a）

磷均以 P_2O_5 计；脉石 P_2O_5 品位按 4% 计；磷矿石平均相对密度按 2.85 计；

涌水水质磷酸盐（按 P 计）浓度根据《污水综合排放标准》

（GB 8978—2002）一级排放标准 0.5mg/L 计算，折合成 P_2O_5 为 1.15mg/L

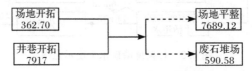

图 6.12　氟排放相关开拓工程量示意图（单位：t/a）

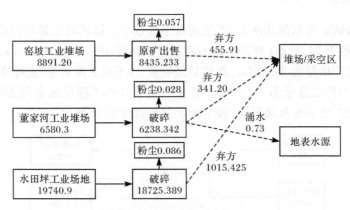

图 6.13　磷矿开采氟平衡示意图（单位：t/a）

氟均以 F 计；磷矿石平均相对密度按 2.85 计；

涌水水质氟含量按监测报告中测定含量 0.2mg/L 计

6.4.3　重介质选矿污染排放及平衡分析

以花果树重介质选矿厂为例，对重介质选矿污染排放及平衡进行分析。花果树选矿厂位于宜昌市夷陵区花果树磷矿矿区内，距宜昌市 111km，距樟树坪镇

12km,地理位置:东经 $111°8'52.08''\sim111°8'57.36''$,北纬 $31°18'15.36''\sim31°18'$
$9.48''$,选矿厂面积为 3.7 万 m^2,尾矿库位于选矿厂北侧约 500m 山谷内,占用面
积约为 7.5 万 m^2。

　　花果树重介质选矿厂选矿规模为 150 万 t/a 原矿石,所得精矿、粉矿和中矿
(表 6.12)由汽车运至矿石堆场。选矿产品经汽车运至宜昌猇亭开发区浮选厂进
行浮选,进一步提高精矿品位,降低 MgO 含量,满足二铵生产原料要求。投产后共
产尾矿 36.0 万 t/a,尾矿中 P_2O_5 含量约为 11.16%。

　　重介质选矿所造成的水污染如下:

　　建设期主要废水污染源为施工污水,包括施工生产废水和施工人员生活污水
两部分。生产废水主要为设备清洗水、进出车辆冲洗水以及建筑养护用水,污水
中主要污染物为石油类及 SS,浓度分别为 $10\sim30$mg/L、$100\sim400$mg/L。生活污
水主要污染物为 BOD、COD、NH_3 及 SS,浓度分别为 150mg/L、250mg/L、25mg/L
及 150mg/L。施工期间的生产废水经沉淀池沉淀、过滤,生活污水可进入化粪池
生活污水处理装置处理后排放。

　　生产过程的主要废水污染为生活污水,产生量和污染物浓度与上述采矿近
似。生产废水经脱介、浓缩后返回磨矿或选矿系统,循环使用,不外排。在正常情
况下,生产过程中无生产废水外排。在非正常情况下,可能产生的废水为事故排
放废水、污染雨水以及消防废水。故应对堆场地面进行硬化,并在其周围建围堰
及排水沟渠,防止污染雨水和轻微事故泄漏造成环境污染事故。重介质选矿废水
非正常排放会对地表水体造成直接不利影响,但是通过科学的管理和预防,可以
将污染降至最低。

表 6.12　重介质选矿产品产量和品质

产品名称	产量/(万 t/a)	累计产量/(万 t/a)	品位(P_2O_5)/ %
精矿	87.375	87.375	29.50
粉矿	9.390	96.765	23.18
中矿	17.235	114.00	17.20
尾矿	36.000	150.00	11.16

1. 重介质选矿工艺流程及产污节点

1) 破碎系统

　　原矿在堆场经装载机混合后送至原矿仓,由给料机送入颚式破碎机进行粗
碎;粗碎后矿石经皮带输送至圆锥破碎机进行中碎,中碎产品送至振动筛进行筛

分,筛下产品经皮带和卸料小车送至粉矿仓储存,筛上产品经皮带送至圆锥破碎机细碎,细碎产品返回至筛分。重介质选矿工艺流程及产污节点如图 6.14 所示。筛分后得到的 4~8mm 粒级粉矿作为最终产品,8~15mm 粒级粉矿通过皮带运至矿仓储存,然后由出矿机将矿石经胶带运输机输送至重介质分选厂房。

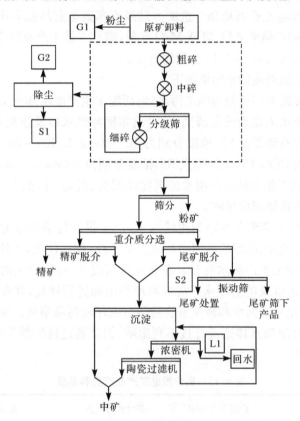

图 6.14　重介质选矿工艺流程及产污节点示意图
G. 气源污染;L. 水源污染;S. 固体废弃物污染

2) 分选作业

原矿在无压情况下,自流至无压三产品重介质旋流器,重介质调至一定浓度后,用泵送入分选机,分选后得到精矿和尾矿。采用 Tri-flo 分选机,该分选机的特点是:耐磨,处理量大,物料在无压力情况下输送,可以避免物料与设备的摩擦,硅酸盐和 MgO 的脱除率高。重介质选矿要求介质加重剂有较高的相对密度、不溶于水、化学性质稳定、耐磨抗腐蚀性好、易于回收和价格低廉等特点,普遍用磁铁矿作为介质。

3) 介质回收与产品处理

精矿与介质的混合物经弧形筛脱介后,再用振动脱介筛进一步脱介、脱水,经皮带运输机运至精矿仓,得到最终精矿产品,振动筛采用 1mm 筛缝。尾矿与介质的混合物经弧形筛和脱介筛脱介后再经过筛分,得到尾矿筛下产品和尾矿。脱介水进入水处理系统。

4) 脱介水处理系统

脱介水进入磁选机脱介,磁选机选出介质后的废水先经沉淀池浓缩沉淀,产生的沉淀矿泥将作为产品外售,溢流水进入浓密机中进一步浓缩沉淀。经浓密机浓缩沉淀后,澄清水将返回选矿系统循环利用,沉淀下来的矿泥进入陶瓷过滤机过滤。陶瓷过滤机产生的溢流水返回浓密机,不外排,滤饼与沉淀池沉淀下的矿泥作为产品一起外售。

5) 尾矿处置

生产过程中产生的尾矿将堆存于选矿厂外侧的尾矿库中。

2. 重介质选矿平衡分析

1) 物料平衡

根据企业所提供的实际生产资料,选矿指标见表 6.13,重介质选矿物料平衡示意图如图 6.15 所示,重介质选矿总物料平衡见表 6.14。

表 6.13　选矿指标

产品名称	产率/%	产量/(万 t/a)	品位(P_2O_5)/%
精矿	32	48	28.50
原矿筛下物	9	13.5	24.50
沉砂池矿砂	11	16.5	25.00
尾矿筛下产品	8	12	21.00
尾矿	40	60	10.61
原矿	100	—	20.00
合计	100	150	—

2) 水平衡

重介质选矿水平衡示意图如图 6.16 所示。重介质选矿工艺和管理较好的情况下,可不产生废水排放。

表 6.14　重介质选矿总物料平衡表（物料干重）　　　（单位：t/a）

序号	工段名称	投入		产出		
		原料名称	耗量	产物名称	产量	去向
1	原矿堆场	矿石	1500000	矿石	1499985	破碎系统
				G1	15	无组织排放
		合计			1500000	
2	破碎系统	矿石	1499985	粉矿	1364839	重选
				筛下产品	135000	外售
				G2	15.74	
				S1	115.41	除尘系统
				破碎粉尘	14.57	
3	重介质分选	粉矿	1364839	精矿	480000	外售
				矿砂	165000	水处理系统
				尾矿筛下产品	120000	外售
				尾矿	599839	尾矿堆场
		合计			1364839	

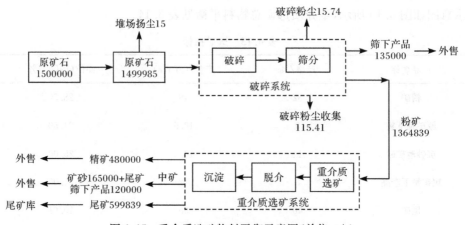

图 6.15　重介质选矿物料平衡示意图（单位：t/a）

3）磷元素平衡

参考表 6.13 选矿指标折算磷平衡如图 6.17 所示。

6.4.4　磷矿开采排放源强

根据调查和监测结果以及平衡计算，磷矿开采的污染源强（年开采 10 万 t 磷矿产生的污染物）如下：

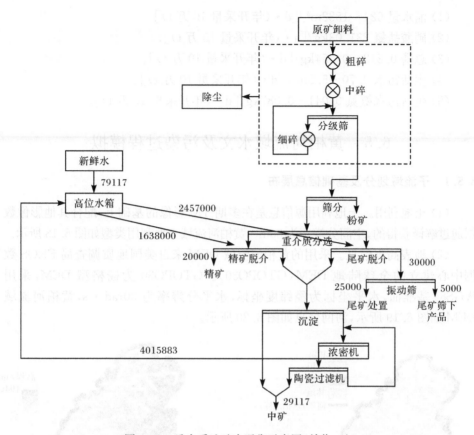

图 6.16　重介质选矿水平衡示意图（单位：t/a）

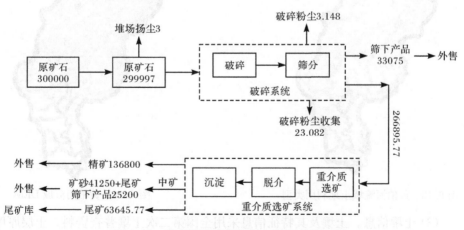

图 6.17　重介质选矿磷平衡示意图（单位：t/a）

磷均以 P_2O_5 计

(1) 涌水量 624～1582m³/[d·(年开采量 10 万 t)]。

(2) 硝酸盐氮 231.03kg/[a·(年开采量 10 万 t)]。

(3) 总磷 0.218～0.554kg/[d·(年开采量 10 万 t)]。

(4) 生活污水 2.70～5.8m³/[d·(年开采量 10 万 t)]。

(5) 生活污水氨氮 0.041～0.087kg/[d·(年开采量 10 万 t)]。

6.5　黄柏河流域水文及污染过程模拟

6.5.1　子流域划分及基础信息展布

(1) 土地利用。土地利用源信息是在多期 TM 影像的基础上,配合其他影像数据通过解译获得的,空间分辨率为 30m。黄柏河流域土地利用类型如图 6.18 所示。

(2) 地表高程信息。采用的黄柏河流域 DEM 来自美国地质调查局 EROS 数据中心建立的全球陆地 DEM(GTOPO30)。GTOPO30 为栅格型 DEM,采用 WGS84 基准面,水平坐标为经纬度坐标,水平分辨率为 30rad·s,黄柏河流域 DEM 如图 6.19 所示,河网信息如图 6.20 所示。

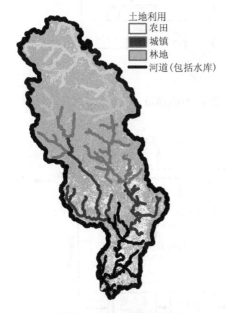

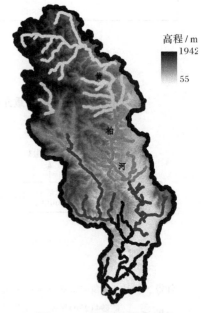

图 6.18　黄柏河流域土地利用类型　　　　　　图 6.19　黄柏河流域 DEM

(3) 土壤信息。土壤及其特征信息采用全国第二次土壤普查资料。土层厚度和土壤质地均采用《中国土种志》上的统计剖面资料。为进行分布式水文模拟,根据土层厚度对机械组成进行加权平均,采用国际土壤分类标准进行重新分类。黄柏河流域土壤类型分布如图 6.21 所示。

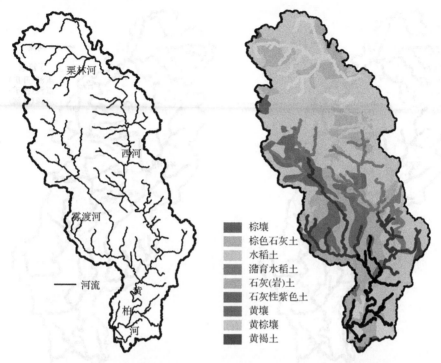

图 6.20　黄柏河流域河网信息　　　　　图 6.21　黄柏河流域土壤类型分布

（4）流域污染源。将黄柏河流域进行子流域划分（图 6.22），各子流域内污染源分布如图 6.23 所示。

1. 玄庙观水库汇流区干支流水环境分析

玄庙观水库汇流区污染源如图 6.24 所示。汇入玄庙观水库的支流主要有源头河、董家河、西汉河、黄马河、栗林河以及黑沟，根据子流域图确定点源和面源入河位置。

汇入玄庙观水库的各河流中，源头河发源于黑良山，地处夷陵区樟村坪镇西北山区，地域较偏，平均海拔较高。董家河地处夷陵区樟村坪镇西北边缘，和襄阳市保康县毗邻。西汉河流域全部处于樟村坪镇，沿途流经羊角山、云霄垭和黄家台 3 个自然村，在杨树口处与肖家河汇合，成为黄柏河东支上游段干流，西汉河全长 15.4km，流域面积 34.8km²；黑沟发源于远安县荷花镇望家村，流域全部处于望家村，河段全长 11.5km，流域面积 36.4km²；栗林河发源于宜昌市樟村坪镇张家花屋，河段全长 17.8km，流域面积 63.9km²，栗林河上游的西冲和万家沟汇入丁家河，丁家河与石门河在两河口处汇入栗林河主河道；黄马河流经樟村坪镇之下的黄马河村及古村。

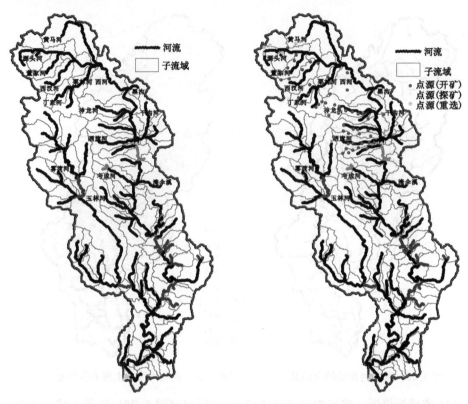

图 6.22　黄柏河流域子流域划分　　　　图 6.23　黄柏河流域东支污染源分布

2. 天福庙水库汇流区干支流水环境分析

天福庙水库汇流区污染源如图 6.25 所示,汇入天福庙水库的支流主要有晒旗河、桃郁河、神龙河以及干沟河。

汇入天福庙水库的各河流中,晒旗河发源于夷陵区樟树坪村高程 1368.7m 的仙人顶,主河道长 10.35km,承雨面积 25.9km²。晒旗河有 5 条一级支流:砦沟、砦湾、东湾、寨沟、苟家冲。苟家冲汇入口上游晒旗河河段位于夷陵区樟树坪村,汇入口下游河段至天福庙水库库尾均位于远安荷花镇晒旗村。沿河道两岸分布大量磷矿开采点,涉及 9 个矿业企业。砦沟村人口数为 1203 人,播种面积 2286 亩。

桃郁河发源于高程 1161.1m 的桃坪河,主河道长 7.7km,承雨面积 12km²。桃郁河上游位于夷陵区樟村坪镇桃坪河村,周围有较多居民居住及农田分布;下游位于远安县荷花镇晒旗村,河道两岸没有公路,基本无人居住也无工矿企业。

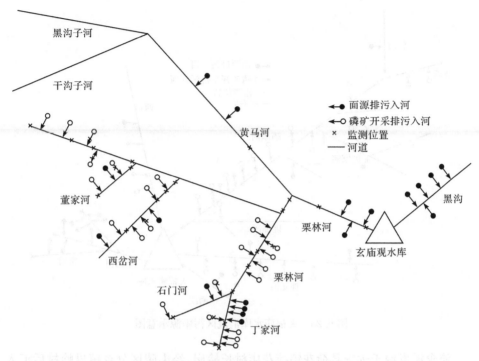

图 6.24　玄庙观水库汇流区污染源示意图

桃坪河村全村 1425 人，集中居住 350 人，全村耕地 3695 亩，主要农作物为玉米，播种面积 1435 亩，大豆播种面积 192 亩。

干沟河干流长 9.3km，流域面积为 49km²，有 4 条支流，分别为下河沟、黄家沟、杨家沟、于家沟（又名窑河）。下河沟与黄家沟起源于远安县荷花镇太平顶山系，杨家沟起源于远安县荷花镇的马鬃岭山系，于家沟起源于远安县荷花镇的鹰儿寨，支流汇入干沟河，最终汇入天福庙水库。神龙河起源于原神龙村，现划为远安县荷花镇西河村一组，河流汇入天福庙水库，河长 10km，流域面积 62km²。

3. 西北口水库汇流区干支流水环境分析

西北口水库汇流区污染源分布如图 6.26 所示。汇入西北口水库的支流主要有盐池河、淹伞溪、玉林溪和考成河。

盐池河发源于夷陵区雾渡河镇殷家沟，经远安县荷花镇盐池村、西河村，于天福庙二级站职工宿舍楼处汇入黄柏河。盐池河全长 12.8km，集水面积 30.5km²。流域内拥有农村居民 1675 人，磷矿采矿企业 6 家，14 口矿井，金矿采矿企业 1 家，1 口矿井，耕地 2995 亩，其中水田 304 亩、旱地 2691 亩，主要种植作物为水稻、玉米、茶叶和核桃。

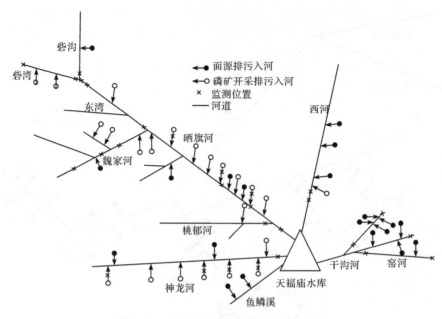

图 6.25　天福庙水库汇流区污染源示意图

淹伞溪发源于远安县荷花镇荷花店村长岭岗,经夷陵区分乡镇界岭村后汇入西北口水库。淹伞溪全长 11.3km,集水面积 36.6km²。流域内居民 4419 人,磷肥生产企业 1 家,耕地 5328 亩,其中水田 3170 亩、旱地 2158 亩,主要种植作物为水稻、玉米和核桃。

玉林溪发源于宜昌市夷陵区雾渡河镇盘古山,于雾渡河镇西北口村鹰子岩汇入西北口水库,入库口坐标为东经 111°19′23″,北纬 31°4′38″。河流全长 13.3km,流域面积 36.5km²。该河主要由南部分支鹰子岩大沟(玉林溪)和北部分支鹰子岩小沟(冷水溪)组成,其中南部分支为干流。流域涉及村镇为雾渡河镇西北口村、三隅口村(主要为原盘古山村,现已并入三隅口村),居住人口 440 人,耕地面积约 2200 亩,耕地类型为旱坡地,主要农作物为玉米、水稻,另有约 1000 亩核桃经济林。流域范围内无工业企业,居民居住不集中,无集中排污口,多数居民生活污水由管道直接排入河沟。盘古山有 4 个小型养殖企业,总存栏数约为 350 头(只)。

考成河发源于宜昌市夷陵区雾渡河镇官庄坪,于雾渡河镇西北口村偏桥湾汇入西北口水库,入库口坐标为东经 111°20′25″,北纬 31°7′32″。河流全长 12.1km,距河口上游 6km 分为南北两支,北侧源于雾渡河镇官庄坪,南测源于雾渡河镇交战垭。流域涉及村镇为雾渡河镇西北口村、交战垭村(主要为原盘古山村和交战垭村,现均已并入交战垭村),居住人口约 3600 人,耕地面积约 7500 亩,耕地类型为旱坡地,主要农作物为玉米和水稻。流域范围内居民居住不集中,无集中排放排污口,多数居民生活污水由管道直接排入河沟。流域内原有少量矿山开挖,现均已关闭,其中最大一处为富磷集团旗下的大山沟铁矿,现仍有污水排出。交战垭村有 4 个小型养殖企业,总存栏数约为 400 头(只)。

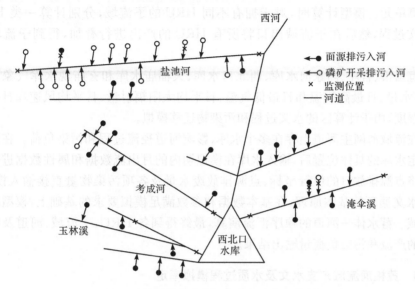

图 6.26　西北口水库汇流区污染源示意图

4. 尚家河水库汇流区干支流水环境分析

尚家河水库汇流区污染源如图 6.27 所示。尚家河水库入库污染以面源污染为主,基本没有点源污染。

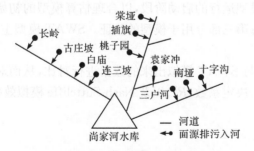

图 6.27　尚家河水库汇流区污染源示意图

6.5.2　黄柏河流域水文及污染计算基础信息

基于 SWAT 模型模拟黄柏河流域水文及水质过程。模型根据数字地形高程DEM,在 ArcGIS 9.3 中进行黄柏河流域边界的划分与河道的提取,并在河系的基础上将流域进一步划分为一定数目的子流域。在子流域的基础上，根据土地利用类型、土壤类型和坡度，将每一个子流域内具有同一组合的不同区域划分为同一类 HRU，并假定同一类 HRU 在子流域内具有相同的水文行为，作为 SWAT 的基本计算单元。模型计算时，对于拥有不同 HRU 的子流域，分别计算一类 HRU 的水文过程，然后在子流域出口将所有 HRU 的产出进行叠加，得到子流域的产出。

宜昌市、官庄、尚家河水库、西北口水库、天福庙水库和玄庙观水库气象资料（日降水量、日最高气温和日最低气温、日平均太阳辐射量、日平均风速和日平均相对湿度）用于计算区的水文过程和污染物迁移模拟。

在流域河网主河道上存在多个水库，影响河道径流过程和污染负荷。在河道上确定水库的具体位置后，输入水库在模拟期内的月出流数据和属性数据进行模拟。将点源排放口的位置坐标、点源排放废水量及各项污染物量直接输入模型。根据水文循环的基本原理，在基本数据和参数满足模拟要求的基础上，模型按照子流域—蓄水体—河道的顺序汇流演算，最终得到各 HRU、子流域、河道及整个流域的产流和污染负荷量输出结果。

6.5.3　黄柏河流域东支水文及水质过程模拟率定

采用具有明确物理基础的 SWAT 模型模拟流域水文及其点源、面源过程。为准确模拟流域产流产污量，首先需要通过敏感性分析找出对水量和水质模拟结果较为敏感的参数，然后运用实测资料对较敏感的不确定性参数进行率定，校准与验证模型的模拟结果。

获得流域总出口及流域中水文站的水文水质资料后，将资料系列分为三个部分：第一部分用于模型运行的启动阶段，以合理估算模型的初始变量；第二部分用于模型参数的率定；第三部分用于模型的验证。SWAT 模型主要对径流及污染迁移过程进行率定。

利用实测数据与 SWAT 模拟出来的数据进行对比，从而对各参数进行率定。选用相对误差（R_e）、决定系数（R^2）以及 Nash-Suttcliffe 模拟效率系数（NS）对模型适用性进行评价。

（1）相对误差。

$$R_e = 1 - \frac{Q_p - Q_m}{Q_m} \times 100\% \tag{6.1}$$

若相对误差为正值，则说明模型模拟值偏大；若为负值，则说明模拟值偏小。Q_p 为模拟值，Q_m 为实测值；一般要求相对误差的绝对值小于 20%。

（2）决定系数 R^2。反映了模拟值和观测值之间的相关程度，越接近 1，表明相关程度越高，要求不小于 0.6。

（3）Nash-Suttcliffe 系数。

$$NS = 1 - \frac{\sum\limits_{i=1}^{n}(Q_m - Q_p)^2}{\sum\limits_{i=1}^{n}(Q_m - \overline{Q}_m)^2} \tag{6.4}$$

式中，$\overline{Q}_m$ 为实测值的平均值。

有效的 NS 变化范围为 0～1，1 表示最佳的拟合，0 则表示模拟结果低于观测值平均值所能反映出的变化。一般情况下，NS>0.5 表示拟合程度较好。

率定参数的步骤如下：模型参数率定按照先上游后下游，先径流部分率定、后泥沙部分率定、最后营养物部分率定的顺序进行。基于水文和水质监测资料，依次对上游、中游和下游汇流区进行参数率定。在校准河道径流时，先校准地表径流，后校准地下径流，然后进行流量过程线的校准。模拟的河道总径流量可以从河段.rch 文件中得到，基流和地表径流量可从 HRU 输出文件或子流域输出文件中得到。对于实测的每日径流数据，使用基流分割程序，把观测河道径流量分割为基流和地表径流来进行径流参数率定。

图 6.28～图 6.31 分别为采用率定后参数计算的玄庙观、天福庙、西北口和尚家河 4 个水库的入库流量和监测流量的比较。图 6.32 和图 6.33 分别为西北口水库和尚家河水库水质监测断面 NO_3^- 浓度的实测值和模拟值的比较。由图可以看出，尽管实测值与模拟值有一定的偏差，就水质分析而言，模拟精度已能满足要求。

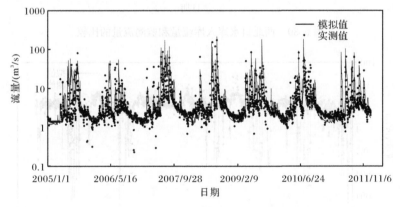

图 6.28　玄庙观水库入库流量和监测流量的比较

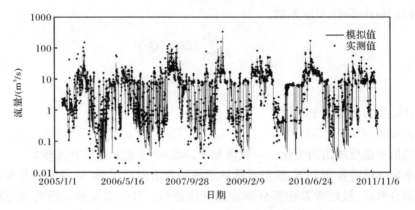

图 6.29　天福庙水库入库流量和监测流量的比较

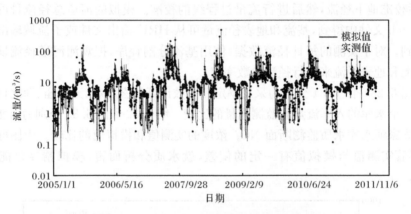

图 6.30　西北口水库入库流量和监测流量的比较

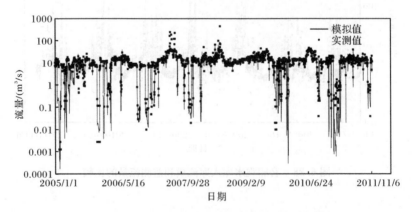

图 6.31　尚家河水库入库流量和监测流量的比较

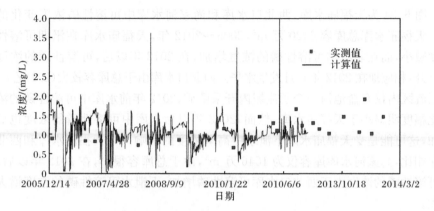

图 6.32　西北口水库水质监测断面 NO_3^- 浓度的实测值与计算值的比较

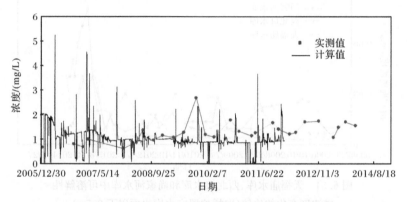

图 6.33　尚家河水库水质监测断面 NO_3^- 浓度的实测值与计算值的比较

6.6　磷矿开采对地表水体水环境的影响分析

不可溶解性的磷并不影响流域水环境,而可溶性磷则对流域水环境有严重影响。对于开采磷矿的河道,在非汛期,可溶解性磷的浓度为 0.05mg/L,最大值和最小值分别为 0.15mg/L 和 0.01mg/L,相比磷矿排污口,可溶性磷浓度下降了一个数量级,而 TP 的浓度则仅下降了 3/4。由于土壤中磷不易发生迁移,在非汛期,进入河道的磷以直排入河为主,结果表明,可溶性磷在河道中的浓度显著降低。黄柏河水质 pH 在 7.8~8.4 变化,这种情况下,可溶性磷以 HPO_4^{2-} 的形式存在,河道中可溶性磷的浓度变化可能是由于河道中的水体和磷矿排污口水体掺混后,Ca^{2+}、HPO_4^{2-} 和 F^- 的质量比发生变化,在磷灰石晶体沿晶面扩展,生成稳定的磷灰石,并生成不稳定的交替物质,被吸附在磷灰石表面,从而降低了河道水体中可溶性磷的浓度。

　　图 6.34 为天福庙水库、西北口水库和尚家河水库中可溶性磷浓度变化的比较。天福庙水库总库容 6420 万 m^3，2005～2012 年，天福庙水库在汛期可溶性磷浓度减小，而在非汛期可溶性磷的浓度增加，在 2012 年以后，可溶性磷的浓度显著上升，相应地在 2012 年 5 月发生水华。西北口水库由于总库容较大(2.1 亿 m^3)，且汇流区内仅有盐池河一个子流域内开采磷矿，2012 年前水库中可溶性磷的浓度变化幅度明显小于天福庙水库，然而，2012 年以后水库中可溶性磷的浓度也显著增加，这可能是受天福庙水库下泄水中高磷浓度的影响。与天福庙水库和西北口水库相比，尚家河水库库容仅为 1646 万 m^3，由于总库容很小，在 2012 年以后，水库可溶性磷的浓度由于西北口水库可溶性磷增加，下泄水可溶性磷的浓度增大而增大。

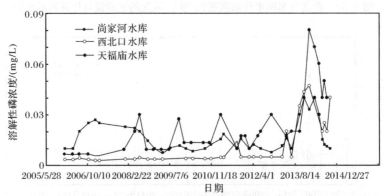

图 6.34　天福庙水库、西北口水库和尚家河水库中可溶解性
磷浓度变化的比较(取样位置在水库水面以下 0.5m)

　　可溶性磷的浓度在 2012 年以后显著增加，显然是由于磷在水库中大量沉积所产生的累积性环境效应。水库中可溶性磷浓度的增加包括多种原因，其中最主要的是吸附在磷灰石晶体中的不稳定磷在水库中重新析出。由于磷矿的沉积和 F^- 被 OH^- 置换后，F^-、Ca^{2+} 和 HPO_4^{2-} 质量比变化，可溶性磷释放加速造成可溶解性磷浓度的增加，当这种变化比超过一定的程度时，可溶性磷的浓度增加显著。

　　黄柏河流域磷矿的主要成分是碳氟磷灰石($[Ca_5(PO_4)_3(CO_3,F)]$)，随 SS 在磷矿排污口排出，根据碳氟磷灰石的分子量，P 和 F 质量比为 1∶0.204，天福庙水库和西北口水库底泥中测定得到的 TP 和 F^- 的质量比远大于 1∶0.204，并且 21 个磷矿排污口的 F^- 平均浓度为 0.330mg/L，最大值和最小值分别为 0.67mg/L 和 0.12mg/L。磷矿排污口中 F^- 的浓度要超过可溶性磷的浓度(平均浓度为 0.268mg/L)。在董家河、西汉河、栗林河等河道磷矿开采区上游位置测定的河道中 F^- 的平均浓度为 0.240mg/L，最大值和最小值分别为 0.41mg/L 和 0.08mg/L，这三个现象的原因是相同的，在碱性条件下(黄柏河流域的 pH 在

7.8～8.4),羟基(OH⁻)和碳氟磷灰石中 F⁻置换造成水体中 F⁻浓度的升高和碳氟磷灰石中 F 含量的降低。

6.7　对比案例分析

抚仙湖与黄柏河东支相似,磷矿开采严重影响了湖泊的水质状况,抚仙湖的污染对于黄柏河东支具有重要的警示意义。

位于云南省玉溪市的抚仙湖是典型的高原深水湖泊,是我国第二深水湖泊,珠江源头的第一大湖,储水量 206 亿 m³,湖泊面积 212km²,平均深度 95.2m,湖心最深处为 158.9m。

抚仙湖流域蕴藏丰富的磷矿资源,磷矿开采主要集中在东北部帽子山地区的代村河径流区和东大河径流区(图 6.35)。

图 6.35　抚仙湖帽子山地区磷矿开采和磷化工企业分布图

1984 年以来该地区开展了大规模的磷矿露天开采和磷化工开发,创造了较好的经济效益,同时也造成了严重的生态破坏和流域性环境污染,直接危及抚仙湖。2005 年抚仙湖水质调查结果表明,抚仙湖近岸部分水体已呈Ⅱ类,磷矿开发造成抚仙湖北岸东段(与代村河、东大河径流区接壤岸段)以及抚仙湖南部湖区的隔河口(接受星云湖磷矿区泄水)水质恶化,湖水总磷指标已达到湖库Ⅳ类水标准。由于抚仙湖主要的 34 条入湖河流水质绝大部分是劣Ⅴ类,每年流入抚仙湖的总磷高达 173t,超出抚仙湖保持 I 类水质环境承载力 57.2t 的三倍以上,对湖水生态安全构成巨大威胁。

1. 抚仙湖的外源性磷输入途径

磷化工产生的含磷废气排放方式分为两类:一类是以 P_2O_5(磷烟)的形态直接排放;另一类是通过磷矿粉尘颗粒物形态排放,如磷矿石烘干尾气、矿石堆场粉尘、矿山开采粉尘等。

大气沉降对抚仙湖的磷输入主要通过两个途径:一是污染物在湖面直接沉降;二是污染物在湖面以外径流区沉降后,通过雨水冲刷淋溶及地表径流入湖。

2. 抚仙湖流域废弃磷矿区水污染原因分析

废弃磷矿区的风化淋溶、环境因子等导致的外源性磷输入,使抚仙湖水质受到影响。

1) 风化淋溶造成废弃磷矿的 P、F 元素流失

废弃磷矿流失的磷是抚仙湖持久性磷污染源,通过对废弃磷矿所处的代村河小流域布设监控点进行废弃磷矿来源污染物通量周年观测和降雨径流过程加密观测,估算得到磷矿废弃地产生的污染物通过代村河小流域输入总磷 5.6t/a,磷酸盐 4.7t/a。周年观测结果表明,废弃磷矿产生的污染物主要通过降水淋溶形成的地表径流向外界传输,降水期间入湖河流水质总磷(TP)是非降水期间的 20～80 倍。

通过磷矿废弃地污染物淋溶量和该区域地表径流及地下渗流污染物含量调查分析,磷矿废弃地裸露的富磷矿层和堆土场极易发生风化淋溶,造成 P、F 元素流失。以某磷矿废弃地为例,其积水坑 P 和 F 含量达到 9.04mg/L 和 12.34mg/L,成为该区域地表水和地下水中高浓度 P 和 F 的主要来源。

为了估算磷矿废弃地污染物的产生量和迁移量,结合测量得到的磷矿废弃地裸露的矿石层剖面面积和堆土场坡面积,以及矿石和废土石污染物淋溶量,得到磷矿废弃地 P 和 F 的淋溶流失量分别为 27.34t/a 和 60.65t/a,随地表径流迁移的 P 和 F 为 7.27t/a 和 22.58t/a,分别占总淋溶流失量的 27% 和 37%。

2) 环境因子(pH、降雨频度)的影响

磷矿石、矿坑沉积物和废土石中磷的解吸受 pH 影响,pH 越低,越有利于磷的释放,当解吸溶液 pH 为 3.50 时,废土石和磷矿石中磷的释放量可达到 2.25mg/L 和 3.15mg/L。降水频度(间歇淋溶过程)促进了磷矿石、废土石和磷石膏中磷的释放,对废土石中磷的释放作用尤为显著,干燥后再次降水的释放量比初期降水高出三倍。帽天山磷矿区大面积裸露的磷矿石剖面、废土石堆场和废渣堆场在酸性溶液的淋溶作用下能够产生大量的磷流失,而且这个过程是持久的,是抚仙湖水质下降的重要原因。

3. 抚仙湖沉积物磷(内源性磷)释放机制

水体中的磷分为外源性磷与内源性磷,在外源性磷得到很好的控制时,内源性磷的释放将给湖泊富营养化带来极大的影响。

影响水体内源性磷释放的因素很多,溶解氧、pH、E_h(氧化还原电位)、微生物活动、温度、水力扰动等。

1) 溶解氧的影响

抚仙湖沉积物在厌氧条件下其上覆水的磷酸盐含量高于好氧条件,并且厌氧条件下沉积物磷酸盐含量发生的变化也比好氧条件下剧烈。

2) pH 与 E_h 的联合影响

厌氧条件加剧了水体中 pH 与 E_h 的变化,与此同时也加快了内源性磷释放到水体中的速度。当 pH 上升到 8 左右时,水体中氧化还原电位的变化变得剧烈;与此同时,沉积物中的内源性磷也加速释放到水体中。

3) 微生物作用

东大河流域沉积物表现出较强的解磷能力,其沉积物蓄积的高浓度钙磷是抚仙湖潜在的磷污染来源。

隔河口沉积物中有机质含量、解磷菌数量和碱性磷酸酶活性菌较高,微生物解磷能力也较强,目前抚仙湖营养水平逐年上升,浮游藻类生物量逐年增加,若不加以控制,隔河口沉积物的污染现状可能成为抚仙湖的发展趋势。

湖心沉积物有机质含量较高,上覆水仅达到水环境质量标准的Ⅱ类和Ⅲ类水质(GB 3838—2002),表明湖心沉积物存在磷的释放现象,这主要是受营养化星云湖泄水影响。

沉积物中磷形态分布的垂向特征表征了流域人类活动对抚仙湖的污染历程,显示了湖岸各种污染来源"汇"的特点。从事磷矿开发的东大河口和隔河口,沉积物中的磷形态包括钙磷 Ca-P、铝磷 Al-P、铁磷 Fe-P、闭蓄态磷 Ol-P、可还原态磷 res-P、残渣态磷残-P 等六种形式,其含量显著高于非磷矿开采区河道中沉积物的磷含量。

抚仙湖沉积物中无机磷(IP)是总磷(TP)的主要组成部分,占 TP 的 63.63%~82.87%。由于流域内的磷矿开发活动,抚仙湖沉积物中碎屑磷灰石含量高,占 TP 的 41.65%±17.04%。虽然传统上碎屑磷灰石被认为是稳定的磷库,但其在微生物作用下具有释放潜力,例如,成团泛菌与巨大芽孢杆菌能作用于碎屑磷灰石,使之释放出 Ca 和 P,使沉积物从污染物的"汇"转变为"源"。

类比磷矿开采对于抚仙湖产生的污染可知,抚仙湖在污染源、污染物迁移转化聚集条件等多方面与黄柏河东支都有相似性。抚仙湖的容积为 206 亿 m^3,远远超过黄柏河东支玄庙观水库和天福庙水库库容总和(1.05 亿 m^3),水质尚且恶化,黄柏河东支发生水环境问题亦不显得奇怪了。

第7章　农业灌区污染过程模拟

7.1　农业灌区与流域水文及面源污染过程的比较

我国灌溉农业在持续地向集约、高效、多样运行一体化模式转变的趋势下,建立与之相适应的资源节约、环境友好的生产方式,实现国家战略规划已迫在眉睫。灌区依靠自然环境提供的光、热、土壤资源,人为选择的作物和安排的作物种植比例、灌溉排水等人工调控手段形成一个系统,在我国农业生产中具有重要的作用。灌区农业生产中,水、肥作为农业水土环境的关键性要素,对保持作物稳产高产与环境生态系统稳定具有至关重要的作用。然而,目前我国灌区灌溉水和化肥利用效率偏低,灌溉水利用系数仅 0.5 左右,化肥利用率不到 40%(彭世彰等,2009)。大量未被利用的化肥通过各种途径形成面源污染,引发日益严重的环境和生态问题。

耦合灌区的水文特性和污染物的迁移转化及汇集规律,建立灌区水流运动和溶质迁移模型,是研究灌区农业面源污染问题的主要方法之一。针对农业灌区,ANSWERS(Hidayat et al.,2010;Beasley et al.,1980)、CASC2D(李致家等,2012;Ogden et al.,2002)、DWSM(Borah et al.,2004)、AGNPS(李俊,2009;Young et al.,1994)、MIKE(Rahim et al.,2012)以及 SWAT(Neitsch et al.,2002)等模型用于模拟农业面源污染的产生、迁移转化和汇集过程。这些区域面源污染模型大多基于流域水文模型,在水文模拟的基础上进一步考虑了灌区土地利用的变化、灌溉排水过程和农业生产管理等因素。例如,对于农业灌区,在SWAT 模型中修正地形高程以描述灌溉排水系统(Chahinian et al.,2011;代俊峰等,2009),采用控制高度界定水稻灌区中格田蓄水能力以及产流过程(Xie et al.,2011),对区域溶质态和悬移质态的化肥迁移过程进行模拟(Borah et al.,2004)。这些模型,特别是 SWAT 模型,模拟区域面源污染都取得了一定程度的成功(郑捷等,2011;Lee et al.,2010;郝芳华等,2006),然而由于灌区水分运动过程受人工控制影响强烈,灌区的水文驱动机制与上述流域水文模型机理存在较大差异,更为重要的是区域模型由于需要从宏观区域的角度出发考虑水文过程以及溶质的迁移转化和流失过程,对于微观物理过程,尤其是土壤介质中水流运动和溶质迁移过程,通常采用简易模型进行描述(徐宗学等,2010),而对于灌区来说,土壤介质中溶质向地下水系统淋失,以及田间向排水系统的土壤渗流过程,都是溶质迁移的"源过程",溶质态的污染物在土壤中的过程描述对于灌区面源污染具有重要意义。我国灌区灌溉田块面积普遍很小,类型千差万别,下垫面产流机制与流域水文模型产汇流机制显著不同,特别是对于水稻灌区,复杂田块、渠系、河网、塘堰以及沟道和河道之间的流动相互影响,各种人工控制系统(节制闸、排水泵站)的作用导致灌区内水流运动异常复杂,灌区内各种水体之间的水量交换机理和耦合作用过程等与现有的区域水文模型都存在着根本性的差异。溶质随水流运动的同时,也表现出复杂的物理、化学和生物过程,进一步从区域尺度上考虑灌区水体运动对溶质迁移的驱动机制以及溶质的迁移响应,则问题变得更加复杂。

灌区不同于自然流域的显著特征之一在于灌区内的水文过程受到强烈的人类活动影响。水稻灌区中土壤和地表排水中的水流运动具有紧密的水力联系,灌溉排水措施对土壤和地表排水中的水文与水环境过程产生强烈的影响。例如,田间向排水沟的出流边界条件视灌排渠道布置方式(相间布置及相邻布置)而异;又如,在排水沟道中设置闸门控制排水,使排水沟内的水位发生变化,既影响土壤向排水沟的渗流过程,也在一定程度上改变了局部区域的流场状况,而局部的水势状态变化也将在一定程度上对灌区整体的水流运动和溶质迁移特性产生影响。因此需要将土壤和地表排水这一连续过程人为地分为两个系统,从而割裂了灌区中连续的水流运动和溶质迁移过程,无法揭示局部流场变化条件下灌区全局性的水流运动和溶质迁移响应机理。

7.2　农业灌区水文特性的分布式水文及面源污染模型构建

7.2.1　水文基本单元及污染物迁移转化过程描述

1. 作物生育期土壤水及污染物动态过程描述

与自然流域的产汇流过程不同,稻田中水文特性以及污染物的迁移和流失规律更多地受到灌溉排水方式的影响;此外,土壤冻结过程中污染物在土壤中的重新分布在很大程度上改变了融化过程中污染物的析出规律。对于灌区,根据数字高程地图所划分的子流域无法有效地描述其产汇流特性,因此,应按照灌区汇流排水沟(排水支沟)实际控制区域进行子流域划分。与自然流域中土壤水体通过土壤渗流、非饱和带水平流动以及地下水水平流动三种方式直接向子流域中河流排水不同,水稻灌区排水包括田间向末级排水沟道的渗流过程、直接进入末级排水沟道灌溉退水过程,以及末级沟道向汇流排水沟汇流并排出子流域的地表排水过程(图 7.1)。田间向末级排水沟中的渗出过程如图 7.1 所示,包括由排水沟边壁渗出的表层渗流,以及稻田中的水流首先进入地下水后向排水沟渗出的深层渗流。考虑到泡田期稻田中水由非饱和状态向饱和状态的过渡,以及土壤饱和后表

层渗流和深层渗流的变化过程,采用自由渗流河渠非稳定流公式计算稻田向排水沟的渗出流量过程:

$$q_0 = \varepsilon L \mu (G_0)' \tag{7.1}$$

$$(G_0)' = \begin{cases} 1.128\sqrt{\bar{t}}, & \bar{t} \leqslant 0.2 \\ 1 - 0.8 e^{-\alpha \bar{t}}, & \bar{t} > 0.2 \end{cases} \tag{7.2}$$

$$\bar{t} = \frac{4aT}{L^2} \tag{7.3}$$

$$\alpha = \frac{\pi^2 a}{L^2} \tag{7.4}$$

式中,q_0 为稻田渗流排水单宽流量,m^2/s;ε 为稻田渗漏量,mm,采用实测资料计算;L 为排水沟长度,m;μ 为土壤给水度;a 为导压系数;T 为计算时段,d;$\bar{t}$ 为相对时间;$(G_0)'$ 为河渠流量函数;α 为延迟指数的倒数。

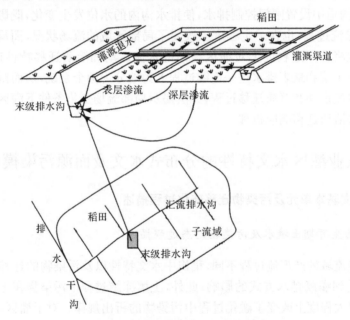

图 7.1　农田面源污染迁移示意图

以 m_t 表示 t 时刻稻田中面源污染物向排水沟中渗出质量,其计算公式为渗出水流量(单宽流量与末级排水沟长度 L 的乘积)与该时刻渗出浓度 c_t 的乘积:

$$m_t = q_0 L c_t \tag{7.5}$$

尽管土壤中面源污染的转化包括各种物理(如土壤对 NH_4^+ 和 COD 的吸附作用)、化学(如 NH_4^+ 的硝化作用和 NO_3^- 的反硝化作用)、生物(如植物对于 NH_4^+ 和 NO_3^- 的吸收)过程,由于其中绝大多数转化过程可以用一级动力学方程描述

(Furman，2008；Panday et al.，2004；Morita et al.，2002；Shavit et al.，2002)，因此
采用集总式一级动力学系数描述土壤中面源污染物在各种物理、化学以及生物过
程综合作用下的浓度衰减(Morgenroth et al.，2002)：

$$c_{t+1} = c_t e^{-kt} \tag{7.6}$$

式中，c_t 和 c_{t+1} 分别为 t 和 $t+1$ 时刻的渗出污染物(NH_4^+、NO_3^-、COD)浓度，mg/L；
k 为集总式一级动力学系数，d^{-1}。

在末级排水沟道的控制区内，通过水量平衡测定了灌溉退水与稻田净灌溉水
的比例。在灌溉期内，末级排水沟道出口流量包括灌溉退水和渗流排水，而非灌
溉期内，末级排水沟出口流量仅为渗流排水，考虑到影响渗流排水的主要因素(排
水沟间距、深度、土壤水力性质)不发生变化，因而灌溉退水量为末级排水沟出口
位置的灌溉期流量与非灌溉期最小流量之差。2009 年水稻的四个生育期(秧苗
期、返青分蘖期、拔节孕穗期、抽穗结实期)内，各进行一次灌溉退水量测定，灌溉
退水量与净灌溉水量的比例为 0.27~0.32。

2. 冻结期土壤中水和污染物的迁移转化

土壤冻结和河流冰封是影响寒区水循环的两个重要因素，而前者对于寒区水
资源演变的影响尤为显著。冻土的生成改变了土壤的导水传热性能，土壤水以固
态的形式存在也增加了陆地水文过程中水的相态变化过程，直接影响水循环的下
渗、蒸发、壤中流等过程，对流域产汇流机制造成深层次的影响，同时影响微生物
活动(Watanabe et al.，2008)，碳、氮循环(Hansson et al.，2004)等土壤水运动伴
生(伴随)过程。

降雨径流过程、土壤侵蚀过程、地表溶质溶出过程和土壤溶质渗漏都是导致
面源污染迁移流失的重要过程，在水流的驱动下，农业面源污染物主要以悬移质
颗粒吸附和溶质迁移两种形式进入河道(Watanabe et al.，2013；郝芳华，2006)。
在季节性冻土区，现有的水热模型理论已经提供了模拟水体不断发生相变情况下
的热均衡过程以及通量过程的理论体系，并且针对冻融过程中地表径流变化规律
(李颖等，2014；荆继红等，2007；Warrach et al.，2001)和水热耦合过程模拟(Bron-
fenbrener et al.，2012；Hansson et al.，2004)开展了大量的基础性研究工作，解决
了冻融过程中数值模拟等诸多机理性问题。然而，尽管在非冻土条件下，溶解态
污染物在土壤水中的迁移和转化过程能够用经典的对流弥散方程进行描述，然而
冰冻和融冻过程中污染物迁移转化过程远比非冻土中的溶解态污染物的迁移转
化过程复杂。在冻结过程中，冰体中的溶质会向液态水析出，这种析出作用可以
使液态水中的浓度增大 10 倍以上(Wang et al.，2016)，并且移动水体中的污染物
浓度与液态水中的污染物浓度之间的关系在整个冻结期发生明显变化。目前既
不清楚冻土的各个水文环节中污染物迁移转化机理，也不清楚污染物迁移转化与

冻土状态之间的关系。当应用分布式水文和面源污染迁移转化模型模拟流域水文及面源污染过程时,还需要考虑下垫面状态对污染物迁移转化的影响,使得问题更加复杂。

冻土中污染物迁移与水流运动之间的关系仍然是一个尚未解决的问题。冻土中并非所有的液态水都发生移动,发生移动的液态水中溶解态的污染物浓度随着温度降低表现出先增加后减小的趋势,尽管已知污染物浓度的增加是由于冰体中污染物向液态水析出所造成的,但尚不能很好地解释冻结过程移动的液态水中污染物浓度随温度降低而减小这一现象。液态水的迁移是污染物运动的直接驱动力,几乎所有的实验室及野外试验均观测到冻结过程中液态水随着温度的降低迅速结冰后土壤维持在一定的含水率而不发生明显变化这一现象。未冻结土壤中的水分运动和溶质迁移基本上可以不考虑范德华力的影响,然而在冻土中,范德华力被认为是土壤中液态水维持液体状态的重要原因之一,未冻结土壤中,影响土壤水分运动的基质势和重力势实际上并不涉及水和溶解态污染物之间的相互作用关系(Kurylyk et al.,2013)。然而,在冻土中,无论溶质势,还是范德华力所引起的水势,都涉及水和溶解态污染物之间的相互作用,与未冻土表现出根本性的差异。此外,寒冷地区面源污染具有累积性和突发性。冻结过程中土壤中大量累积的氮、磷污染物,在融冻过程中伴随着冻土和冰雪融化过程以及春季的降雨过程,大量氮、磷污染物短时间内进入地表和地下水体,导致水质迅速下降,造成寒冷地区面源污染物流出具有累积性和突发性。显然,揭示冻土中水文过程对于污染物的驱动机制以及污染物的迁移过程响应,对于揭示季节性冻土中污染物迁移规律具有重要意义。

土壤-水系统中的污染物浓度受到土壤物理过程、化学过程、生物和微生物过程的影响,土壤的冻结和融化作用改变了土壤的物理性状、团粒结构、土壤容重以及有机质状态,然而在冻结和融化过程中土壤物理过程的变化对于主要面源污染物转化机理的影响并不十分清楚。未冻结条件下,一级动力学过程能够用于大多数由土壤物理、化学过程所导致的污染物浓度的变化,这一性质对于模拟土壤中污染物转化过程非常有利,尽管能够通过试验直接确定污染物的一级动力学系数,而不需要研究其内在过程。然而,在冻结和融化过程中土壤的水热状况以及氧化还原条件显著不同,仍然需要了解在冻结和融化过程中污染物发生转化的作用机理,以保证对于转化过程的描述具有物理意义。

AGNPS、WEPP、SWAT、MIKE SHE、AnnAGNPS等流域水文和面源污染模型用于模拟流域及农业灌区中污染物迁移转化过程(Neitsch et al.,2002),尽管这类模型很好地解决了非冻结条件下的水文及污染物迁移转化物理过程描述与区域尺度的耦合问题,然而由于在冻结和融化过程中溶质态污染物迁移转化机理问题一直没有解决,区域模型更多地采用简化或者非物理方程模拟冻土中的水流和溶解态污染物迁移转化过程。一些方法,如入河反演法,根据冻结期河道中的污染物总通量,扣除其他入河来源后,对土壤中的污染物入河量进行估计,然而由于其他污染源的确定,特别是点源入河排放,以及河道中污染物的衰减作用对于模拟结果的影响非常大,这种方法的精度很难得到保障。一些方法在 SWAT、AnnAGNPS、WEQ 模型的基础上对水文和污染物计算模块进行修正,模拟污染物的入河过程,然而这类方法通常将土壤作为一个整体,较少考虑土壤中水分流动和污染物的迁移过程,以宏观总量(如子流域的河道污染物通量)计算结果作为模型判断的依据,这类模型对于土壤中过程的处理类似于黑箱,模型的精度在很大程度上取决于率定期和模拟期的气象和水文过程的相似性。

　　季节性冻土模型构建除了需要解决在冻结和融化过程中污染物迁移转化机理问题,还需要解决模型概化所遇到的各种机理问题。例如,在子流域土壤未冻结的情况下,根据达西定律计算壤中流的入河通量时,其中的水力坡度能够直接根据土壤结构性质确定;然而在冻土融化过程中,冰体自地表向下以及从最大冻深位置向上融化,中间未融化夹层变化的条件下,如何实现壤中流和污染物入河过程描述,除了需要考虑土壤中水流和污染物迁移机理,还需要考虑在不同子流域,如何确定等效参数等一系列区域尺度模拟的问题,而这些问题的研究和解决也将极大地丰富水文和面源污染物迁移的理论基础。

3. 冻融过程中水流运动和污染物迁移转化动态过程描述

　　冻土水热耦合模型热量方程中考虑温差引起的热量传递、液态水流动所携带的能量转化及水和相变的影响,以及液态水的运动、冰和水的变化及水汽扩散的影响。水流运动方程中则仍然以达西定律描述液态水的运动,对其中水力学和热力学变量的计算考虑了冻土结构中冰晶存在的影响(Hansson et al.,2004)。水热传输模型可表示为

$$\frac{\partial \theta_l}{\partial t} = -\frac{\rho_i}{\rho_l}\frac{\partial \theta_i}{\partial t} - \frac{\partial}{\partial z}\left(-K\frac{\partial h}{\partial z} + K\right) + \frac{1}{\rho_l}\frac{\partial}{\partial z}\left(D_{\text{TV}}\frac{\partial T}{\partial z}\right) \tag{7.7}$$

$$\frac{\partial C_v}{\partial T} - \frac{\partial \rho_i \theta_i}{\partial t} = \frac{\partial}{\partial z}\left(K_e\frac{\partial T}{\partial z}\right) \tag{7.8}$$

式中,θ_l 和 θ_i 分别为液态含水率和固态含水率;h 为土壤水势;T 为土壤温度;D_{TV} 为温度梯度引起的水汽扩散系数;C_v、K、K_e 分别为与土壤质地有关的土壤体积热容量、水力传导度和热传导系数。冻土中液态含水率 θ_l 和固态含水率 θ_i 关系为

$$h = h_0 \left(\frac{\theta_l}{\theta_s}\right)^{-b}(1 + c_k\theta_i)^2 \tag{7.9}$$

　　式(7.9)为根据观测数据建立的经验关系,有相当大的不确定性。其中,b 为与土质有关的经验常数;c_k 是由观测数据拟合的参数,变化较大。方程(7.7)和方

程(7.8)中有 3 个未知量,即液态含水率、固态含水率和土壤温度,基于平衡态热力学理论的土壤水势与温度的关系(非饱和土壤冻融关系),能够较好地模拟土壤的冻融变化过程。在非饱和土壤中,土壤并不像自由水那样在冰点(273.15K)结冰,在平衡态假设适用情况下,土壤水势和温度之间存在严格的平衡态热力学关系:

$$h = \frac{L_{il}T}{gT_0} \tag{7.10}$$

式中,L_{il}为冰水融化潜热;T_0为 273.15K。因此,原来复杂的冻土水热传输耦合方程就可以简化为只含 4 个方程[式(7.7)～式(7.10)]、4 个未知量的闭合方程组。

对特定的土质定量地描述液态含水量、固态含水率、土壤温度和土壤水势之间的关系。具体地讲,水开始结冰或者融化时,冻融过程与温度、含水率之间的关系,液态含水量与固态含水率间比例如何确定等,在不同的冻土模式中有不同的方案。可以分为以下四种类型:

(1)认为土壤冻结过程只发生在 0℃,温度大于 0℃时,土壤只有液态水,温度小于 0℃时,全部液态水变成冰。在 0℃时,固态含水率和液态含水量比例变化根据体系所含的能量的过剩和缺失来确定。BASE、NCAR/CLM3 和 CCSR/NIES-GCM 都采用这类方法计算土壤水冻融速度。然而,这类方法明显不符合实际情况,很多室内外观测表明在非饱和土壤中,土壤中的水在 0℃时并不结冰。

(2)认为冻融过程发生和完成在冰点到冰点之下某一固定温度区间,BATS模型即采用这类方法。这类方案也不符合土壤结冰过程的事实。理论上可以证明,非饱和土壤内的结冰过程是一个连续发生的过程,即使温度很低,也可能有液态水存在。室内外观测也表明,不同的土质,不同的总含水量,随温度下降结冰过程的进程有很大的差别,不可能在共同的某一固定温度区间内完成冻融过程。

(3)利用未冻水含量与温度的经验函数来确定未冻含水量,然后多余的水都视为结冰。这类方案的经验性较强,通用性较差。

(4)建立在热力学平衡态基础上的冻融方案,即认为发生在土壤内的过程相对较慢,系统的热力学状态和所有热力学变量都处于热力学平衡态,这是一个很有用的假设,几乎所有对非饱和的非冻土内水、热输运过程研究都是建立在这一基础上。

7.2.2 灌区水文和污染物迁移转化过程

1. 灌区水文过程

灌区通常采用多级排水系统排出田间多余的水分。汇流排水沟承纳 n 条末级排水沟排出的水量,末级排水沟内的水量进入汇流排水沟后,从汇流排水沟出

口流出子流域。采用运动波(kinematic wave)模型或动力波(dynamic wave)模型
进行一维数值计算。

运动波方程：

$$\frac{\partial A}{\partial t} + \frac{\partial Q}{\partial x} = q_L, \quad \text{连续方程} \tag{7.11}$$

$$S_f = S_0, \quad \text{运动方程} \tag{7.12}$$

$$Q = \frac{A}{n} R^{2/3} S_0^{1/2}, \quad \text{Manning 公式} \tag{7.13}$$

式中，A 为流水断面面积；Q 为流量；q_L 为计算单元或河道的单宽流入量(包含
计算单元内的有效降水量、来自周边计算单元及支流的水量)；n 为 Manning 糙
率系数；R 为水力半径；S_0 为计算单元地表面坡降或河道的纵向坡降；S_f 为摩擦
坡降。

动力波方程(Saint-Venant 方程)：

$$\frac{\partial A}{\partial t} + \frac{\partial Q}{\partial x} = q_L, \quad \text{连续方程} \tag{7.14}$$

$$\frac{\partial Q}{\partial t} + \frac{\partial (Q^2/A)}{\partial x} + gA\left(\frac{\partial h}{\partial x} - S_0 + S_f\right) = q_L V_x, \quad \text{运动方程} \tag{7.15}$$

$$Q = \frac{A}{n} R^{2/3} S_f^{1/2}, \quad \text{Manning 公式} \tag{7.16}$$

式中，V_x 为单宽流入量的流速在 x 方向的分量。

2. 灌区排水系统中污染物迁移转化动力学方程

灌区排水系统中污染物迁移转化采用忽略弥散项的稳态一维移流扩散方程

$$\frac{\partial C}{\partial t} + u\frac{\partial C}{\partial x} = \frac{\partial}{\partial x}\left(E\frac{\partial C}{\partial x}\right) + \sum S_i \tag{7.17}$$

其中的污染物转化过程采用一级动力学方程进行描述：

$$\bar{u}\frac{\partial C}{\partial x} = -kC \tag{7.18}$$

式中，C 为控制断面污染物浓度，mg/L；k 为污染物综合自净系数，d^{-1}；x 为排污
口下游断面距控制断面的纵向距离，m；$\bar{u}$ 为设计流量下岸边污染带的平均流速，
m/s；

7.2.3 冻融期污染物迁移转化过程模拟

在冻结过程中，土壤水分和污染物在温度势、基质势和重力势的作用下重新
分布。采用达西定律描述冻结过程中的水流运动通量，土壤中总的水流通量为基
质势、温度势和重力势所形成的通量之和：

$$q_{tot} = k(h)\left(\frac{\Delta T}{\Delta z}\sigma h + \frac{\Delta h}{\Delta z} + 1\right) \tag{7.19}$$

式中，q_{tot} 为冻土中的水流通量，$m^3/(s \cdot m^2)$；$k(h)$ 为水力传导度，m/s；h 为土壤基质势，cmH_2O；T 为温度，℃；z 为土壤深度，cm；σ 为水动力黏滞系数；$\dfrac{\Delta T}{\Delta z}$ 和 $\dfrac{\Delta h}{\Delta z}$ 分别表示温度梯度和水势梯度。

冻土中土壤基质势与温度的关系表述为 Clausius-Clapeyron 方程：

$$h = \frac{L_f}{g}\ln\frac{T_m - T}{T_m} \tag{7.20}$$

式中，L_f 为潜热，$0.34 \times 10^5 J/kg$；T_m 为土壤水的结冰温度，℃；g 为重力加速度，m/s^2。

在冻土融化过程中，采用式(7.19)描述土壤向排水沟中的渗流通量，土壤温度在0℃以上时，温度势产生的水流通量可以忽略，根据土壤和排水沟的水势梯度计算渗出通量。

冻土中污染物迁移通量 q_c（单位：g/s）与冻土中水流通量 q_{tot} 的关系为

$$q_c = k_c q_{tot} \tag{7.21}$$

式中，k_c 为土壤中污染物迁移通量和水流通量的关系系数。

7.3　灌区水文及污染物迁移过程分析及参数率定

7.3.1　水稻灌区陆面水文和污染物迁移转化过程分析

以前郭灌区为例，分析水稻灌区的陆面水文过程中的水流通量以及污染物迁移特性。前郭灌区是东北地区的四大灌区之一，位于吉林省松原市（北纬 $45°00'\sim$ $45°28'$，东经 $124°00'\sim125°02'$），灌区灌溉面积为 $30600hm^2$。灌区为水稻灌区，通过三条干渠从松花江进行提水灌溉。灌区内排水系统包括末级排水沟道（斗沟）、汇流排水沟道（支沟）、主干排水沟道（引松泄干）。根据统计资料，灌区内单位面积的末级排水沟道长度为 $178m/hm^2$。末级排水沟道间距 $120\sim180m$，排水沟深度 $0.6\sim1.1m$，汇流排水沟道长度 $2.5\sim4.5km$，底宽 $1.5\sim2.8m$，排水干沟长度为 $53.8km$。2009 年和 2010 年，灌区的总排水量分别为 $1.30 \times 10^8 m^3$ 和 $1.35 \times 10^8 m^3$。灌区内主要土壤类型为黑钙土、草甸土、潜育土和草甸盐土（图 7.2），4 种土壤所占的面积比例分别为 34%、32%、21% 和 13%。2009~2010 年在灌区内 14 个位置对于 4 种土壤性质进行了测定，灌区土壤物理及水动力性质见表 7.1。灌区 5 月初水稻开始泡田，9 月 5 日停止灌水。2009 年和 2010 年达里巴乡、前营子村、四家子村、韩家店、莲花泡农场等地的施肥量调查资料显示，水稻生育期内氮肥施用量为 $180\sim240kgN/hm^2$。2009 年和 2010 年水稻生育期内降水量分别为

264mm 和 171mm。

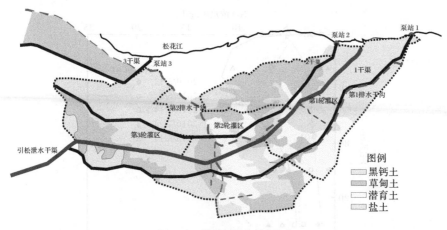

图 7.2　前郭灌区土壤分布

根据 2009 年黑钙土稻田不同深度的污染物浓度监测数据对 NH_4^+、NO_3^-、COD 的集总式一级动力学系数进行率定,率定参数见表 7.2。图 7.3 为采用率定参数计算的 2010 年水稻生育期内土壤不同深度位置 NH_4^+ 和 NO_3^- 浓度实测值与计算值的比较。由图可以看出,尽管模拟值和实测值有一定的偏差,相对误差为 15.7%,但不同时刻所模拟的 NH_4^+、NO_3^- 浓度峰值位置一致,峰值浓度模拟值和实测值的相对误差分别为 4.81% 和 7.28%,表明所率定的参数能够较为有效地描述各种物理、化学和生物过程对于土壤中污染物浓度变化的影响。

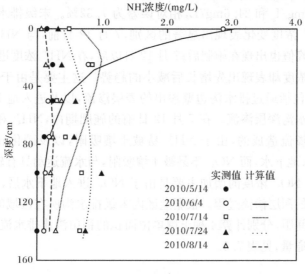

(a) NH_4^+

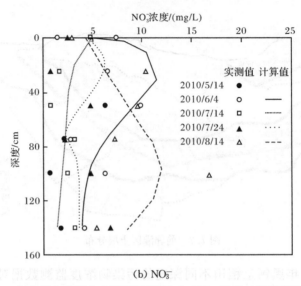

图 7.3　2010 年水稻生育期内土壤剖面 NH_4^+ 和 NO_3^- 浓度计算值和实测值的比较

2010 年水稻生育期内典型末级排水沟出口位置排水流量和 NH_4^+ 浓度、NO_3^- 浓度以及 COD 浓度计算值和实测值比较如图 7.4 所示,整个水稻生育期内,末级排水沟出口断面 NH_4^+ 计算浓度和测量浓度的平均值分别为 0.184mg/L 和 0.197mg/L,相对误差为 6.60%,NO_3^- 计算浓度和测量浓度的平均值分别为 2.482mg/L 和 2.365mg/L,相对误差为 4.71%,COD 计算浓度和测量浓度的平均值分别为 22.8mg/L 和 24.6mg/L,相对误差为 7.32%。末级排水沟内 NO_3^- 浓度变化与 NH_4^+ 浓度变化表现出显著的区别,7 月 12 日前,与 NH_4^+ 浓度变化相同,NO_3^- 浓度峰值也出现在施肥后;7 月 12 日以后,在 NH_4^+ 浓度迅速降低为 0 的情况下,NO_3^- 浓度却表现出先增长后减小的趋势。这主要是由于稻田向排水系统的渗流途径包括通过排水沟边壁渗出的表层渗流,以及进入地下水后,随地下水运动进入排水沟深层渗流。在 7 月 12 日前的施肥期内,NH_4^+ 和 NO_3^- 的浓度峰值是由表层渗流造成的,由于 NH_4^+ 易被土壤吸附,以及硝化和挥发等作用,NH_4^+ 较少进入地下水,而 NO_3^- 不易被土壤吸附,与水流运动具有较好的一致性,7 月 12 日以后 NO_3^- 浓度的增加主要是由于 NO_3^- 进入地下水后,再从地下水排出到排水沟道的深层渗流过程。根据灌区内末级排水沟所在区域的土壤质地、排水沟深度以及间距,分别计算 4 种土壤单位面积的稻田渗流排水流量以及 NH_4^+、NO_3^- 和 COD 通量,见表 7.3。

表 7.1　前郭灌区土壤物理及水动力性质参数

土壤类型	深度/cm	黏粒含量/%		粉粒含量/%		砂粒含量/%		容重/(g/cm³)	水力传导度/(cm/s)
		平均值±标准差	最大值/最小值	平均值±标准差	最大值/最小值	平均值±标准差	最大值/最小值	最大值/最小值	最大值/最小值
黑钙土	0~20	28.4±4.3	29.3/20.6	53.6±2.3	55.4/51.0	21.7±4.6	24.6/16.4	1.32/1.26	2.28×10⁻⁴/1.11×10⁻⁴
	20~50	28.9±9.6	36.4/18.1	48.0±8.7	57.9/41.4	23.1±0.9	24.0/22.0	1.42/1.30	3.00×10⁻⁴/1.10×10⁻⁴
	50~120	26.9±11.1	37.4/15.3	54.8±10.8	66.7/45.6	18.3±1.5	20.0/17.2	1.51/1.35	3.43×10⁻⁴/9.40×10⁻⁵
草甸土	0~16	20.4±7.7	27.8/13.4	52.3±4.1	56.3/47.2	27.3±3.9	31.0/23.0	1.28/1.22	7.11×10⁻⁴/3.18×10⁻⁴
	16~28	21.8±8.3	29.4/14.3	50.4±3.6	53.9/45.6	27.8±5.6	33.8/21.5	1.38/1.32	7.00×10⁻⁴/1.89×10⁻⁴
	28~120	24.5±6.1	32.6/19.4	51.6±7.0	61.6/46.0	23.9±5.4	29.0/19.0	1.45/1.40	1.68×10⁻⁴/1.06×10⁻⁴
潜育土	0~10	14.2±4.6	18.3/9.8	67.3±14.6	79.8/46.7	13.0±2.2	14.5/10.4	1.31/1.24	5.44×10⁻⁴/2.07×10⁻⁴
	10~37	21.4±4.5	25.3/15.1	63.9±4.0	68.6/61.1	15.9±2.2	18.0/13.6	1.42/1.28	2.56×10⁻⁴/1.27×10⁻⁴
	37~120	23.1±3.9	28.2/19.2	62.6±1.5	64.0/61.0	15.9±1.8	18.0/14.8	1.44/1.34	1.63×10⁻⁴/8.81×10⁻⁵
盐土	0~20	7.2	9.0/5.4	69.7	77.0/62.4	23.1	32.0/14.0	1.32/1.26	8.98×10⁻⁴/6.62×10⁻⁴
	20~53	12.0	14.2/9.8	65.7	75.1/56.3	22.4	29.5/15.2	1.41/1.38	4.99×10⁻⁴/3.22×10⁻⁴
	53~120	14.7	15.3/14.1	61.8	70.9/52.7	23.5	32.0/15.0	1.44/1.40	2.80×10⁻⁴/2.28×10⁻⁴

表 7.2　土壤污染物一级转化动力学参数率定值　　（单位：d^{-1}）

项目	土壤			
	黑钙土	草甸土	潜育土	盐土
NH_4^+	0.22	0.21	0.20	0.22
NO_3^-	0.12	0.11	0.14	0.14
COD	0.14	0.14	0.13	0.11

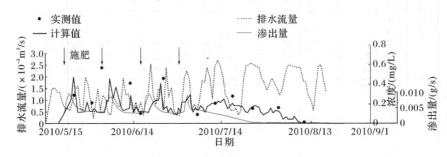

(a) 排水沟出口位置排水流量及 NH_4^+ 浓度

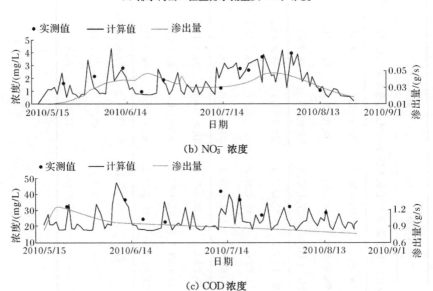

(b) NO_3^- 浓度

(c) COD 浓度

图 7.4　2010 年水稻生育期内典型末级排水沟出口位置排水流量
和 NH_4^+ 浓度、NO_3^- 浓度以及 COD 浓度计算值和实测值的比较

表 7.3　水稻生育期内不同土壤单位面积渗流排水及污染物通量

项目	平均值/最大值/最小值			
	黑钙土	草甸土	潜育土	盐土
渗流排水流量 /[10^{-5}m³/(s·hm²)]	7.45/8.07/4.32	7.33/8.40/4.47	9.04/9.64/7.58	9.83/11.4/8.81
NH$_4^+$ 通量 /[10^{-4}g/(s·hm²)]	6.29/11.3/2.81	7.15/12.3/4.04	8.38/18.4/4.35	9.52/20.8/1.03
NO$_3^-$ 通量 /[10^{-3}g/(s·hm²)]	3.25/5.14/1.07	3.44/5.78/1.21	4.50/7.57/1.63	4.82/8.10/2.04
COD 通量 /[10^{-1}g/(s·hm²)]	1.36/1.58/1.14	1.41/1.60/1.16	1.74/1.94/0.98	1.92/2.21/1.22

7.3.2　冻融过程中不同下垫面污染物迁移转化特性研究

选择吉林省长春市黑顶子河小流域作为研究区域,黑顶子河是双阳河的主要支流,发源于双阳区土顶子乡老窝屯东北,自南向北在双阳区东侧汇入双阳河,全长 30.4km;河上游有一座中型水库,距双阳区城区约 15km,坝址以上河道长12.2km,控制流域面积 54.6km²,是一座以防洪为主,兼顾灌溉、水产养殖等综合利用的中型水库,大坝坝体全长 358m,迎水坡采用花岗岩块石护砌;下游坡在高程 250m 以上采用六角形混凝土板块护砌,250m 以下采用碎石防护。坝体堆石排水体下游设有山皮石料盖重,宽 20m,厚 80cm。

1. 冻融过程中水分及污染物迁移过程监测

冻融过程中,对不同下垫面特征以及黑顶子河小流域尺度面源污染物析出入河过程进行监测,监测点布置如图 7.5 所示。根据流域 30m 精度的数字高程地图,将黑顶子河小流域划分为 10 个子流域(汇流区),根据下垫面条件的不同,子流域可分为四类汇流区:Ⅰ类汇流区。包括子流域 1、3、9、10,种植水稻和玉米。调查显示,冻融期玉米种植区析出水量进入沿河的稻田后,与稻田析出水通过各级排水系统进入河道,其入河过程主要受排水沟道控制,在集中排水入河出口(C1和 C2 位置)设置监测断面,监测汇流区冻融过程中水和污染物析出入河过程。Ⅱ类汇流区。单纯的玉米种植区,包括子流域 2 和 6,冻融过程中,析出水量在未融化土层以上以壤中流的形式入河,监测断面布设在汇流区的出口位置(C3)。Ⅲ类汇流区。包括子流域 4、5、7、8,区域以玉米种植为主,也包括林地,水和污染物入河方式与Ⅱ类汇流区相同,在汇流区出口位置(C4、C5、C6 和 C7)设置监测断面。将污染物直接排入河道的农村居民区归为Ⅳ类汇流区,区域大部分农村生活污水直接进入农田,对于直排入河的农村(前蔡家村~沃土村)在其入河河道上游位置(V1)和下游位置(V2)分别设置断面,根据上、下游质量差测定农村生活污染物入河量。各汇流区土壤性质见表7.4。

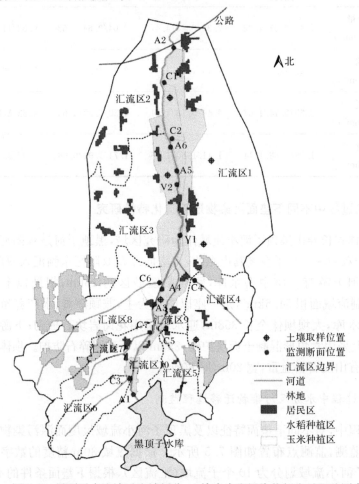

图7.5　黑顶子小流域子流域划分、土壤中水和污染物析出过程监测布置

通过质量平衡法监测冻土中水和污染物向河道的析出过程,分别在黑顶子河小流域的区外来水(黑顶子水库日常泄水)入河位置和流域的出口位置设置监测断面(A1,A2)。试验开始前测定河道断面基础参数,冻土开始融化后,逐日监测断面流量以及污染物浓度。根据质量平衡原理,流域内冻土水量及污染物析出量分别为

$$Q^t = Q_{A2}^t - Q_{A1}^t \qquad (7.22)$$

$$M_k^t = Q_{A2}^t c_{A2k}^t - Q_{A1}^t c_{A1k}^t - L^t \qquad (7.23)$$

表 7.4　黑顶子河小流域土壤物理及水动力参数

汇流区类型	面积/km²	土壤性质						水力传导度/(10⁻⁶ m/s)	容重/(g/cm³)
		砂粒含量/%		粉粒含量/%		黏粒含量/%			
		平均值±标准差	最大值/最小值	平均值±标准差	最大值/最小值	平均值±标准差	最大值/最小值	平均值±标准差	平均值±标准差
I	35.69	41.16±14.55	65.86/19.91	36.78±12.04	54.78/19.28	20.56±5.67	33.97/6.84	3.44±3.31	1.44±0.21
II	10.37	48.09±14.88	64.42/19.91	33.11±11.14	51.64/18.37	16.74±5.26	22.50/6.02	5.66±5.85	1.40±0.27
III	35.34	44.26±15.10	62.32/19.91	37.00±10.14	56.11/24.57	16.24±5.80	22.50/6.02	6.38±6.57	1.39±0.11
IV	2.90	43.51±15.07	65.86/19.91	36.28±11.38	54.44/19.07	18.88±6.99	33.97/6.02	5.15±5.58	1.41±0.02

式中,Q^t 为第 t 日的流域冻土析出水量,m^3/s;Q_{A2}^t 为第 t 日黑顶子河小流域出口位置的水量,m^3/s;Q_{A1}^t 为第 t 日区外入流量,m^3/s;M_k^t 分别为第 t 日第 k 种污染物的析出量,kg/d;c_{A2k}^t 和 c_{A1k}^t 分别为第 t 日第 k 种污染物在流域的出口以及区外入流位置的浓度,mg/L;L^t 为污染物在河道中由于物理和化学作用所产生的转化量,kg/d。

在黑顶子沿河选定了河道比较顺直、水流较为稳定且没有支流以及集中排水口的区段设置监测断面,进行河道污染物降解系数测定(A3～A4 区段与 A5～A6 区段)。河道上、下游之间的浓度关系可表示为(ISO,1993)

$$c_d = c_u e^{\frac{u}{2E}(1-m)x} \tag{7.24}$$

式中

$$m = \sqrt{1 + 4kE/u^2} \tag{7.25}$$

河道中污染物降解系数为

$$k = \frac{\{[1 - 2E \cdot (u/x) \cdot \ln(c_u/c_d)]^2 - 1\}u^2}{4E} \tag{7.26}$$

式中,k 为污染物降解系数,d^{-1};u 为断面平均流速,m/s;x 为上、下断面之间距离,m;c_d、c_u 分别为上、下游断面污染物浓度,g/m^3;E 为污染物纵向弥散系数,m^2/s,基于同期惰性示踪剂迁移过程监测数据,采用反演解析法确定。

由于冻融过程会显著影响土壤水分的运动,而污染物会随土壤水分的运动而重新分布。不同的下垫面条件下,土壤冻融过程以及污染物的重新分布特性有显著区别,分别选择玉米和水稻两种下垫面进行取样观测,用土钻分层取出土样后装入密封袋送至实验室化验,分析土壤中硝态氮与铵态氮质量分数,并采用烘干法测定土壤总含水率。冻结前期取样时间为 2013 年 12 月 12 日,融化期起始时间为 2014 年 3 月 10 日,此后每隔 10 日取一次样,取样日期分别为 3 月 20 日、3 月 30 日、4 月 10 日和 4 月 20 日,取样深度为 1.56m。

对于主河道出口及各支流入河口,在试验开始前确定了监测断面尺寸,河道中流量采用 LB-206 型流速仪进行监测,采用 HANNA 多参数水质分析仪现场测定 NH_4^+ 和 NO_3^- 浓度。

图 7.6(a)、(b)、(c)分别为开始冻结(2013 年 12 月 12 日)、冻土开始融化(2014 年 3 月 10 日)以及冻土完全融化(2014 年 4 月 20 日)稻田和玉米田土壤含水率及 NH_4^+ 和 NO_3^- 含量变化的比较。由图可以看出,尽管冻结期(2013 年 12 月 20 日～2014 年 3 月 10 日)稻田和玉米田最大冻深(稻田:75cm,玉米田:50cm)以上的区间土壤含水率由于土壤水分在温度势的作用下向上移动而增大(稻田最大冻深以上的区间土壤的区间土壤含水率由0.325cm³/cm³增加至 0.487cm³/cm³,而玉米田最大冻深以上含水率由 0.264cm³/cm³ 增加至 0.301cm³/cm³),然而水稻田 NO_3^- 由 0.628g/m² 增加至 0.918g/m²,增长了 46.2%,而玉米田中 NO_3^- 由 0.636g/m² 增加至 0.766g/m²,仅增加 20.4%,这主要是由于水稻在作物生育期

内的饱和渗流作用使土壤中的 NO_3^- 移动到最大冻结深度以下的区间,而这部分 NO_3^- 在冻结过程中又随向上运动的水流返回表层土壤,因此稻田 NO_3^- 平均含量显著增加。而玉米地中的 NO_3^- 基本上留在最大冻深以上的区间,因此其增量较小。稻田最大冻深以上 NH_4^+ 由 $0.120g/m^2$ 增至 $0.174g/m^2$,玉米田由 $0.08g/m^2$ 增至 $0.14g/m^2$,变化量并无显著差异。由以上分析可知,不同的土地利用条件下,冻结期水和污染物在土壤中重新分布表现出显著的差异,进而改变了冻土开始融化时的初始条件,影响冻土中水和污染物的析出过程。

冻土融化期典型子流域水分及 NH_4^+ 和 NO_3^- 析出入河通量过程分别如图 7.7(a)、(b)、(c) 所示,单位面积水分及 NH_4^+ 和 NO_3^- 析出通量的比较见表 7.5,总量的比较见表 7.6。第 I 类汇流区高等值带玉米种植区的水分及污染物通过壤中流进入水稻种植区后,与水稻种植区内的析出水通过逐级排水系统入河,而第 II 类和第 III 类汇流区则主要是壤中流渗出入河过程。在冻土融化过程中由于水和污染物析出入河路径的差异,第 I 类汇流区中水量和 NH_4^+ 的析出过程与其他汇流区表现出显著的差异。第 II 类和第 III 类汇流区均以种植玉米为主,各汇流区水分、NH_4^+ 和 NO_3^- 析出过程趋势比较相似。2014 年 3 月 28 日降水后(降水量 14.5mm),各汇流区 29 日出口断面的流量及 NH_4^+ 和 NO_3^- 通量均出现峰值,第 II 类和第 III 类汇流区中,汇流区 4 的 NO_3^- 析出通量于 4 月 6 日出现了第二个峰值,而其他汇流区则在降水后未再出现 NO_3^- 析出通量峰值,这主要是因为汇流区 4 的平均坡度为 0.0225,汇流区 6、汇流区 7、汇流区 8 的平均坡度分别为 0.114、0.100 和 0.125,坡度较小的情况下,降水后壤中径流形成的析出过程明显滞

表 7.5 不同汇流区单位面积土壤水及 NH_4^+ 和 NO_3^- 析出入河通量

项目	汇流区类型	平均值±标准差			
		$3/8 \sim 3/23$	$3/24 \sim 4/4$	$4/5 \sim 4/12$	$4/13 \sim 4/26$
流量 /[m³/(km²·d)]	I	452.1±26.3	819.16±299.4	238.8±445.4	58.6±52.2
	II	225.9±29.3	866.4±924.5	256.4±86.9	188.4±31.8
	III	279.8±201.0	836.8±493.2	289.8±86.0	165.5±39.5
	IV	3074.9±475.1	4496.0±864.7	1252.0±318.3	528.5±245.5
NH_4^+ 通量 /[kg/(km²·d)]	I	0.23±0.02	0.37±0.18	0.07±0.02	0.02±0.02
	II	0.05±0.01	0.37±0.43	0.07±1.81	0.07±0.02
	III	0.12±0.09	0.39±0.24	0.14±0.06	0.05±0.01
	IV	8.17±1.22	5.34±1.37	1.11±0.47	0.68±0.26
NO_3^- 通量 /[kg/(km²·d)]	I	0.55±0.05	1.13±0.99	0.24±0.11	0.04±0.03
	II	1.04±0.27	3.43±3.54	1.17±4.28	0.62±0.07
	III	1.22±0.91	3.22±1.89	2.06±0.50	0.58±0.17
	IV	12.35±1.86	16.29±2.05	4.18±1.78	1.38±0.72

后于地表径流过程。由于土壤中的 NH_4^+ 主要聚集在地表，第Ⅱ类汇流区和第Ⅲ类汇流区中析出 NH_4^+ 通量过程并未表现出显著的差异，也表明坡度对壤中流动过程的影响大于地表径流。

第Ⅰ类汇流区单位面积水分和 NH_4^+ 析出通量的标准差与平均值的比例要明显小于第Ⅱ类汇流区和第Ⅲ类汇流区，而 NO_3^- 的析出通量标准差与平均值的比例则与第Ⅱ类和第Ⅲ类汇流区较为接近。并且Ⅰ～Ⅲ类汇流区 NO_3^- 析出通量的标准差和平均值的比例以及变化幅度（最大值和最小值之差）均显著大于单位面积的析出流量和 NH_4^+ 析出通量标准差和平均值的比例以及变化幅度，这一结果也证明了在冻土融化期，未融化冰层（夹层）以上区域和以下区域的入河过程以及

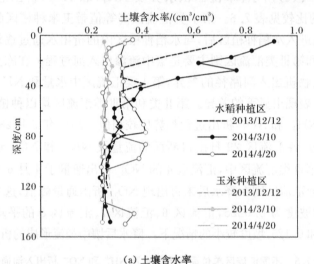

(a) 土壤含水率

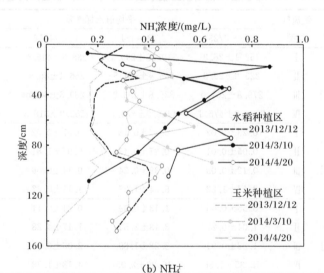

(b) NH_4^+

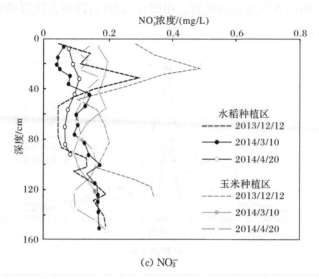

图 7.6 冻结过程中水稻和玉米种植区不同深度土壤含水率及 NH_4^+ 及 NO_3^- 浓度分布

入河贡献率在冻土融化期不断发生变化。在水稻种植区,由于析出水量进入排水沟道后入河,在融化期析出水量较小的情况下,排水沟道的槽蓄能力一定程度上削减了入河流量和污染物峰值。

冻土融化期各汇流区水和污染物析出量与黑顶子河小流域总析出量的比较见表 7.6。在整个冻土融化期,第 Ⅱ 类汇流区和第 Ⅲ 类汇流区单位面积的析出流量并没有显著差异,单位面积的 NH_4^+ 和 NO_3^- 析出通量也表现出类似的规律。由于第 Ⅲ 类汇流区的面积($35.34km^2$)显著超过了第 Ⅱ 类汇流区的面积($10.34km^2$),且与纯玉米种植的第 Ⅱ 类汇流区相比,第 Ⅲ 类汇流区包括更多的土地利用信息,因而第 Ⅲ 类汇流区中水和污染物析出通量的变化范围要明显大于第 Ⅲ 类汇流区。农村居民区(第 Ⅳ 类汇流区)的污染物在冻结期主要在地表积累,随着冻土的融化,在初始阶段形成一个浓度峰值,融化初期单位面积出流量及污染物排放量均大于其他汇流区一个数量级。此后,NH_4^+ 和 NO_3^- 析出入河量总体表现出随时间减小的趋势。

2. 流域冻土融化期水量及面源污染析出过程分析

根据质量均衡原理(出口位置与入口位置的质量差值即为小流域的析出量),确定黑顶子河小流域水、NH_4^+ 和 NO_3^- 析出入河通量;方法 2:根据 C1～C7 位置监测流量及污染物通量过程,确定各类汇流区单位面积的析出入河量,乘以各类汇流区总面积后确定各汇流区水和污染物的析出入河量,流域水和污染物的析出量为各汇流区析出量的叠加。图 7.8 为两种方法所确定的黑顶子河流域水量及

NH_4^+ 和 NO_3^- 析出入河通量的比较。由图可以看出,两种方法所确定的水量过程总体趋势一致。

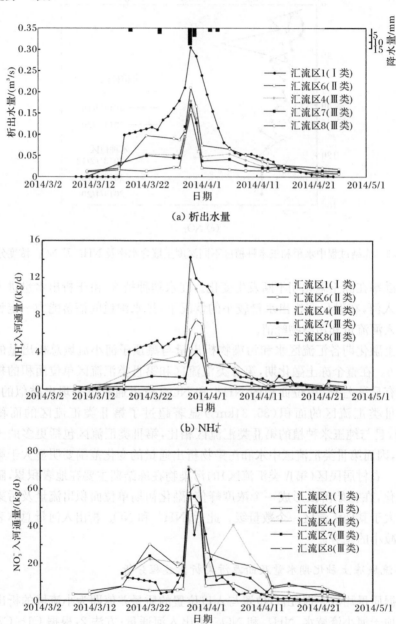

(a) 析出水量

(b) NH_4^+

(c) NO_3^-

图 7.7　各汇流区析出水量和 NH_4^+、NO_3^- 析出入河通量的比较

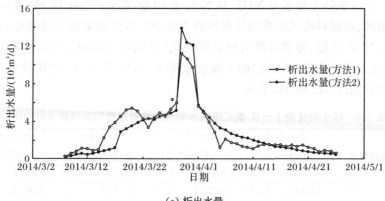

(a) 析出水量

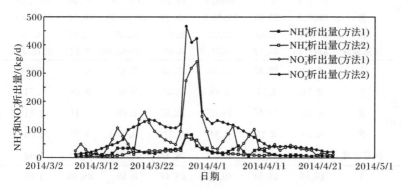

(b) NH_4^+ 和 NO_3^- 析出入河通量

图 7.8　黑顶子河流域冻土融化期析出水量及 NH_4^+ 和 NO_3^- 析出入河通量

需要指出的是,方法 1 所确定的污染物析出量包括流域干流河道中冰雪融化以及污染物由各种物理和化学作用所产生的衰减,而方法 2 则未包括这一部分。2014 年 3 月 8～23 日河道中冰、雪融化占流域析出水量的 24.19%,这也是这一时段方法 1 和方法 2 所确定的流域析出流量和污染物质量通量差异的主要原因。3 月 24 日之后,方法 1 和方法 2 的差异主要是由污染物在各种物理和化学作用下所产生的衰减造成的。通过图 7.8 数据计算可得,3 月 24 日～4 月 26 日,两种方法所确定的 NH_4^+ 和 NO_3^- 析出通量的差异分别为 20.99% 和 0.66%,方法 1 和方法 2 所确定的流域 NH_4^+ 析出通量的差异明显大于流域 NO_3^- 析出通量,采用式(7.24)～式(7.26)确定干流河道中 NH_4^+ 和 NO_3^- 的平均降解系数分别为 0.12d^{-1} 和 0.01d^{-1},表明冻土融化期干流河道中 NH_4^+ 通量发生了显著变化。

3. 冻土融化期水量及污染物均衡分析

冻土融化期,采用质量平衡法(方法 1),根据流域出口断面和入口断面质量差来确定单位面积的土壤水及 NH_4^+ 和 NO_3^- 析出量,在表 7.7 中以 M1 表示。根据玉米种植区、水稻种植区面积以及在各类下垫面中取样测定的不同深度的含水率及 NH_4^+、NO_3^- 浓度,分别计算流域表层融化区(地表至未融土层深度)以及最大融化区(地表至最大冻结深度)的土壤含水率及 NH_4^+ 和 NO_3^- 的质量变化量,在表 7.7 中分别以 M2 和 M3 表示。

表 7.6　冻土融化期 I ～ IV 类汇流区水和污染物析出量和流域析出量的比较

汇流区类型		2014/3/8～2014/3/23		2014/3/24～2014/4/4		2014/4/5～2014/4/12		2014/4/13～2014/4/26	
		析出量	R/%	析出量	R/%	析出量	R/%	析出量	R/%
析出水量 /(m³/d)	I	16133.7	42.83	29231.7	42.94	8524.20		2092.10	17.22
	II	2341.4	6.22	8981.1	13.19	2657.70	34.04	1952.60	16.08
	III	9887.7	26.25	29574.9	43.44	13776.50	10.61	5849.60	48.16
	IV	197.9	0.53	289.3	0.43	80.60	55.02	34.00	0.28
	河道衰减	9112.7	24.19	−6570.9	0.00	−10265.00	0.32	2218.14	18.26
NH_4^+ 析出通量/(kg/d)	I	8.03	32.87	13.00	31.25	2.43	0.00	0.83	16.94
	II	0.54	2.21	3.86	9.07	0.68	3.98	0.71	14.50
	III	4.32	17.67	13.83	32.55	4.80	1.11	1.81	37.14
	IV	0.53	2.15	0.34	0.81	0.07	7.85	0.04	0.89
	河道衰减	11.02	45.09	11.18	26.32	53.15	0.12	1.49	30.53
NO_3^- 析出通量/(kg/d)	I	19.49	15.54	40.35	20.47	8.68	86.95	1.35	4.69
	II	10.74	8.56	35.52	18.02	12.13	2.48	6.39	22.28
	III	43.27	34.50	113.84	57.74	72.72	3.47	20.06	71.81
	IV	3.13	2.50	4.13	2.10	1.06	20.78	0.35	1.22
	河道衰减	48.79	38.90	3.31	1.68	255.29	0.30	−2.32	0.00

表 7.7　冻土融化期黑顶子河小流域土壤中水、NH_4^+、NO_3^- 质量变化量与析出量的比较

时段	析出水量/[m³/(hm²·d)]			NH_4^+ 析出通量/[kg/(hm²·d)]			NO_3^- 析出通量/[kg/(hm²·d)]		
	M1	M2	M3	M1	M2	M3	M1	M2	M3
2014/3/11～2014/3/20	446.9	598.89	754.725	0.290	0.301	0.320	1.488	1.776	1.950
2014/3/21～2014/3/30	729.6	1190.29	1532.900	0.501	0.458	0.765	2.339	1.287	3.377
2014/3/31～2014/4/10	175.3	392.44	1646.690	0.725	0.589	0.661	4.150	3.700	9.874
2014/4/11～2014/4/19	144.1	437.39	932.880	0.058	0.024	0.220	0.306	1.071	1.735

由表 7.7 可知,在流域尺度上,单位面积析出流量分别占表层融化区含水量变化量的 32.9% ~74.6%,最大融化区含水量变化量的 10.6%~59.2%,2014 年 3 月 11~20 日以及 2014 年 3 月 21~30 日这两个时段内,土壤中水平通量(析出入河通量)和垂直通量(蒸发及深层渗漏通量之和)之比分别为 1.45 和 0.91,2014 年 3 月 31 日~4 月 10 日和 2014 年 4 月 11~19 日这两个时段水平通量大幅度减小,与垂直通量的比例分别为 0.119 和 0.183。

NH_4^+ 析出通量占表层融化区 NH_4^+ 质量变化量的 96.3%~243%,占最大融化区质量变化量的 26.4%~110%,NO_3^- 析出通量占表层融化区 NO_3^- 质量变化量的 28.6%~182%,占最大融化区质量变化量的 17.6%~76.4%,NH_4^+ 析出入河通量主要来自表层融化区,且干流河道中 NH_4^+ 质量通量发生明显变化。在冻土融化过程中,表层融化区和最大融化区中 NO_3^- 的析出入河通量发生显著变化。

将子流域(汇流区)分为四类,对各汇流区析出水分、NH_4^+ 和 NO_3^- 通量过程,以及土壤水分和污染物质量平衡分析均表明,在冻土融化过程中土壤中水、NH_4^+ 和 NO_3^- 的入河过程表现出显著的差异。析出过程主要受水稻种植区影响的第 I 类汇流区,水分和污染物析出过程主要受径流条件的影响;以玉米种植为主的第 II 类和第 III 类汇流区,水分和污染物析出通量的平均值无显著差异,变化范围则受到下垫面包含土壤利用信息多少的影响。农村居民区(第 IV 类汇流区)单位面积水分及污染物析出通量显著超过第 I 类~第 III 类汇流区。此外,初始条件、汇流区面积、坡度等也很大程度上影响了冻土中水分和污染物向河道析出的过程。

对于第 I 类~第 III 类汇流区,冻土融化过程中表层融化区主要影响 NH_4^+ 的析出入河过程,最大融化区内含水量和 NO_3^- 浓度发生显著变化。冻土融化期析出流量和 NH_4^+ 的标准差与平均值比显著小于 NO_3^-。

采用方法 1(质量均衡法)和方法 2(汇流区质量叠加法)所确定的水、NH_4^+ 和 NO_3^- 析出量及其过程一致。

7.4 灌区水文及面源污染过程模拟

采用修正后的 SWAT 模型对前郭灌区 2010 年水稻生育期、2010~2011 年冻融期的灌区水文以及主要面源污染物的迁移、转化过程进行了模拟,模拟结果如图 7.9 所示。采用 Nash-Sutcliffe 系数 E(Nash et al.,1970)、相对均方根误差 R_E、相对偏差 F_B 和相对总误差 F_E(ISO,1993)等四个指标对模拟误差进行评价,结果见表 7.8。由表可知,就 Nash-Sutcliffe 系数 E 和相对均方根误差 R_E 而言,灌区排水出口断面流量和 COD 浓度模拟结果优于 NH_4^+ 和 NO_3^- 浓度的模拟结果。NH_4^+ 和 NO_3^- 模拟误差偏大的主要原因在于土壤中的各种物理化学以及生物过程采用集总式一级动力学系数进行描述,尽管采用率定参数能够反映 NH_4^+

和 NO_3^- 的宏观情况,然而影响 NH_4^+ 和 NO_3^- 浓度变化的因素较多,且水稻的各个阶段主要影响因素也不相同,因此会造成一定的误差。COD 来源于三个部分,灌溉水中的 COD(平均浓度为 16.7mg/L)、排水沟道中由残留作物腐烂形成的 COD,以及农田中存留植物体腐蚀形成的 COD。尽管模型未考虑排水沟道中 COD 残留而造成水稻泡田后 7d 时段中模拟的 COD 浓度偏低,然而由于影响 COD 浓度因素较少,模拟值与实测值总体符合较好。

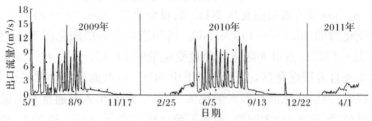

(a) 排水干沟出口流量

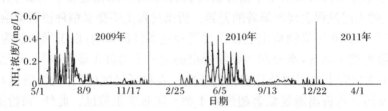

(b) 排水干沟出口 NH_4^+ 浓度

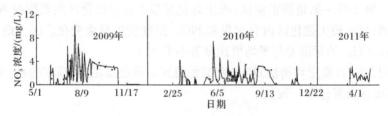

(c) 排水干沟出口 NO_3^- 浓度

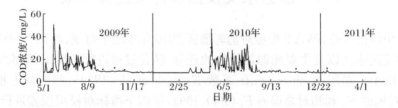

(d) 排水干沟出口 COD 浓度

图 7.9　水稻生育期及冻融期灌区排水干沟出口流量及主要面源污染物
浓度的 SWAT 模拟值和实测值比较

表 7.8 2010～2011 年灌区面源污染模拟误差分析

指标	E	R_E	F_E	F_B
流量	0.881	0.0412	0.0297	0.0022
NH_4^+ 浓度	0.134	0.8715	0.4690	0.0412
NO_3^- 浓度	0.208	0.2808	0.2098	−0.0213
COD 浓度	0.501	0.2299	0.1911	0.0497

测量平均值 $\overline{P}$ 和计算平均值 $\overline{O}$ 比例关系 α 为 1 (F_B=0) 的情况下,不存在系统误差。NH_4^+、NO_3^- 和 COD 的 α 值分别为 1.04、0.98 和 1.05,主要面源污染物的系统误差在 5% 以内。NH_4^+ 和 NO_3^- 模拟值相对偏差 F_B 和相对总误差 F_E 在 ±0.3/0.5 (F_B/F_E) 范围内,模拟值精度能够被接受 (ISO, 1993),而流量和 COD 模拟值相对偏差 F_B 和相对总误差 F_E 在 ±0.15/0.3 (F_B/F_E) 的范围内,表明模拟精度良好。

2010 年水稻生育期内由稻田渗出的 NH_4^+、NO_3^- 和 COD 质量分别为 87724kg、1302979kg、2448027kg,排水干沟出口 NH_4^+、NO_3^- 和 COD 质量分别为 53492kg、3937894kg、9795698kg,单位面积内 1.75kg/hm² NH_4^+ 和 127kg/hm² NO_3^- 以渗流的形式进入排水系统,占总施入氮量的 15.3%。冻融期 NH_4^+ 进入排水系统中的数量可以忽略,从土壤进入排水系统中的 NO_3^- 占 NO_3^- 总排出量的 3.45%。

2009～2011 年在吉林省松原市前郭灌区针对水稻生育期以及冻融期内的灌区水文过程和农田面源污染物迁移、转化过程开展了系统的监测与试验。

水稻灌区下垫面条件和产汇流过程与自然流域有显著差异,以汇流排水沟为子流域,子流域中稻田排水进入末级排水沟,末级排水沟汇流过程中,槽蓄的作用一定程度上削减了子流域出口的水质水量变化峰值。示踪试验结果表明,冻融期土壤中流动受到土壤基质势、温度势以及重力势的作用,冻土中污染物的迁移通量与水流通量表现为线性关系。

参 考 文 献

代俊峰,崔远来. 2009. 基于 SWAT 的灌区分布式水文模型——I. 模型构建的原理与方法. 水利学报,40(2):145-152.

郭占荣,荆恩春,聂振龙,等. 2002. 冻结期和冻融期土壤水分运移特征分析. 水科学进展,13(3):298-302.

郝芳华,程红光,杨胜天. 2006. 非点源污染模型——理论方法与应用. 北京:中国环境科学出版社.

荆继红,韩双平,王新忠,等. 2007. 冻结-冻融过程中水分运移机理. 地球学报,28(1):50-54.

雷志栋,胡和平,杨诗秀. 1999. 土壤水研究进展与评述. 水科学进展,10(3):311-318.

李俊. 2009. 石头口门水库汇水流域农业非点源污染的模拟研究. 长春:吉林大学博士学位论文.

李瑞平,史海滨,赤江刚夫,等. 2009. 基于水热耦合模型的干旱寒冷地区冻融土壤水热盐运移规律研究. 水利学报,40(4):403-412.

李颖,王康,周祖昊. 2014. 基于 SWAT 模型的东北水稻灌区水文及面源污染过程模拟. 农业工程学报,30(7):42-53.

李致家,胡伟升,丁杰,等. 2012. 基于物理基础与基于栅格的分布式水文模型研究. 水力发电学报,31(2):5-13.

彭世彰,张正良,罗玉峰,等. 2009. 灌排调控的稻田排水中氮素浓度变化规律. 农业工程学报,25(9):21-26.

徐宗学,程磊,2010. 分布式水文模型研究与进展. 水利学报,39(9):1009-1017.

郑捷,李光永,韩振中,等. 2011. 改进的 SWAT 模型在平原灌区的应用. 水利学报,42(1):88-97.

Beasley D B, Huggins L F, Monke E J. 1980. ANSWERS: A model for watershed planning. Transactions of the ASAE,23(4):938-944.

Bronfenbrener L, Bronfenbrener R. 2012. A temperature behavior of frozen soils: Field experiments and numerical solution. Cold Regions Science & Technology:79-80,84-91.

Borah D K, Bera M. 2004. Watershed-scale hydrologic and non-point-source pollution models: Review of applications. Transactions of the ASAE,47(3):789-803.

Chahinian N, Tournoud M G, Perrin J L. 2011. Flow and nutrient transport in intermittent rivers: A modelling case—Study on the Vene River using SWAT 2005. Hydrological Sciences Journal,56(2):143-159.

Furman A. 2008. Modeling coupled surface-subsurface flow processes: A review. Vadose Zone Journal,7:741-756.

Hansson K, Šimnek J, Mizoguchi M, et al. 2004. Water flow and heat transport in frozen soil. Vadose Zone Journal,3(2):693-704.

Hidayat Y, Sinukaban N, Pawitanm H, et al. 2010. Modification of C-USLE factor in ANSWERS model to predict soil erosion in humid tropical region (case study of Nopu upper catchment, Central Sulawesi). Jurnal Tanah dan Iklim,32:578-584.

ISO. 1993. Guide to the expression of uncertainty of measurements. Geneva: ISO.

Kurylyk B L, Watanabe K. 2013. The mathematical representation of freezing and thawing processes in variably-saturated, non-deformable soils. Advances in Water Resources, 60: 160-177.

Lee S B, Yoon C G, Jung K W. 2010. Comparative evaluation of runoff and water quality using HSPF and SWMM. Water Science and Technology,62(6):1401-1409.

Morgenroth E F, Kommedal R, Harremoës P. 2002. Processes and modeling of hydrolysis of particulate organic matter in aerobic wastewater treatment, a review. Water Science and Technology,(45):25-40.

Morita M, Yen B C. 2002. Modeling of conjunctive two-dimensional surface—Three-dimensional subsurface flows. Journal of Hydraulic Engineering,128(2):184-200.

Nash J E,Suttcliffe J V. 1970. River flow forecasting through conceptual models. Part Ⅰ—A discussion of principles. Journal of Hydrology,(10):282-290.

Neitsch S L,Arnold J G,Kiniry J R,et al. 2002. Soil and water assessment tool user's manual version 2000. College Station:Texas Water Resources Institute.

Ogden F L,Julien P Y. 2002. CASC2D:A two-dimensional,physically based,Hortonian hydrologic model//Singh V P,Frevert D K. Highlands Ranch. Fort Collins:Water Resources Publications.

Panday S,Huyakorn P S. 2004. A fully coupled physically-based spatially distributed model for evaluating surface/subsurface flow. Advances in Water Resources,27:361-382.

Rahim B,Yusoff I,Jafri A M,et al. 2012. Application of MIKE SHE modelling system to set up a detailed water balance computation. Water and Environment Journal,26(4):490-503.

Shavit U,Bar-Yosef G,Rosenzweig R,et al. 2002. Modified Brinkman equation for a free flow problem at the interface of porous surfaces:The Cantor-Taylor brush configuration case. Water Resources Research,38(12):1320.

Wang K,Lin Z,Zhang R. 2016. Impact of phosphate mining and separation of mined materials on the hydrology and water environment of the Huangbai River basin,China. Science of the Total Environment,543:347-356.

Warrach K,Mengelkamp H T,Rasehke E. 2001. Treatment of frozen,soil and snow cover in the land surface model SEWAB. Theoretical & Applied Climatology,69(1-2):23-37.

Watanabe K,Flury M. 2008. Capillary bundle model of hydraulic conductivity for frozen soil. Water Resources Research,44(12):w12402.

Watanabe K,Kito T,Dun S,et al. 2013. Water infiltration into a frozen soil with simultaneous melting of the frozen layer. Vadose Zone Journal,12:1048-1060.

Xie X,Cui Y. 2011. Development and test of SWAT for modeling hydrological processes in irrigation districts with paddy rice. Journal of Hydrology,396(1):61-71.

Young R A,Onstad C A,Bosch D D,et al. 1994. Agricultural non-point source pollution model. Version 4. 03:AGNPS User's Guide. Gainesville:USDA-ARS North Central Soil Conservation Research Lab.